チェルノブイリ人民法廷

Tchernobyl

CONSÉQUENCES SUR L'ENVIRONNEMENT, LA SANTÉ, ET LES DROITS DE LA PERSONNE

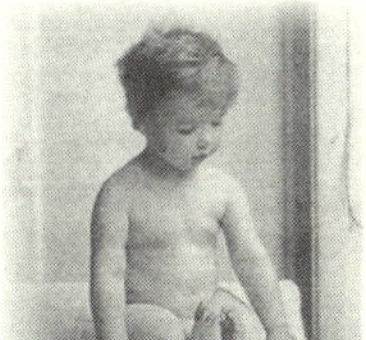

ソランジュ・フェルネクス 編
竹内雅文 訳

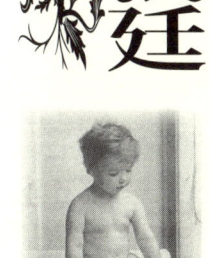

緑風出版

常設人民法廷

常設人民法廷

セッション：チェルノブイリ、環境、健康、人間の諸権利に及ぼした諸帰結

オーストリア、ウィーン

一九九六年四月一二～一五日

共同編集

常設人民法廷

チェルノブイリ国際医療委員会

（編者代表：ソランジュ・フェルネクス）

資金援助者：下記の個人、団体の財政支援によって常設人民法廷を開廷することができました。心からお礼申し上げます

ギネアの樹財団、ゴールドスミス財団、核戦争防止国際医師会議スイス支部、欧州議会、緑議員団、ジェイ・グールド博士、アン・グリーグ博士、メアリ&ショーン・ダンプティ博士、A・ニデカー博士、ゼルマ・ブラハマン氏、ララ・コーネリアス氏

原文起こし
ソランジュ・フェルネクス：フランス緑、ジュネーブ国際平和事務局、平和と自由のための国際女性連盟、フランス

原文校閲
ミシェル・フェルネクス教授：核戦争防止国際医師会議スイス支部
フランソワ・リゴ教授：ルヴァン大学法学部、ベルギー
ピチ・ブロホ博士：化学技師
R&B・ベルベオーク：原子物理学者
C・ジャネト氏

表紙写真
撮影：アナトーリ・クネチュク。アイルランドでの手術が成功したナスチャちゃん

警告が出された時には、まだ間にあったはずだ
聞いておけば、どんなにか賢かったことか
商用原子力が始まる、その前に……

――ジャン・ロスタン（一八九四～一九七七）:

「……見ずにいるなど、ありえようか、文明が作り出したものが、その総体として、反＝生物的なものだということを。

そのうえさらに、しばらく前からは原子物理学が割り込んできて、自前の悪をこの文明の悪に付け加えた。まさに極みである。

知らぬ者などいない、核爆発があったのだ、ほとんど至るところ、世界中でだ。爆発が大気中、高く打ち上げた「放射性元素」は、次いで地上に落ちてきたが、そのうちのあるものはたいへんな長寿であって、つまり長期にわたって悪さをし続ける。植物を汚染し、植物を通じて今度は草食動物を汚染し、それが今度は私たちの食料となる。結局のところ、私たちの食べ物すべてが、「奥深く目立たないが、しかし確実な」毒でもって汚染される。

この放射能なる人工の物は、疑いなく、癌の、白血病の、原因の一つである。それだけでは済まない。遺伝的な間違い、あるいは突然変異の頻度を、確実に増大させる。変異はほとんど常に、

悪い方向への変異なのだ。

つまり、放射能の増加は（どんなに僅かであれ）すべて、遺伝のデカダンスを加速する、ということなのだ。

さらに、原子内部のエネルギーの平和利用も、それ自体、危険と無縁とはいきかねる。放射性廃棄物の処理の問題が解決しない限り、生物学者たちの抱く未来への不安は、根拠を失なうことがない……」

――「進化」一九六〇年、ロベル・デルピル刊、より

目次

第二部　チェルノブイリと犠牲者の諸権利

第三部　環境と人体の毀損に関する証言

第四部　チェルノブイリに帰因できる直接的な健康被害

序文

武藤類子

終わりかけた紅葉に冷たい雨が降り、日一日と寒さを増す晩秋の福島は、それでも美しい。

しかしこの山々に、里に、街に放射能は息をひそめるように存在する。県内二七〇〇カ所に設置された放射線のモニタリングポストが風景の中にいつのまにかとけこんでいる。市民団体の計測により、表示する値が本当に正しいのかと疑惑が持ち上がっている。自分が住む場所の空間線量という最低限の情報すら私たちは真実を手にすることができないのか。

SPEEDI、メルトダウン、原子炉建屋の爆発、地震や津波評価、作業員の被曝……後出しジャンケンのように、後から知らされる事実に私たちは愕然とし、失望する。

事故時の東電テレビ会議の様子は、東電自身の手により公開が制限され、子どもたちの甲状腺検査のデータは情報開示請求をしなければ本人の手にすら届かない。県民健康管理調査の検討委員会には事前秘密会があったことが暴露された。「本当のことが知りたい」―このあたり前の要求をこれ程に困難にするのが、「国策」原子力の分厚い壁なのだろうか。

ゼネコン会社の利権にまみれ効果が疑われる除染、事故の収束を見ない中での警戒区域の解除、不十分な賠償、人々の疲弊と郷土愛を利用したかのような虚しい復興策……まるで生きる尊厳を次々と奪われていくようだ。

二〇一二年一二月、日本政府がＩＡＥＡと共に「原子力安全に関する福島閣僚会議」を開催するという。二〇一五年度には福島県内に放射能汚染の対策拠点施設が建設され、そこにＩＡＥＡも常駐するそうだ。私たち市民には、そこで何がなされるのか詳しく知らされていない。

チェルノブイリ事故において、世界の心ある科学者たちの貴重な研究や調査がIAEAによって無視され、葬られた事実を見る時に、これからの福島を想い、暗たんとした気持ちになる。科学が経済の側に落ちる時、やわらかな命たちに危機が訪れる。

科学があらゆる命の側に立たなければ、地球という星は宇宙の暗闇に漂う塵埃となっていくだろう。

夜、空に輝く星の光を見つめながら、宇宙の真理を求めた人類の、ささやかで壮大な試みが科学なのではなかったのか。

チェルノブイリが何を教えてくれるのかを深く学び、日本の心ある科学者たちを私たちが支えよう。

ひとりひとりが思いつく、あらゆる取り組みをして、こどもたちそして全ての命を守ろう。

いかなる未来であっても目をそらさずに向き合い、人類がまっとうな道をすすむことができるための科学を育んでいこう。

二〇一二年一一月二四日　福島にて

武藤類子
ハイロアクション福島原発四〇年実行委員会

聴聞

ウィーン、一九九六年四月一二日、金曜日

フランソワ・リゴ裁判長

人民法廷がオーストリアで開かれるのは今回が初めてです。今回の法廷で判事を務めていただきますマイスナー=ブラウさんが、このウィーンでの法廷の開催に向けて中心的に働いてくださいました。この場をお借りして、御礼申し上げます。

常設人民法廷（ＴＰＰ）は、ラッセル法廷の後を継ぐものと言ってもよいでしょう。構造的な諸問題を続けて取り上げています。南アメリカでの人間の諸権利の侵害を何回か取り上げたのに続いて、人民の諸権利の侵害の、今、根源となっているものは何なのかを、調べてきています。だからこそ私たちはチェルノブイリに関心をもっているのです。チェルノブイリの被害者たちのこれまでの苦しみ、今なお続く苦しみを私たちは知っています。その苦しみが、公認されずにいることに、私たちはたいへん心を痛めています。結局、チェルノブイリのドラマを超えた向こう側に、原子力の商業目的利用が人類にもたらしたものは何なのか、私たちは問題にしなければなりません。私たちはまずチェルノブイリを問題の中心に据えますが、続いては原子力全般を取り上げて、今お話しした構造的な様相を明らかにしなければなりません。

フレダ・マイスナ＝ブラウ判事

ようこそウィーンにお出でくださいました。今回の会合はたいへん興味深いものになるのは間違いありません。ここ数日、ダニューブ川の向こう岸ではＩＡＥＡの報告会議が開かれていますが、それとはまるで違ったものになることでしょう。この法廷はごく少人数の方々の無償のご努力によって、開催にこぎつけました。たいへんに少額の予算で、けれどもたいへんに熱心で精力的な方々の働きによって運営しています。友情と連帯のもとに私たちは会を進めてまいりたいと思います。もし何か問題が起こりましたら、皆で力を合わせて乗り超えていけるものと確信をしています。

証言開始にあたって

発言者

ジアンニ・トグノーニ　常設人民法廷書記長、ローマ、イタリア
ロザリー・バーテル　チェルノブイリ国際医療委員会代表、トロント、カナダ

ジアンニ・トグノーニ博士

まず初めに、訴訟の進め方について、皆さんにご説明させていただきます。

ご存知かと思いますが、この人民法廷は今から一七年前の一九七九年に常設機関として設立されました。だからこうして裁判が開けるのですが、正式な請求を受けて初めて開催されることになります。今回の場合で申しますと、請求はチェルノブイリ国際医療委員会より、代表のロザリー・バーテル博士を通じて寄せられています。請求はひとたび受理されますと、告発に関連した原告、被告その他すべての当事者に直ちに転送されます。

今回の法廷に際しては、被告、原告の構成を見定めるのにたいへん困難な面がありました。チ

ェルノブイリに関しては、直接的、間接的な責任の所在が、ともに明確に確立されていないからです。私たちは請求を国際放射線防護委員会（ＩＣＲＰ）、国際原子力機関（ＩＡＥＡ）、それ以外の国連関係諸機関、とくに世界保健機関（ＷＨＯ）に転送しました。請求は欧州連合にも送られました。

国連からは直ちに返事がきました。総会で採択されたチェルノブイリに関する最終決議文が付託されていました。ＩＡＥＡからは「チェルノブイリから一〇年」という報告会議をしなければならないので出席は不可能である、という返事でした。その会議の結論を、私たちの法廷で尊重して欲しいということも言ってきました。それ以外の国連機関からは、予算がないので参加できないという返事がきました。ＷＨＯからの返事には私たちの企てに好意的なコメントが付されていて、法廷の結論を参考のために送って欲しいということでした。

私たちのプログラムをご覧になればお分かりになりますが、法廷は報告と証言をそれぞれ幾つも聴聞いたします。訴訟の進行の過程では、聴衆の方々からのご質問を受け付けるようにはなっていません。証言者や専門家に対して法廷のメンバーが直接、尋問するようになっています。原告であるロザリー・バーテル博士には、問題をより明確な理解に導く方向で、常に質問をし、あるいは個々の質問についてさらに追加をしていただく積りでおります。

同時通訳がいれば良いのですが、予算の関係で用意しておりません。個々の発言を通訳してくださる皆さんは、なにとぞよろしくお願いいたします。多数の証言が予定されています関係上、お一人お一人の発言は制限時間を厳守していただきまして、最後の結論の部分では推敲に充分なお時間をいただいて適切な判決を出す、ということにしたいと思います。

ここでお時間をいただき、これまでの人民法廷で裁かれてきた事柄と、今回との関連を述べさせていただきます。この法廷の仕事の本質と、権能についてお分かりいただくつもりですが、併せて、今回の公判に固有の意味と独自性を特に述べさせていただきます。ここ一七年、私たちはさまざまな出来事を吟味してきました。抑圧の構造的メカニズムに特に注意を払ってきました。

訴訟の観点から見ますと、符合する一つの点を強調することになるのですが、振り返って見ますと、符合する点というよりむしろ、たいへん興味深い一つの指標と言う方が適切でしょう。一九九一年に人民法廷は「南アメリカの不処罰」についての訴訟を結審しましたが、これは私たちの歴史の中でももっとも重大な結果を産み、また長くかかったものの一つです。南アメリカの独裁政権がすべて崩壊した後で、ここでまた初めてこの主題に取り組んだという点で、不処罰の問題はたいへんに重要です。攻撃の時期に続いて、南アメリカの人間の諸権利の問題は独裁と軍事政権によって差押えられてしまっていました。

民主化の過程が南アメリカでは民主的な規則を再建しましたが、名目だけの場合もあり、国民がそういうものを選んでしまったのです。そうした形式的な民主主義は本当の民主主義ではありません。人々の基本的な権利の侵害の真の原因は社会の基底に民主主義とは異なる諸規範が存在することです。不処罰に関する法廷で強調された点の一つは、世界通貨基金を扱った法廷の過程で既に注意されていたものでした。人間の諸権利の侵害が巧みにカモフラージュされたものが、八〇年代くらいに登場しています。多かれ少なかれ合法的な形で遂行されています。人間の諸権利の侵害がはっきり見えにくいものになってきているのです。

こうした攻撃の犠牲者たちに寄り添って法の正義を遂行するのはたいへん困難です。責任性の不在の時、匿名で逃げ腰で、合法的制度のメンバーでもある個人に対して、責任を問える正規のメカニズムは存在しません。人間の諸権利の防衛という見地からはシナリオはまるで異なってきます。こうした場合に権利を宣言するのは、グアテマラやフィリピンの独裁やアフガニスタン侵攻に有罪を宣告するよりも、ずっと困難なことです。世界銀行や国際通貨基金の件で不処罰を検討することは共通法の一般則を超えているようでした。

不処罰を取り上げた人民法廷が閉廷した翌日に、まあ、そこに興味深いつながりがあるわけですが、イェール［合衆国コネチカット州の大学］でボパールの大惨事とその環境への影響を調べる裁判が開かれました。直接的な責任を誰も取っていないことを含めて、不処罰のあらゆるメカニズムがもっとも目立って現われている領域の一つです。環境への脅威、古典的な事故、そうしたものを扱う裁判が一九九一年から九四年にわたって続きましたが、その中核的な位置にあったのが、それまでの産業事故の中でも最悪のものであったボパール事故です。人民法廷の四回の裁判のうち、第一回はアメリカ合衆国や南太平洋で起こったこととの連続性を示そうと、イェールで開かれました。第二回は同じ年［一九九一年］に東南アジアの中心部、バンコクで開かれています。一九九二年には第三回の公判がボパールで開かれ、東南アジア一三カ国から参加がありました。最後の裁判はロンドンで、ボパール事故の一〇周年に開かれました。私たちはこの事故と汎地球的な産業情況との関連を研究しました。実際、一つの事故は一つの事故に過ぎないものではありません。常に続いている幾つもの過程の一つの指標なのです。こういう事故を調べるときに、一つ一つの事故の細部を微にわたって調べることよりも、今日的な主題とも関わりのある、一般的な枠組みの中で捉え、調べることが絶対的に必要です。

ボパール裁判の勧告文書の一つでは、原子力一般の問題性が優先課題として取り上げられる必要があり、特にチェルノブイリこそはそうした問題性の明らかな例である、とはっきり述べています。

チェルノブイリは危険性でも現実の損害でも究極的なケースです。責任を誰も取らない特徴的なケースです。私たちの扱ってきたあらゆる事例でも、これほどデータのないものもありません。私は医師ですが、ボパールについては文献をあたれば色々と情報はあります。チェルノブイリについて科学的なデータを捜してみてください。沈黙の壁が真実を隠してしまっています。南アメリカの独裁が国家の安全保障という名目でしていたのと同じ機密主義、同じ沈黙の壁に行き当たるのです。権力は国民にとって何が最善なのかを承知しているんだ、安全保障に何が最善なのか知っているんだ、だから、すべて機密にしておかなければいけないんだ、というのです。南アメリカの訴訟で明らかになった、不処罰の理由がまさにこういうものでした。国家の安全保障には経済の問題が含まれています。こういう正当化の理屈が世界中で持ち出されてきます。

後、もう少しだけお話しします。この法廷で今からすることと、人民法廷の経験との結び付きについて、もう一点。信じられないような否認のし方をされてきた事柄の数々が、今や多かれ少なかれ認知されています。チェルノブイリ事故は多くの犠牲者を生みました。いちばんひどく騙されたのは、いちばんひどい被害にあった人たちでした。破局的惨事の現場から五〇〇キロメートルもの距離まで、降下物が見つかるというのが本当なら、すべての人びとが原子力発電所の地元の人間ということになります。ですからこれは一般的な利害関心のある主題です。さらに、ボパールの事故でもそうでしたが、事故の結果を最初に顕著に受けるのは子どもたちなのです。

　昨年、人民法廷は子どもたちを主題に裁判をしました［「子どもの権利の侵害」一九九五年三月二七日〜四月四日、イタリア三都市で開催］。子どもたちという指標を通して、人間の根本的な諸権利の、多かれ少なかれ合法的な形をとった全般的な侵害が、劇的な形で現われていました。子どもの諸権利、子どもの権利条約のさまざまな侵害を扱ったこの裁判では、国連の公式報告書の中で子どもたちがどう扱われているか検討しました。経済成長の有無の指標としてのみ、子どもたちは扱われていました。犠牲者たちとしての子どもたちについては、まったく触れられていませんでした。

　今回の公判でも、子どもたちが、そしてまた子どもたちから見えてくる一般住民もそうですが、根本的な権利を享受する人格として考えられているかどうか、見ていくことは重要な任務の一つです。

裁判長

常設人民法廷書記のジアンニ・トグノーニ博士から、たいへん貴重な導入のお話しをいただきました。お礼申しあげます。では、続きまして、今回の裁判のそもそもの提起者であります、チェルノブイリ医療委員会代表のロザリー・バーテル博士にお話しをいただきます。

ロザリー・バーテル博士

チェルノブイリ医療委員会は、常設人民法廷がチェルノブイリのケースの研究を受け入れてくださったことをたいへん嬉しく思っております。お話しに入る前に、今回の法廷の場に、本来ならまっ先に駆け付けていただけたであろうたいへん重要な方のことを、私はここで思い起こしたいと思います。ペトラ・ケリーのことです。

チェルノブイリの問題は私たちの社会のたいへん深いところに根を下ろしています。真に、構造的な問題なのです。ここで働いている抑圧のメカニズムを、見極めなければなりません。また、チェルノブイリの問題を世論に晒していくことが必要です。チェルノブイリが科学の問題であるというのは、間違いです。これは抑圧の問題であり、私たちが目にしているとおりの劇的な帰結をもたらした、政治決定の問題なのです。

国際原子力機関（ＩＡＥＡ）が、チェルノブイリに関する一九九一年の報告の著者たちを――問題は大袈裟に考えられすぎていた、病気はどれも放射能とは何の関係もなかったと、宣言したそのまさに張本人たちを――報告会議に集合させたのがつい数日前です。このエキスパートたちを、これからの討論で批判の的にしていくことになります。

けれども、問題の根はもっと深いところにあるのです。ＩＡＥＡで色々と事が起こるよりもっと以前からの問題なのです。この組織は、予め打ち立てられていたメカニズムを非合理的な様式で適用しようとする、一つの警察力でしかありません。現在のところ、いちばん批判が集中しているのはＩＡＥＡです。

ＩＡＥＡが被曝からの防護の体制を適用するやり方は、たいへんに冷酷です。けれども、この体制を作ったのはＩＡＥＡではありません。

私は一九六八年このかた、放射線の健康への影響に関する研究を仕事にしてきましたが、文献を調べると、きちんと細部にまで踏み込んだ重要な研究はほとんど一九五一年よりも前の日付のものだ、ということを発見した時には驚きました。

一九五一年以後、神話が打ち立てられたのです。こういう神話です。低線量の被曝の影響は、見出すことが不可能であるというのです。一九五一年はたいへん重要な日付です。大気圏核実験の施設がネヴァダに開かれたのがこの年です。アメリカ大陸に開かれた最初の実験場でした。実験は五〇〇回以上も行われ、北半球の隅々にまで、降下物が拡散することになりました。まさにこの時期から、低線量の被曝は危険がない、有害な影響を記すことはできない、と巧妙に組み立てられたプロパガンダによるお触れが出されたのです。

広島や長崎のことを調べていて分かったことですが、この時から、戦争のシナリオをどういう結末に向けていくのか、ということばかりが研究されるようになりました。どれだけの人数が直ちに死亡するか、どれだけが戦闘能力を失なうか、といったことを知ろうということでした。研究者たちはこんなことばかりに関心を集中し、こんな計算ばかりしていたのです。流産や堕胎、死産、病気の子どもたち、長期にわたる影響といったことには関心をもちませんでした。研究領域はたいへん偏ったものになり、悪影響については最小限に見積らなければいけないという状態が続いていったのです。

被曝によるこれまでの犠牲者は、私の見積りでは控え目に見ても三二〇〇万人ほどになります。原子力産業の労働者たち、日本の原爆被災者たち、大気圏内核実験の犠牲者たち、過去の様々な事故や障害にともなう犠牲者たちが含まれます。そうした事故の中では、チェルノブイリの大事故による犠牲者たちのことがもっとも重大です。目を覆う惨事はまだ終ってはいません。明日、明後日、議論していくのは、このことです。

官僚たちが「重大」という言葉をどういうふうに定義して使っているかを見ていきますと、社会全体にとってどうか、ということです。個々の人にとってどうか、ということは考慮されません。個人の観点を入れてくると、問題はまるで違ったふうに見えてくるのですが。

私の考えでは、一九五四年は別の意味でも大きな転換点でした。水素爆弾の実験が始めて成功（軍事の立場から見てという意味ですが）したのが一九五四年です。水爆によって、原爆の爆発にさらに、限りない火の力が加わったのです。広島や長崎で使われた形式の原爆では、火の力は限られていました。

水爆の場合は違います。ですから、西側の列強、特にアメリカが戦略ドクトリンの中核に原水爆を据えることを決定したのが、この一九五四年なのです。

商用、あるいは自称「平和利用」の、原子力プログラムが実施に移されるのがこの時代です。それによって、北アメリカの隅から隅までを一つの巨大な爆弾製造工場として編成することになりました。ウラニウム鉱山、濃縮工場などだけでなく、物理学や原子力技術を教育する大学なども共犯関係に入っていきます。民間の協力を確かなものにする必要がありました。国際放射線防護委員会（ＩＣＲＰ）が組織されるのもこの時期です。

核兵器の機密の只中に誕生したこの組織は、誕生の瞬間から既に、国家機密の中に浸っていました。男ばかり一三人の委員会です（一九九〇年に初めて女が加わりました）。色々な定義を練り上げるのも、決定を下すのも、この一三人なのです。メンバーを補充する時の人選も、委員会自身がするので、自足的な継続をしていきます。放射線防護基準の勧告を検討して決めるのもこの人たちです。その数値がすべての国々によって採用されるのですし、ＩＡＥＡが適用する様々な規則も、この基準をベースにしています。チェルノブイリ事故に際してＩＡＥＡは、このＩＣＲＰ

の基準をたいへん冷酷な形で適用したのです。そして、それ以外のたくさんの様々な場合にもそうでした。

ＩＣＲＰの文書を研究するのはたいへん重要なことです。一九九〇年版の勧告に被曝の「経過的な」影響のことが書いてあるのを読んで、衝撃を受けました。そうした影響はたいして重大でもないし、保障も認定も必要ないと言っています。しかしこれがまさに、人々を苦しめている当の問題で、世界中に周知させる必要のある問題なのです。この問題が存在することをＩＡＥＡは常に否認してきました。

けれども実のところ、ＩＣＲＰは、存在自体は認めています。ＩＣＲＰは控え目に一歩下っていますが、職業的信頼性が問われているのです。この一三人の「エキスパート」には、そういう影響は存在しません、とか、それは放射線とは何の関係もありません、とか不正直に言明することはできません。で、放射線の健康への影響についての語るのは、ＩＡＥＡの技師や物理学者任せにしています。これは問題の決定的な側面です。

定義というものにも、色々な使い方があるのですね。ハーヴァード大学ではそういうのを「表象ズラし」と言っています。裁判沙汰は避けたい、なんていう時には、たいへん器用に嘘をつきますよね。

「事故」というものの定義がそういう使われ方をしています。チェルノブイリの事故の正確な定義を私は知りませんが、スリーマイル島についてはこういう思い出があります。あの人たちの

「事故」の定義には、はじめの七日間しか入っていませんでした。その後で起ったことはすべて、「除染」という定義の中に含められてしまったのです。事故に引き続いて人々が浴びた線量を話題にする時にも、そのはじめの七日間の線量に限定するのです。他にもこういうことがあります。発電所が正常に動いていたら、これこれの線量を浴びたであろう、というその数値を、この七日間の数値から差し引きます。

また、バックグラウンドの数値も差し引きます。中国の核実験（この時代には大気圏内でした）の数値も差し引きます。事故によって受けた線量は、こうした操作の結果、はじめの七日間だけに実際に受けた線量で、そこから、もしかしたら受けたかも知れないけれども、実際には受けていない線量を差し引いていた数値になります。これだけでも立派な欺瞞です。

チェルノブイリの事故の影響を、ボパールの事故の影響と比べてみると、実に大きな違いがあります。ボパールの場合には、影響の大部分は直ちに目に見えました。曝された人たちは直接の打撃を受け、その人たち自身にとっても、公衆にとっても、受けた被害は明白なものでした。一方、放射線の害を受けるのは細胞ですし、被曝した人が病気になるまでに、潜伏期間があります。そこで、病気と放射線に曝されたこととを直ちに結びつけることをしません。精子と卵子とが傷を負っても、結果が目に見えるのは何世代か後のことだったりします。その結果は恒久的なものになりますが、これこそ、原子力産業が否定しようとしていることなのです。

エキスパートたちは常に、遺伝的な影響、そして未来の世代への影響を最小限に見せようとしてきました。

チェルノブイリにいる方に伺ったのですが、これは、小さなスケールで始まり、そして時を追って巨大になっていく事故なのです。例えば堤防の決壊のような恐ろしい災害の時でも、本当にたいへんなのは最初のうちで、影響は時間とともに少なくなっていきます。そのまさに逆なのです。チェルノブイリでは反対に時間を追って重大なことになっていきます。心理的な観点からしても、実にたいへんなことです。未来の世代に傷を譲り渡していくことへの恐れが、一般の人々の間に高まっています。

ここではっきりさせておきたい点があります。放射線による健康への障害には、IAEAが認めているものがある一方で、認めることを拒んでいるものがもう一方にあります。IAEAは健康被害を二つに分けました。白血病を認めるしかなくなりましたので、現在は三つに分けています。

エキスパートたちが最初に認めたのは「放射線―起源の―死に至る―癌」です。一つ一つの語に注意していただきたいと思います。つまりエキスパートたちは、死に至る癌については存在を認めます。けれども、死には至らないと彼らがしている癌や良性腫瘍なるものについては、なかなか認めません。

また、「放射線―起源の」癌しか考えに入れないわけで、他の原因による癌の成長を放射線が助長する、ということを認めるのは拒んでいます。一〇年という限度を設けているのはそのためです。そして、他の癌については放射線起源とは認めず、放射線によって成長を助長された癌も認めず、そういった種類の癌については、補償しないのです。

癌以外のもので、一まとめにされているものとしては、「生きて生まれた子どもたちにみられる、重度の遺伝性疾患」があります。ここでも、一つ一つの語に注意を向ける必要があります。「重大な遺伝性疾患」でなければいけない、ということはつまり、「たいへん稀で、たいへん重い病気」という風に読み替えのきく、古典的な病気ということです。喘息がごく普通に見られるのですが、認定されません。「生きて生まれた子ども」でなければいけない、ということは、死産は認定しないのですし、胎児の先天性畸形によって堕胎しても、認定しないのです。

催畸形性についてですが、子宮内で胎児が受けている障害については、今のところ彼らは「重度の精神遅滞」しか認めません。被曝したのが妊娠八週めから一五週めの間の場合のみに限ってもいます。原子力産業の言うところの「重度の精神遅滞」は、挨拶に返事が返せない人と、一人では食事ができない人のことです。それ以外の人はいっさい認定されません。極限の状態のものしか認定しないということです。汚染された地域で多くの人が苦しんでいる病気は、他に何種類でもあります。そうしたものもほとんど認定されないのです。

私たちが理解しなければいけないのは、こうした否認が構造的なもので、政治の状況の中から生れてきたものだということです。チェルノブイリの様々な問題は大部分、共産主義体制によるものだ、当時の政治機構に原因があるのだ、ということが度々言われてきました。けれども西側にも同じ程度の秘密主義が存在します。合衆国で一九七九年に起こったスリーマイル島の事故を例にとって説明しましょう。

スリーマイル島の事故では二〇〇〇人の犠牲者が出ていますが、裁判所は未だにこの人たちの訴えに耳を貸していません。原子力産業が介入して最高裁に抗告し、スリーマイル島の事故で住民たちが曝された放射線は、健康に害をもたらすほどのものではなく、従って、どの住民の件に関しても、裁判にかける必要などないと、最高裁に認定させました。この決定はつい一カ月前（一九九六年三月）にくつがえりました。一九七九年の事件がやっと今になって審議されることになったのです。まず一一件が一九九六年六月にハリスバーグ連邦裁判所で審議されることになっています。

原子力産業はさらに重ねて介入をしてきました。エキスパートからの聴聞の仕方を定めた法を持ち出してきたのです。同じ分野の研究者たちと研究方法や成果が整合していなければ、エキスパートは証言できないというのです。そうして、原子力産業の何人もの関係者たちが、放射線起源の健康への悪影響の分野のエキスパートであると自己申告をしました。その結果、原告の用意した一二人のエキスパートのうち一一人までが、不適格にされて外されました。犠牲者たちは、自分たちの側に立った発言をしてくれるエキスパートを欠いたままで法廷に臨まなくてはならなくなりました。こうした決定は、意見表明の権利と、法の裁きとの、構造的な否認に他なりません。

間近に迫っている原子力の危険の数々、というような言い方を私はさせていただきますが、原子力産業も次の事故に備えていますし、そうした事故が私たち皆を脅威に曝しています。あらゆる産業と同様、事故の可能性は常に内在していて統計的に予見もされますが、この原子力産業の場合、危険はそれにとどまりません。正常に機能しているさ中にも、放射性物質が日常的に放出されているのです。

放射線起源の色々な損害に関して、ＩＣＲＰの出している定義は極端に幅の狭いものです。これに対して、私たちは発言をしていかなければなりません。

この産業で働く人々や、この産業に脅かされている地域社会を、防護する役目を負った国際的な機関が存在しない、ということを断罪すべきであろうと思います。ＩＣＲＰは経済の「至上命令」を頭に入れて妥協をしました。彼らは放射線に対する防護という線に沿った発言はしません。ＩＣＲＰには公衆衛生や労働衛生の分野の専門的な教育を受けたメンバーは一人もいません。五〇％以上が物理学者で、こうした妥協を守り抜こうとします。事実上、全員がこの産業と深い結び付きをもっています。

人々が苦しんでいるのだということを、ＩＡＥＡは否定しますが、私たちはすべての人たちの前で事実として認定しなければなりません。犠牲者たちを重ねて犠牲にしようとするこの行政組織は断罪されるべきです。私たちは先進国の原子力産業の推進役であるこのＩＡＥＡの中枢に存在する、贔屓(ひいき)による庇(かば)いを弾劾しなければなりません。この機関に国連が与えているお墨付は、似非（えせ）科学的なものです。

けれども、もっとも肝要な問題は、自然環境が、地球の生命が成り立つための基礎そのものが、傷ついてしまっているということです。ＩＣＲＰとＩＡＥＡの廃止を私は勧告いたします。生きることが可能な未来のために、それは最低限、必要なことです。

裁判長

バーテル博士、ありがとうございました。

第一部　事故と、他所の原子炉への影響

証人

セルギイ・ムィルヌィイ博士：物理化学技師、チェルノブイリ国際ポスター&デザイン展、科学&国際関係ディレクター、後始末人
ヴァシーリ・ネステレンコ教授：物理学者、ベラルーシ技術研究センター、独立した専門家による「チェルノブイリ惨事の影響に関する三国調査」委員会責任者
ロバート・グリーン司令官：イギリス海軍（退役）
ユーリイ・アンドレエフ教授：物理学者、後始末人
ロス・ヘスケス教授：物理学者、イギリス中央電力庁（CEGB）バークリー核研究所（退役）
ヴォルフガング・クロンプ博士：物理学者、オーストリア連邦首相府原子力顧問

裁判長
ムィルヌィイ博士にお話しいただきます
セルギイ・ムィルヌィイ博士
私の証言ではまず初めに放射能汚染全般についてお話をします。この法廷には、真っ先に犠牲

者となった一般人の立場の人間が私一人だけのようですが、これは驚きです。私たちが犠牲者であることは皆さんご承知の通りですが、一九八六年の時点で、私たちの国の普通の人たちは、原子力の専門的な知識など、少しの持ち合わせもありませんでした。

ところで、私はウクライナの国民で、爆発した原子力発電所はこの国にあるのですが、その国民であるという立場から、大災害から一〇年後の私の意見を述べさせていただきます。

一九八六年の当時、私はソヴィエト体制のもとで、軍人として物理化学分野の特殊な訓練を受けていました。化学兵器と放射能の監視機関で、部隊の「指揮官」に昇進したところでした。そしてチェルノブイリでは「後始末人（リグビダトル）」として働いたのです。

私が実体験したのは、新米だった私にとって、まことに信じられないものでした。今でもなお、信じられません。チェルノブイリというと、放射能の問題ばかりをお話になられる方がほとんどです。けれども、チェルノブイリは原子力だけの問題ではありません。これは一つの社会問題です。惨事の証人としては、後始末人たちを措いて他にはいません。日常の作業の中で、後始末人たちは原子炉から一〇〇キロほどの範囲内を、縦横に行き来していました。広大な範囲内を警戒していましたし、人々の被曝線量を測定していました。

この場では、そうした人たちの代表として私ただ一人が証言をするわけですが、そうした人たちの名において、この法廷に対して私は、公正な裁きをお願いいたします。大災害の責任者たちが罰を受けるという意味で公正であるだけではなく、惨事の情況が微細な点にわたって明らかになり、未来に同じような惨事が繰り返されるのを避けるための公正な裁きです。大災害の本当の犠牲者たちを、今現在の犠牲者たち並びに将来の犠牲者たちを、援助するための公正な裁きです。

この聴聞の進め方について、多少コメントさせていただきます。もう間も無く、医学的な諸問題を議論することになりますが、被曝した放射線量の評価が一つの決定的なファクターになると思います。大災害を内部から体験した私が見聞きした限り、強汚染地帯の内部では、被曝線量の正確な記録が組織的に行なわれたことは一度もありません。

線量が健康にどう影響を及ぼしているか、医師が研究する時には、医学を、あるいは生物学を研究しているわけです。線量の話をする時には、しかし、社会の問題に、政治の問題に触れているのです。ゾーンで記録された線量は、研究室でならばこう記録する、というそういう具合に収集されたものではないわけです。

チェルノブイリの医学的な帰結に関する出版物を私はたくさん研究しました。そうしたものの一〇〇%が、公式データをもとに線量をはじき出しています。実際の線量は、公式に記録されている線量を上回るという事実を私は証言したいと思います。私はまた、人体に対して行なわれた実験の証人でもあります。実験台になった人たちは志願したのではありません。兵役を果たすために動員されてきたのです。時間の都合もありますので、ここではこの問題はやりません。後ほど、申し上げます［一四一ページ］。

汚染の結果ですが、原子爆弾のばあいならば、ゾーンの放射能地図を作成するのに、さほどの困難はないようです。ネヴァダの大気圏内核実験の後で作った地図を見ると、汚染は思いもよらない方面に線を引いたように伸びていて、まるで蛸のようでした。私は日々、放射能を測定していましたが、放射能のエヴェレスト山かと思うカーブになりました。頂きに相当するのが、原子炉のすぐ周囲のゾーンです。そこから線量の高いところが帯になって伸びていて、ベラルーシの東部全体を覆っていました。その地域内で、私たちは村々の測定をしたのです。

私の見たところ、原子炉の南側と西側はそれほど重大な汚染を受けていません。しかしこれはまあ、放射線の監視部隊の指揮官が図を描いたらそうだった、というだけのものです。データを微細に見ていくと、チェルノブイリの降下物は至るところにあることが分かりました。

放射能汚染の本当の姿を皆さんに理解していただきたいのです。第一の犠牲者は国民です。直接的にも間接的にも内部からも外部からも、放射線の害を冷酷にも、じかに受けた人たちです。汚染の第二の犠牲者は土です。破局的惨事に続く年月の間に、表面から五～一〇センチの深さの土壌が放射能を吸収しています。毎年春に洪水がありますので、放射能は土壌から離れて動き、その結果、それ以上深くは沈んでいかなかったようです。

しかし、年月が経つうちに第三の犠牲者が現われます。水です。地表水面と地下水です。ヤコブレフさんがこの法廷に来て証言できないのは残念ですが、彼によれば放射能は一つの水瓶から次の水瓶へと、ドニエプル川［黒海に流れ降りる大河。その水源地域にチェルノブイリがある］を下りながら少しずつ移動していきます。放射性核種のうちいちばん重要なものの一つがストロンチウム九〇であることをぜひ思い起こしてください。これは骨に溜ります。そこから、特に造血のメカニズムを選んで作用します。そのために、低線量でも危険なのです。ご存知と思いますが、ウクライナ国民の三人に二人はドニエプル川の水を飲んでいます。大惨事がどんな尺度のものか、お分かりになるでしょう。結果として、私たちは第四の犠牲者が私たちの母なる大地そのものであるとしなければなりません。

私自身の体験から申しますと、当時、私たちに見ることが許されていたのは、当局の許可することだけでした。科学者たちが土壌を採取するのが許されるのは、当局者の検討を経て、多少なりとも、受け入れられるものであると判断された場合だけでした。私の体験では、汚染地域内でも汚染の度合いは一様ではなく、ホットスポットが存在します。原子炉から放出された放射能は大気中に噴出したわけで、原子炉から五〇、六〇、あるいは七〇キロに至るまで、あらゆる方角で降下したのですが、その様子は一様ではありませんでした。

二つの重要な点を強調しておきます。チェルノブイリについて語る時、放射能の状態には極度な偏りがあることを理解する必要があるという点です。空間的な拡がりについてもそうですが、体内組織についても同様です。

チェルノブイリあるいは放射能の問題を扱うに際して、その環境としての適切な文化というものが欠けている、ということを私は痛切に感じるようになりました。専門家たちはどこまでも専門家でたいへん狭い領域に籠っており、互いに理解しあうのも難しいことがしばしばです。学科や専門の狭隘さを超える文化的環境を私たちは作っていく必要があります。そういう文化が相互理解を可能にし、一般の人々が加わることを可能にします。ふつうの人たちに理解不能な言葉で物事が語られている限り、情況は少しも変わってはいかないでしょう。

私たちが平易で理解しやすい方法でこの問題を語るようになれば、近代文明の世論は、このような大災害の繰り返しを、おそらく、くい止めることでしょう。

ありがとうございました。

裁判長

ムィルヌィイ博士、ありがとうございました。

では、続けてネステレンコ教授にお話しいただきます。

ヴァシーリ・ネステレンコ教授

判事の皆さん、私の役目は簡単です。これから申し上げることは既に出版もされているからです。その文書は、判事の皆さんにも提出させていただきます。ヤコブレフ教授、ブルラコーヴァ教授などロシア、ウクライナ、ベラルーシの二〇〇人の科学者が参加した研究の、結論の部分です。この研究がロシア語でしか出版されていないのは残念です。判事の皆さんにご理解いただくよう、英語とドイツ語のレジュメをスーザン・ブースさんが作成してくださいました。この場をお借りして、お礼申し上げます。

チェルノブイリ大惨事はベラルーシにはどんな帰結をもたらしたでしょうか？　国の大きな部分が汚染されましたが、そうした地域で未だ三〇〇万人の人たちが生活を続けています。一三万を超える人々が国の北部へ避難させられました。けれども、未だに人の住んでいる三〇〇を超える町や村が強度に汚染されています。ロシアやウクライナにも似たような情況があります。

こうして住み続けている人たちは、汚染された食品を主に食べています。これが目下、いちばん重大な問題です。放射能汚染の積算線量は日に日に上がっていきます。私たちの研究所は政府からは独立した研究所なのですが、人々が消費する食品の放射線量を分析するセンターのネットワークを作りました。住民たちが自分たちの食べ物を測定することのできるセンターを三七〇カ所以上、立ち上げました。ベラルーシのさまざまな地域からの汚染のデータを、こうした研究所が収集しています。私たちは汚染の地図を作りました。土壌ではなく、食品の汚染の度合いを現わした地図です。これが目下、いちばん重要なのです。放射能汚染の値は政府が示している値の一〇倍も高いことが稀ではありません。

こうしたセンターが動き出して五年になりますが、その間、食品の汚染水準は低下していません。私たちの食品測定の結果は毎年、約一〇〇ページほどの報告書として出版しています。こうした地域に住んでこうした食品を食べ、汚染した牛乳を飲んでいる人たちの住所と氏名も出しています。人々の汚染の七〇～八〇％は内部からで、食品から吸収されたものです。私たちのコンピュータには、彼らの氏名も居住地域も登録されています。

チェルノブイリから二〇〇キロほどの諸地域では、住むことも、土地を耕すことも、家畜を育てることも、危険なことが分っています。ここではチェルノブイリから四〇〇キロほどのブレスト地域についてお話ししましょう。そこにある、私の知っている村の一つですが、人口は一五〇〇人ほど、うち四〇〇人ほどが子どもです。公の規準では、キロあたり三七ベクレルを超える牛乳を子どもは飲んではいけないことになっています。困ったことに、まさに牛乳こそが、この村でもっとも汚染されているのです。この地域からの最新の報告によると、牛乳の汚染は規準の二〇〇倍にも達しています。異った放射性核種ごとの汚染を特定できる特別の装置を使って、子どもたちを調べました。こうした子どもたちの体内に蓄積したセシウム一三七は、キロあたり一〇〇〇ベクレルを超えています。

もはや、本当に健康と言えるような子どもは一人もいない、ということを医学的検査は示したのでした。こうした環境下で、四〇〇人もの子どもたちが暮しているのです。残念ですが、ここの村だけがこうだ、というのではないのです。私は同じような村を五〇〇ほども知っています。汚染した諸地域のすべての村でこうした分析をすることは、私にはまだできていません。こうした村はもっともっとたくさんあるに違いありません。

ブレスト地域から来た牛乳の私たちの分析結果では、規準にあっていたのは三三％のものだけです。六七％のものは、規準より高い数値でした。分析したもののうち三〇％がキロあたり一〇

○○ベクレルを超えるセシウムの値を示していました。困ったことに、現地の行政当局も、政府も、こうした分析を無視します。情況を改善するための手立ては何一つとして取られていません。

私は物理学者ですが、医師たちとの緊密な関係のもとに作業しています。私たちの刊行した研究書の中で医師たちがデータを発表していますが、その中からいくつか引用させていただきます。ロザリー・バーテル教授はＩＡＥＡが放射能起源であると考えている病気が何と何であるかを示してくださいました。そうしたものと、ホミェリとマヒリョウという二つの強度汚染地域で私たちが観察しているものとを、比べてみようと思います。二つの研究所がチェルノブイリより前、一九八二～八五年のデータを持っています。登録義務のある生得性の畸形が［統計学的に］有意の増加を示していると、二つの研究所は指摘しています。そうした畸形の発現数は、国土全体でおよそ二倍になりました。ＩＡＥＡはこれを認めません。もっとも汚染の強い地域では畸形の発現率は以前の六倍にもなっています。

こうした強度に汚染された地域の病理情況を見ると、放射能起源の病気のあらゆる種類のものが並んでいることが分かるのですが、ＩＡＥＡはこれを認めるのを拒んでいます。ベラルーシ放射線研究所では、特別の登録簿を作って、三五人の専門家たちが日々、こうした病気の新規の登録を続けています。カヴァシェンカ教授という小児神経障害の専門家から、引用させていただくことにします。教授によれば、あらゆる種類の心理的ないしは精神医学的な障害が見られます。教授の研究から一例を挙げさせていただきます。病理部分の輪郭を記録できる特別な装置を使って、さまざまな精神障害の基底に、組織の損傷があることが示されました。そうしたさまざまな異変はストレスが原因のわけでも「放射能恐怖症」のわけでもありません。人体組織の障害なのです。放射線に曝された人たちに起こっているのです。教授の研究では強度に汚染された地域の出身者の、さまざまな精神障害に苦しむ四二症例を提示しています。

彼の考えでは、三世代あるいは四世代後には、もはやベラルーシではこうした研究の可能な人自体がいなくなってしまうということです。私たちもそれを恐れるべきなのでしょうか。

裁判長

ネステレンコ教授、証言をありがとうございました。また、法廷に書籍や資料をご提出いただきありがとうございます。では続きましてイギリスのロバート・グリーン司令官にお話しいただきます。

ロバート・グリーン司令官

この重要な法廷の主宰者の方々が、チェルノブイリの原子炉四号機の爆発が西欧の原子力発電所に対して持っている意味合いについて、私にお話しする機会を与えてくださいましたことに、まずはお礼を申し上げます。

私は科学者でも技術者でもありません。原子力の専門家でもありません。私は記録しただけであり、それを伝達させていただくだけです。悪い報せを運ぶ者を待ち受ける危険についても承知をしております。

私がこの法廷に提示させていただくのは、ドン・アーノーティと私とで行なった研究の結果です。ドンは七四歳であまり動くことができません。残念ですが、この法廷に自らやって来て証言するのは不可能でした。大学で化学と動物学を修めたドンは、一九四二年にアマーシャムインタナショナル社に採用され、そこで彼は工場のダッシュボードに使うラジウム系蛍光塗料を作っていたのです。

広島と長崎の後で、放射能医学に身を捧げる決心をしたのでした。ロンドンの医学研究局（MRC）で甲状腺を研究し、ロンドン病院で放射性同位体（アイソトープ）の研究室の主任になり、甲状腺障害の治療薬を研究したのでした。六〇年代には彼はIAEAのために働き、放射性同位体の医学利用に関する手引き書を一冊書いています。

引退してからの彼は、専門知識をもって反核運動を手助けするようになりました。私の叔母にあたるヒルダ・マレル［イギリスの反核活動家。一九八四年暗殺］にも助言をしてくれました。彼女が殺された後で、一九八八年から八九年に開かれたヒンクリー・ポイント［英国南西部の原子力発電所］の公開調査の時に、原子炉の安全性を検証するために私たちは協力しあうことになりました。イギリスでは二番目の加圧水型原子炉でした。

一九九〇年に公刊されたヒンクリー・ポイントの報告書から、チェルノブイリの爆発の原因と本質についてさまざまな違った意見のあることが分かります。ドンが一人の化学者として私に説明してくれたところでは、これは核爆発なのですが、調査の時の説明ではそういう点には触れられていませんでした。

この事実に言及したものに私たちはどこでも出合いませんでした。彼が強調したのは、核爆発のエネルギーは封じ込めようがないこと、封じ込めようとすると逆にエネルギーは増大してしまうという点です。黒鉛減速沸騰軽水圧力管型原子炉（ＲＢＭＫ）は蓋がぴっちり締められていませんので、西欧の大半の原子炉と比較して、むしろ逆説的に封じ込めの点で確実なのだと、彼は結論しました。チェルノブイリでは最小の被害でエネルギーが放出されたのです。三号機は［爆発した四号機と］一続きになっていたにもかかわらず、人が止めるまで、三時間もの間、機能し続けていたのです。西欧で複数の原子炉を抱えた施設で一つまたは幾つかの原子炉が核爆発したとすれば、それによる被害はずっと大きなものになるかもしれません。

核爆発の仕組みを描いたスペインの［ホセ＝マリア］マルチネス＝ヴァルのチームの分析に行き当ったのは幸運でした。私たちはロス・ヘスケスがやって来るまではジョレス・メドヴェデフ［ロシアから西側に亡命した生物学者］の助言も受けていました。彼にも感謝しています。

西欧で普通に使われている［原子炉の］形式一つ一つについて、それぞれに固有な核爆発の想定シナリオをはっきりさせる、という仕事が残っていました。この仕事には、リチャード・ウエブが協力してくれました。物理学者で原子物理の技師でもあり、シピンポート［合衆国で最初の商用原子炉」の加圧水型原子炉の原型炉の仕事を、リコヴァ提督と一緒にした人です。ヒンクリ・ポイントを調査しました時に、専門家として側にいてくれた人でもあります。

私たちの研究報告書をこの法廷に提出させていただきますが、分析はロス・ヘスケスにしていただきました。ここでお礼を申し上げておきます。しっかりとした専門家の中で、彼だけがこれを引き受けてくださったのです。英国非核自治体局全国運営委員会を説得して、この研究を保健安全局に提出しましたが、ヘスケスがいなければ、できなかったことです。

私たちの研究結果を以下、要約させていただきます。

チェルノブイリの大惨事は基本的には核爆発によるものです。このくらいの強さの核爆発になりますと、どんな封じ込め策をもってしても対抗できなかったはずです。ぴっしりと止められていない重さ二〇〇〇トンの蓋が安全弁の役割を果し、連鎖反応を本来よりも早い段階で停止させました。それによって爆発のエネルギーは減少しましたし、その結果、核分裂の生成物の放出も少なくなったのです。大惨事はまた、四号機だけで止まり、隣接していた他の三機の原子炉を無傷に保ち、たいへん放射能の高い使用済み核燃料の貯蔵庫二棟も無事でした。西欧のすべての原子炉の場合のように加圧状態で全面的な封じ込めをしていたとすれば、爆発はもっと激越なものになっていたでしょう。イギリスにとっては、ガス冷却型原子炉（ＡＧＲ）、加圧水型原子炉（ＰＷＲ）、そしてドゥンレイの高速増殖炉のそれぞれで核爆発が起ったと想定するシナリオが、少なくとも一つずつは存在しています。

こうした諸結果に反してイギリス政府の公式報告は：

・チェルノブイリの大惨事の基本因が核爆発であったことを認めるのを拒み
・水蒸気爆発であったという誤った断言をし
・なぜ二回の爆発があったのか説明せず
・二つの爆発の強さについて数字をまったく出さず
・ＲＢＭＫの蓋の重さが、ソ連の発表した最終数値の半分の一〇〇〇トンしかないと断言し
・連結されている原子炉三号機や使用済み核燃料の貯蔵庫がなぜ無事だったのか、三号原子炉が三時間半も機能し続けたのはなぜかを説明せず
・これほどの爆発にはいかなる封じ込め策も対抗できなかったはずであることに注意を向けさせようとせず
・〇・三キロトン近い規模のチェルノブイリの爆発は、現存核兵器のどれよりも強力であることを無視し
・原子炉四号機による（または大型原子炉のどれを取っても同じですが）放射能汚染は広島や長崎の爆弾による汚染の数百倍に達する可能性もある、ということに注意を向けさせようとはしない

こうしたすべての点はイギリスの原子力産業に当て嵌りますし、西欧の原子炉一般に当て嵌ります。

結論として、イギリスの原子力産業界は核爆発が原子炉で起る可能性の受け入れを拒んでいるのだと私たちは考えています。拒否の理由はこうです：

どんなに小さな規模であっても、弱いものであったとしても、核爆発ならば化学爆発よりも何倍も強く、結果、もっと広い範囲の地域に、もっと多くの放射能を撒き散らすのではないかということのようです。世論は、理の当然ですが、原子力発電所と核兵器とを結び付けて考えるようになります。すると原子力産業の信頼とイメージが損なわれ、回復も困難だ、ということです。ガス冷却型、加圧水型そしてドゥンレイの高速増殖炉といった西欧型の原子炉に核爆発の危険があることを、産業界が否定できないということになってしまえば、こうした原子炉はイギリス原子力保安院の条件一五二条を満たさないことになります。「原子炉で事故が発生した場合には、適切な方法を用いて、いかなる放射性物質も放出されないよう、封じ込める」ことがそこでは予定されているのですから。

結局のところ、ガス冷却型原子炉もドゥンレイの高速増殖炉も、早急に閉鎖すべきですし、サイズウェルのB原子炉の建設は中止すべきです。

また私はドンに、私たちの研究の結論もここで皆さんにお報せするように、頼まれています。「大英帝国と原子力：一九四七～一九五二」と題してマーガリト・ゴーウィンが出版したイギリスの原子力産業の歴史から、一つの証言を引いて、それを元にした結論なのですが、そこから二つのほど短かい抜き書きを読ませていただきます。黒鉛＝ガス型の原子炉は水よりもガスを中心に冷却するのですが、そうしたタイプの原子炉をイギリスがなぜ採用するに至ったかというくだりです。

「事故の場合の危険を前提に、原子炉は隔絶した場所に建設しなければならない。水は中性子を吸収するが、もし水の流れが停止して制御棒が直ちに降下しなかったとすると、循環冷却系の水は蒸発してしまい、中性子を吸収しなくなる。すると、原子炉の中には中性子があって核分裂を次から次へと引き起し、激症的に準臨界に至る。温度は上昇し、燃料は揮発し、放射能は広範に拡散することになる」

また三八五ページには「ガスによる冷却は激症的な超臨界の危険性を取り除く……」云々と書かれています。

水で冷却する黒鉛＝ガス型原子炉が核爆発する危険は、ご覧のように、原子炉の原理そのものと同じくらい古くから知られていたことなのです。

ドンの研究が到達した結果の中には、この法廷に提出させていただいた研究論文にはまだ書かれていないものもありまして（マルチネス＝ヴァルもこれを見ていないと思いますが）、これは原子力産業が言い張るところの水蒸気爆発という理論を葬り去るための棺に最後の釘を打ち込むものです。冷却配管の一本一本には安全弁が付いていて、水蒸気圧が高くなりすぎた分を自動的に解き放つようになっています。この弁は原子炉の蓋の上、燃料装荷面の下に付いていたというのが重要な点です。一回めの爆発の直前、燃料装荷面の上にある炉心の燃料被覆管の蓋が幾つも、蒸気の力で持ち上がっているのが目撃されています。

ありがとうございました。

裁判長

ありがとうございました。では、ユーリイ・アンドレエフ教授にお話をお願いします。

ユーリイ・アンドレエフ教授

判事の皆様、ご列席の皆様。私は証言を一つ準備してきていますが、しかし今、ロバート・グリーン司令官のお話をうかがいまして、お話する中身を多少、変更しようと思います。私がこの目で目撃したことをグリーン司令官の証言に付け加えさせていただき、司令官のたいへん重要な理論を裏付けさせていただこうと思います。

私はチェルノブイリ原子炉四号機の屋根の上方から、原子炉の内部にある破壊された燃料棒を見ました。私はこの事実が、核爆発という考えを絶対的に確証すると考えています。つまり、ごく常識的にお考えになればお分りいただけると存じますが、水蒸気爆発ですとか、あるいは何か別のそうした爆発があったといたしましても、燃料棒が内部で壊れることはありえません。私は四年前からウィーン大学で教えていますが、学生たちには、チェルノブイリ事故は核爆発によるもので、それ以外の色々な説明の仕方はみな、恐らくは犯罪的な意図をもって練り上げられた一種の婉曲語法なのだと、教えています。まずその点をはっきり申し上げておきます。

第二に、チェルノブイリの犠牲者たちのおかれている情況は、いったい誰の責任なのかという点について、私の考えを述べさせていただきます。チェルノブイリの犠牲者たちの間に甲状腺癌が多量に発症していることを否定する人はもはやいなくなりました。多少、ご説明が必要かと思います。私は救急医療の専門家でございまして、チェルノブイリで五年間過ごしました。一九八六年の五月二八日から、一九九一年の一二月までです。私は事故に至った事情を承知しています し、緊急事態の後始末を任せられた人々の活動の様子も知っております。そうした人々の中から私は特に、ユーリイ・イズラエリさんの名を挙げさせていただきます。ロシアのアカデミーに属しておられる方ですが、チェルノブイリ事故のその日にはソ連邦気象局の総裁をしておられ、子どもたちを含む現地の住人たちへの放射能の影響を防ぐ責任を直接的に負っておられました。必要な手立てが取られなかったという事実を、私は申し上げたいのです。実に簡単な手立てのことです。子どもたちを家の中に留めておくべきでした。外に出るのを禁じ、窓を閉めたままにしておくべきでした。これが二週間、守られていたとすれば、甲状腺癌の犠牲者の数はずっと少なかったはずです。

ですから、イズラエリさんは甲状腺癌の子どもたちの病状に個人として責任があると私は考えています。昨日、ＩＡＥＡの報告会議の席上、イズラエリさんは発言をなさいましたが、ご自分のこうした誤ちについては一言もお触れになられません。一人の科学者として、これは犯罪的な振舞であると私は考えます。チェルノブイリ事故の情況についての私の発言はこれで終りにさせていただきます。

最後に、もっと一般的な観点に立った結論を申し上げます。救急医療の専門家として私は、危険な工場というのはさまざまな危険な要素を内部に抱えているだけでなくて、加えてそれを拡散するに必要なエネルギーを抱えている工場のことである、という風に考えています。こうした定義が採用されてさえいれば、チェルノブイリもボパールもなく、産業の現場で起こる大災害は姿を消すことでしょう。けれどもこのような定義は、商売上の利益や政治的な利益のもとにしばしば退けられてしまいます。だからこそチェルノブイリが起こったのですし、スリーマイル島が起こったのです。

この世界の中で産業優先主義を正しく定義することが、なぜ行なわれないのでしょうか？　科学と近代技術の、ある種の頽廢に原因があるように思います。ほんの百年前の様子とはうってかわって、科学は今や政治的、商業的な利益に従属した職業になっています。こうした情況が続く限り、いつ巨大惨事が起こるとも知れぬという脅威の下に生き続けなければなりません。チェルノブイリの教訓の根幹を、原子力の分野だけに限定して捉えてはいけません。私たちが行動を変えていかなければ、将来、さらに重大な危険に直面する危険があります。チェルノブイリはその警告でした。

裁判長

ありがとうございました。では、ロス・ヘスケスさんにお話しいただきます。

ロス・ヘスケス教授

裁判長、そして陪審員の皆さま、私はただ今の方のご発言にまったく同感でございます。そしてまた、トゴノーニ博士は開廷にあたってお考えを述べられた中で、原子力産業の無責任さについて、また、こうした事故が社会構造の指標であり、ある種の産業が社会の中に占める地位の指標であると、お話しになりましたが、その通りだと思います。

私たちの社会構造の指標としてのチェルノブイリ事故のさまざまな帰結について、私は、この事故そのものとして重要なのと同じくらいに、将来の事故という観点からも重要なものだと考えております。陪審の皆様には、事故の原因に注意を向けていただきたく思います。私たちはこの場に主に事故の健康への影響を検討しようと集っています。私には健康への影響を論じるだけの素養がありませんが、事故の原因については詳しく調べました。原子力産業の専門家たちの多くが、チェルノブイリ事故に際して爆発は二回あったことを認めています。この人たちは個人としてはそれを認めるのですが、公の場での発言としては、核爆発ではないと明言するのです。

爆発そのものと、責任の問題を振り返っていただくには、陪審の方々には、チェルノブイリ原子炉四号機の操作員たちが有罪判決を受け、主任技師は何年もの間、刑務所に入っていたことを思い出していただきたいと思います。一九九〇年にミハイル・ゴルバチョフは原子力産業独立委員会を作りましたが、そこから出た報告書は重要です。情報公開委員会(グラスノスチ)の報告書は原子力機関が出版した書籍の本文には入っていません。附録一に入っています。附録一が、その本の中でいちばん長くて、そしていちばん重要だと思います。発電所の操作員たちの責任ではなかったのだと、罪を晴らしてるからです。操作員たちの責任ではないと、何度も繰り返しています。私はこの報告書の要約を作りましたので、この法廷に提出させていただきます。

情報公開委員会によれば爆発の責任を負うべきなのは、原子炉を調整した主任技師とその部下の技師たちであり、科学監督であり、ソ連政府の中規模機械相であり、同じくエネルギー相であり、さらに公安当局です。附録一はチェルノブイリ原子炉四号機の操作員たちの働きには一度も触れていません。この情報公開委員会報告が責任を問うている六つの階層の人々は、一度としてチェルノブイリ事故に関して咎められたこともないのに、操作員たちは有罪にされていたわけです。西欧の報道は、そして旧ソ連の報道も多分同じでしょうが、もはや亡くなってお墓に入っているこの操作員たちにいつまでも罪をなすり続けています。この人たちのお墓は、すべて彼らのせいだと思い込んだ人たちの手によって、墓荒らしにあってさえいます。プロパガンダの悪にも色々あるでしょうが、これは最悪ですね。トグノーニ博士がお話しになられた社会の構造的欠陥を反映するものです。
そんなわけで私は、チェルノブイリを巡る資料のうちでも最重要の一つを、陪審の方々に精査していただくようお願いする次第です。このIAEAの文書の附録一のことです。ゴルバチョフの作った情報公開委員会は一九九二年に、操作員たちは事故には何の責任もないのだということを認め、その後の四年ほどの間に、原子力産業は初めは少しずつ、しかし次第にはっきりと、操作員たちの事故に対する責任という考えを放棄しました。それにもかかわらず今なお、チェルノブイリの報告として刊行されているものをご覧になれば、操作員たちが今一度厳しく断罪されているわけです。イギリスの下院の報告書などがそうです。このことを最後に申し上げて終らせていただきます。
ありがとうございました。

フレダ・マイスナ＝ブラウ判事
事故が私たちの社会の構造のどういう意味での指標だとおっしゃるのか、はっきりさせていただけますか？

ロス・ヘスケス教授
第一に、事故の真相は原子炉システムの基本設計の欠陥でした。この基本的な欠陥は一九八三年にリトアニアの二基の原子炉で明らかになっていましたし、チェルノブイリ四号機についても観察されていたことなのです。当局がこの欠陥を知っていたのは疑う余地がありませんし、重大さも分かっていたのです。

制御棒を上げると極度に危険な情況になり、緊急防護装置のために原子炉が爆発する恐れのあるのも分かっていました。つまり、原子炉を護るはずの緊急防護システムがかえって原子炉を爆発させてしまうということなのですが、まさに、その通りのことが起こったのです。防護システムが防護することになっている当のものを、逆に暴走させてしまうようなことがないか、それを監視するのが、実は世界中に知られた安全管理の最古の掟なわけです。

四年前から分かっていた情況、一つの産業の幹部たちも、関連省庁も知り抜いていた情況が、何の手立ても加えられないままに放置されるということに、社会の中でその産業の占めている地位が症状として現われていると、私はとらえています。

ユーリイ・アンドレエフ教授

私は操作員たちの責任という点で一つ付け加えさせていただきます。操作員たちに責任のないことは事故の直後に分かっていたことですし、事故の以前に分かってさえいたことなのです。

ご存知でない方々もいらっしゃるかと思いますが、事故の前に原子炉操作員の一人がソ連の原子力産業当局に一通の手紙を出していました。事故の可能性を具体的に論じてあり、その通りの事故が起こったのです。この原子力事故の場合の産業側の誤りの第一は、核爆発の可能性を設計者たちは熟知していたのに、操作員には一度たりとも説明されなかったことです。このような機能不全はソ連の原子力産業に特有のことではありません。原子力に関係はなくても、巨大な産業施設が設置されるに際して商売が安全よりも重視されれば、その都度、同じようなことになります。もし時間があれば、もっと細かい分析ができるのですが。

裁判長
ありがとうございました。ヴォルフガング・クロンプ博士はあまりお時間がないので、すぐにご発言になりたいそうです。では、クロンプさん、お願いいたします。

ヴォルフガング・クロンプ博士
判事の皆さん、ご参加の皆さん。
この裁判に加わらせていただきましたのは、名誉でございます。問題点を明らかにしていく上で、多少のお役に立てれば幸いに存じます。難しい役目です。現今の大災害の、真の原因と私が考えておりますことに、皆さんの注意を向けていただこうと思うわけです。残念ながら、簡単に理解していただけるようなことではありません。

罪を負うべき人たちとして、これまでにイズラエリ教授や原子力産業の幹部たちなどが挙がっていますが、そうやって個人を特定し、断罪するのは不可能だと私は考えています。この方々は、きのこに良く似ています。きのこはそれだけで独立していません。目に見えている部分は菌類のシステムの中のほんの一部です。木材を破壊することができるのは、目に見えない部分です。私たちの社会の特定の個人とか、特定の部門とかに罪を被せて済むことではないのです。

ある意味で、私たちはすべて同じ社会に属しているわけで、全員が私たちの社会の問題に何らかの役割を果たしています。イズラエリ教授にしても、いったい放射能についてどこまで本当に情報を持っていたのか、知るよしもありません。彼がどこまで自由に行動できていたのか、彼が生きてきた社会の囚人だったのではないか、といったことも、私たちには分かりません。

判事の方々が真っ先に取り組むべきなのは、不当に告発されていた発電所の操作員たちの罪を晴らすことです。

問題に取り組もうというときに、どうすれば良いか、例を一つ出しましょう。私たちは皆、自動車の運転を習いましたよね。で、情況によってはブレーキは緩めてもいいわけですし、情況次第で、使わない方が良かったりさえもしますし、慎重に使わないといけない、というようなことを私たちは知っています。こうした智恵というのは実は毎日毎日の生活の中でも使っているわけですが、チェルノブイリの原子炉だって、同じことだったのです。

こうしたブレーキに似たものが、私たちの社会にはどこにでもあります。ですから、問題が生じたからと言って、驚いているわけにはいきません。また、自動車を社会から放逐する理由にもなりません。そうしたことがありますので、私は発電所で操作に当っていた人たちを有罪にする、あるいは裁く、ということに躊躇いを覚えるわけです。問題はもっと深いところにあり、もっと広い範囲のものです。私たちのシステム全体が、スタートからつまづいているようなところがあるのです。

ＩＡＥＡでチェルノブイリがどう論じられているかを、例にとりましょう。一方には、大惨事の規模を明らかに理解している役人たちがいます。後始末人たちの中に重度の障害に苦しんでいる人たちが三万五〇〇〇人いると話す人もいれば、別の人は農業にこの大惨事がどんな結果をもたらしているか、また別の役人は、国の総生産の四分の一もの額を費やし続けても情況には少しの改善の希望も見えてこない、といった話をするわけです。この人たちは、大災害の結果と直接向きあうしかない人たちなのです。

科学者たちの大多数は、これとは反対側についています。ＩＡＥＡと提携しているか、あるいはメンバーだったりするこの人たちは、問題の本当の重大さをなかなか理解できずにいます。この人たちは真の原因の直視を拒み、ありとあらゆる別の原因を並べたてます。私たちの社会の機能不全の、また一つの現われです。何が私たちの社会を機能不全にしているのか、私たちはよくよく調べなければなりません。私は皆、一人一人、この社会の一員のわけです。だからこそ私は、個人を裁く、あるいは有罪にするという時には、たいへん慎重にならざるを得ないのです。私たちは深い理由、大災害の「奥深い原因」を探らなければなりません。

では、どういうことができるでしょうか。ここで前向きな指摘を一点、付け加えさせていただきます。私はオーストリア政府の首相府で核問題の顧問をしてはいますが、ここでは科学者としてお話させていただいています。一私人、一国民としてです。私たちの教育制度、私たちの大学、私たちの学校を変えていく以外には、方法はありません。私たちの科学体系を改善しなければ、科学界を改革しなければなりません。これこそ、ＩＡＥＡの報告会議が私たちに教えていることであります。

真実の情況とその原因に関するデータを収集する正しいシステムを作り上げる必要があります。すぐれて先端的な専門家たちを養成する必要がありますが、その専門家たちは狭小であってはなりません。私たちの周囲にいる科学者たち技術者たちはすぐれた仕事をなさいますが、しかし、その仕事が環境の破壊を引き起こすことには無関心です。専門家たちは信頼を得られるようにならなければいけませんし、共通の言語を見出すべきであります。

私たち自身も、私たちの側の専門家たち、あるいは科学者たちということですが、一般の人たちに話しかける時に、今までとは違った言葉使いを工夫する必要があります。一般の人たちに、あるいはジャーナリスト、政治家といった人たちもですが、理解できる言葉で語ることを学んでいく必要があります。そうすることが、私たち自身がより多くの情報を手にすることにも繋がっていきます。危険な施設の建築計画に直面した時に、一方にはその計画から期待される利益が計算可能なものとしてそこにあるわけです。もう一方には、その計画に潜在する、重大な危険性もあるわけですが、その危険性というものは正確に見積ることのできないものです。起こりうる危険な状態を誰一人、正確に知っているわけではありませんので。

そうした危険性に関して、その直撃を受ける可能性のある人々全体が、ちゃんとした情報をもっているということを前提にした、民主主義的な手続を動員する必要があります。これが、そうした危険な状態から私たちが脱出のできるただ一つの方法であります。複雑な手続でありまして、しかも私たちがそこに達するには、まだかなりの距離があります。私たちは歩き始めたばかりなのです。

ありがとうございました。

裁判長

ありがとうございました。

さて、判事の方々から証言された方々、あるいは専門家の方々への質問をお受けします。

スレンドラ・ガデカル判事

ロス・ヘスケス教授にご質問があります。原子炉の構造的な欠陥は知られていた、それにもかかわらず操作員は原子炉の運転を許可されていたのだ、とおっしゃられました。他の原子炉もすべてそういう状態だということでしょうか？　つまり、世界には同じような事故が起こる可能性のある原子炉が他にもある、ということになりますか？

ロス・ヘスケス教授

私は、原子炉の危険な物質の種類と量、また、そうした物質を拡散するだけのエネルギーが炉内にはある、ということから見て、どの程度の危険性があるかご説明しました。こうした一般的な観点から言えば、原子炉のタイプが異なっていても同じことです。それが私の申し上げたい根本的な点です。

危険性評価の手法は、危険性と損害との総体を計算できる手法のことです。この点をここで細かくご説明できません。でも私は、古典的な手法による危険性評価は、根本的に誤ったものと考えています。その理由はこうです。

危険性評価の確率計算は危険性として既知のものと、事故原因として既知のものだけしか考慮に入れられません。原子力技術者なら誰でも知っていることですが、原子力事故で一番危険な要素は人間です。まったく予測がつかないのが人間ですので。その結果、危険性の確率計算は何らあてにならないものです。

そこで私は初めに申し上げたことに戻りますが、こうした点から見て、原子炉はすべて危険なものです。

フレダ・マイスナ＝ブラウ判事

ヘスケス教授にお尋ねいたします。アメリカ合衆国のバークリー原子力研究所で仕事をなさっていらっしゃったと思いますが、原子力産業の全面停止にご賛成なのでしょうか？

ロス・ヘスケス教授

まず、ガデカル教授のご質問に充分にお答えできていませんので、補足させていただきます。原子炉はすべて危険なものです。ただ、どういう風に危険かは炉によって違います。

他の型の原子炉には、それぞれに、また別の欠陥があります。そうした点をこと細かにお話しすると長くなってしまいます。西欧の原子炉の問題については、グリーン司令官が丁寧にご説明なされました。

例えば、西欧の原子炉をどれか一つ調査なされば、制御棒の融点がたいへん低いことがお分かりいただけます。制御棒が核反応を鎮静化しなければならないのですから、最後まで溶けずにいてくれないと困ります。原子力潜水艦では、そういう風になっています。西欧の商用原子炉の制御棒はずっと安価な合金（カドミウム＝銀＝インジウム）でできていて、比較的低い温度で溶けます。加圧水型原子炉の場合、制御棒は燃料棒よりも先に溶けます。

結局のところ、事故の実際の経過を予測するのは困難です。何が起こるか、事前に知っておくことはできないのです。ところが、チェルノブイリの場合には、事故が起こるかもしれないことは一一年前に分かっていました。じっさい、ヤキメッツさんが先刻、忘れていたことを思い出させてくださったのですが、一九七五年にレニングラードで良く似た事故があったのです。

私が原子力発電所をすべて閉鎖しようと思うか、というご質問でしたね？　私は原子力の技術者ですので、バラックを壊して喜んでいる人間のように思われたくはないのですが。

しかし、原子力は制御のできない状態になっています。例えばＩＡＥＡの保障措置（セイフガード）の問題を考えるとします。保障措置が民生原子力の物資が軍事に転用されないように遮ることになっています。この保障措置は原子力産業そのものの手中にあるわけです。シカゴのギャング団に警察もやって欲しいと頼むようなものです。社会には憲兵も必要ではありますが、ギャングに警察になってくれと頼むべきではありません。

裁判長

今朝、私たちは損害賠償と損害評価について議論しました。損害は世間一般から過少に見積られてきた傾向があります。

提出されたもう一つの問題は原因の問題です。ここでも、西欧の原子力産業は原子炉はまったく安全だと確言しています。この考えには同意しない人がたくさんいます。

私がお聞きしたいのは次のようなことです。グリーン司令官、もしよろしければお答えください。原子力の分野のような、科学者たちの間の意見の際立った不一致を前にいたしまして、意見のそうした様々な相違点を論じ合うことのできる、つつき合わすことのできるフォーラムはありますでしょうか？　それとも、似たような考えの人たちは常に似たような考えの人たちどうしの間に閉じ籠っているのでしょうか？　二つの違った言葉があり、違った意見があり、突き合わせられることは決してないということになりますか？　擦り合わせというのは可能なのでしょうか？

ロザリー・バーテル博士

原子力を巡る議論の枠組みの構造が、共通のフォーラムの存在を排除しているように思います。ＩＡＥＡの会議には、政府の代表として送り込まれない限り、誰も参加できないではありませんか。合衆国では、会議に出席できるかどうかを決めるのはエネルギー省です。ベルント・フランケがドイツ代表団の一員としてはじめて出席した時には、たいへんなスキャンダルでした。ＩＡＥＡは反原発派が潜り込んだのは初めてだ、と言ったのです。その後、ベルント・フランケは機械的に排除されています。

国際放射線防御委員会（ＩＣＲＰ）はメンバー構成が閉じられています。基本委員会の一三人のメンバーがすべてを決定します。内輪で協力しあい、新規のメンバーもこの一三人の承認によってなるのです。アウトサイダーは存在しないのです。WHOでさえ、ICRPにメンバーを送り込むことはできません。原子力推進派だけからなる、たいへん均質的な集団です。

ICRPは科学界の合意の名のもとに語る見せかけを取っています。ここにお集りの方の多くはご存じかと思いますが、一九八九年に私たちは請願書を回しました。医師たち、科学者たち、ノーベル受賞者たちも中にいましたが、八〇〇筆の署名が集りました。許容放射線量の最大限に関して、より厳しい規準を採用するよう、ICRPに要求する請願です。世界的に評価を得ている科学者たちのこうした請願があっても、ICRPのメンバーたちは科学界の意見を代表しているという自称をやめません。たいへんに由々しき問題です。

裁判長

グリーン司令官にお話いただきますが、その前に一言、お尋ねします。科学界の集団としての責任といったようなものが存在するとお考えになられますか?

ロバート・グリーン司令官

私は科学者ではなく、ただの一市民ですよ。イギリスで原子力と闘い始めてからというもの、原子力産業がどれほど巧妙に公の議論をすり抜けるか、私は見てきました。

彼らと公開で討論できたこともありますが、ごく稀です。ヒンクリー・ポイントの発電所の公開調査が始まった時がそうでした。その過程で、質問状を書くことができました。公刊されている調査資料集にそれを載せることもできました。質問が提出されていることが知れわたっているわけですから、発電所の推進側は早急に解答を迫られました。公開調査の過程で、私たちは彼らから幾つか情報を引き出すこともできました。こうした経過を踏んでいかなければならないことに、彼らがたいへん苛立っているのが分かりました。

彼らはたいがい死んだふりをするので困るのです。議論に答えてくるのはある一点までで、そこから先は沈黙です。そういうことがあるので、彼らを包囲するのがだいじですし、一般の人たちの関心を喚び起こすことが大切なのです。

私自身は科学者ではないのですが、ドン・アーノーティという科学者と出会い、その彼が私にも分かる言葉でものごとを説明してくれたのです。ジャーナリストとの問題もありました。誰かの口から「原子力」という言葉が出ると、ジャーナリストは目を伏せるのですね。原子力の話は、あまりに込み入っている、理解できない、だから私たちには関係ない、と言う神話に、皆が囚われているのです。

言葉の問題であり、素養の問題です。普通の人たちが、原子力に関心を寄せるべきですし、勉強すべきです。イギリスのまじめな新聞でも、チェルノブイリの影響に関する記事には今なお、ジャーナリストたちの手で初歩的な誤りが膨大に書き散らされています。報道がこうやって、混乱を維持しているのです。

ロス・ヘスケス教授

その同じ質問に私からも解答させていただきます。原子力に批判的な科学者たちが発言の場を奪われているというお話をバーテル博士がなさりましたが、まさに本当のことです。私自身、同じ経験をしております。同じ目にあった研究者は他にもおおぜいいます。

ＩＡＥＡで何か仕事をしたい、という場合には、その人は自国の原子力の機関から事前の同意を得るか、推薦を受けるかしなければならないのです。ＩＡＥＡが原子力の産業的利益からは独立した、ある種客観的で科学的な組織である、という考えもあるようですが、これ以上のナンセンスはありません。実態と何一つ一致しません。

とは言え、原子力産業で働く人たちだけに特有の困難ということにはなりません。雇い主に少しも迎合しないような人は誰にせよ、業界では生きていけません。社会の構造的な問題なのです。イギリスでは最近、狂牛病を巡ってまさにそうしたことが起こりました。緊急の問題だと発言した科学者たちは、研究予算の配分を受けられませんでした。社会のたいへん深刻な問題です。「おべんちゃらだけ言ってくれる科学者が欲しい」と言っている社会は、何かが根本的に捻れてしまっているのです。

最後になりましたが、こうした機能不全を正せない限りは、原子力産業の総体を停止すべきです。こうした状況下では、原子力産業は巨大な危険を表象しているからです、ということで、お答えにしたいと思います。

コリン・クマル判事

この法廷で証言をしてくださった皆さん、専門家の皆さんお一人お一人に深い感謝の意を表させていただきます。幾つか質問がございます。皆さんお一人お一人にお尋ねしたいと存じます。さまざまな事故を論じる時に、私たちは構造的な暴力の話をしているわけです。私の質問はこうです。その根は私たちの世界の捉え方にあるのでしょうか？　世界に向けた私たちの視点、あるいは私たちの合理性ないしは科学主義に基礎を置いた宇宙観に根があるのでしょうか？　距離と客観性とを私たちに許している宇宙観こそが、原子爆弾や水素爆弾の建造を許し、そうしたものが環境にどういう結果を及ぼすのか、社会にどういう帰結を生むのか、よく考えもせずに開発を続けさせたのでしょうか？

科学主義が、あるいは合理主義が入り込むことによって言説には既にバイアスがかかっているでしょうか？　この法廷に今、列席している私たち、あるいは、この地上にさらなる正義を求める人たちは、そうした思考の様式そのものを問い直す必要があるのでしょうか？　そうした言説のパラメータを変える必要があるでしょうか？

科学の暴力、開発モデルの暴力、原子力と核兵器の暴力は、これまでに聴聞した証言の中に示されています。一つ、例を取りましょう。一九五四年に太平洋のビキニで行なわれた原子爆弾の実験です。人々の頭上で実験が行なわれたのです。風の向きが変っていたのは分かっていたのです。それでも実験をしたのです。

住民たちは極限の暴力を加えられたのです。そうした暴力の主がまさに民族＝国家であるこうした場合に、住民たちはいったいどこを向いて訴えを起こせば法の正義は実現するのでしょうか？

太平洋の人々は、合衆国を相手どった法の正義を、いったいどこの裁判所に請求できるでしょうか？ ポリネシアの人々がフランスを相手どる時には？ チェルノブイリの人々はどこに正義を訴えたらいいのですか？ そして、誰を相手取ればよいのですか？

裁判長

たいへん難しいご質問ですね、たいへん興味深いものですが。

スレンドラ・ガデカル判事

ロス・ヘスケス教授にお伺いしたいことがあります。

フランスでは電気の供給の大半を原子力に頼っていまして、現今では七五％前後になるかと思います。こうした国が原子力産業への依存を減らしていく暦、脱原発の暦というものはあるのでしょうか？

核兵器に関しましては、私はそうした兵器の廃絶に向けた暦作りにずっと係り続けてきております。

ロバート・グリーン司令官

脱原発の暦ならありますよ（欧州エネルギー&環境戦略研究所（ＩＮＥＳＴＥＮＥ）というフランスの研究所の報告書がある）。

ユーリイ・アンドレエフ教授

私は技術者ですので、常に具体性から離れないようにしてきました。原子力発電所を閉鎖すると申しましても、今日の明日の、というわけにはまいりません。私たちの望みがたとえそうであるといたしましても、経済的には不可能なことです。原子力発電所の閉鎖を希望するというだけでは困るのです。今まで以上に叡智を結集して、経済成長がそうした方向に向うのを妨げる必要があるのです。

今、私たちは原子力が極めて危険な技術であるという話をしていますが、明日には、多分、遺伝子工学について、同じような話をすることになるでしょう。あるいは、まだ私たちの知らない技術の展開が問題になっているかも知れません。

私たちが未来を予測できるのは、せいぜい二〇年程度で、それ以上は不可能です。多国籍の営利企業が人類全体を犠牲に発展しようとするのを止める法律を、今、法律家たちに作成させなければなりません。そうしないと、もう見込みのない闘いに私たちは向っていることにならざるをえません。

ロス・ヘスケス教授

私個人としましては、原子力産業を今すぐに廃止するという、具体的な計画あるいは提案をここではいたしかねます。

このご質問を一つ前のご質問、つまり、宇宙観、私たちの生きているこの世界に対する私たちの見方という問題と結びつけたいと思います。英国では、原子力産業と並び、代替分野も産業として存在しています。潮力エネルギー、太陽エネルギーなどが例ですが、そうした各種の非核のエネルギー源です。七〇年代には、公的な委員会がこうしたものを発展させる役割を担っていました。しかしこの委員会は一〇年間にわたって、こうしたタイプのエネルギーはうまくいかないということを示そうとし続けるばかりでした。

あるシステムに見込がありそうだということになりますと、その度にこの委員会はさまざまな形で胡麻化しの入った数値を並べました。数値の偽造法は実に色々でした。たとえば、上ってきた数字を胡麻化すのですが、鉄の値段を一桁ずらす、というようなことをします。あまりに高額になるので、気付かない人はおりません。それでも、この委員会ではそのまま通ってしまうのです。

こうしたことは、私たちの社会がちゃんと機能しているかどうか、問い直させるものです。

「代替エネルギー源を発展させます」と言ってみたところで、それに反対している幹部たちに開発を任せるのでは、何の意味もありません。

結局のところ、代替エネルギー源の開発が可能かどうかを知る、という問題は大部分、一つ前の質問に行き着くのです。つまり、どういうアプローチを私たちはより良しとするかということです。委員会を作り、利点という利点がどんどん潰されていくのを放っておくようでは、あまりにお手軽です。こうした問題は原子力産業だけのことではありません。あらゆる路線変換には、保守的な構造物が山になって対抗してきます。皆、特権にしがみつこうとしているからです。

技術的には不可能ということはないのです。こうした保守主義と闘うことを通じてのみ、原子力から脱出することができます。社会が全体として目標を根本的に変えなければ、どんな変化も成就しないのです。

裁判長

ではここで第一部、チェルノブイリ大災害の、他所の原子炉や原子力産業一般にもたらしたものを巡る、聴聞を終了いたします。

続きまして、聴聞の第二部、チェルノブイリと犠牲者たちの諸権利に移らせていただきます。

第二部　チェルノブイリと犠牲者の諸権利

証人

イリーナ・フルシェヴァヤ博士：チェルノブイリ子ども基金、ミンスク、ベラルーシ
ユーリイ・パンクラツ博士：チェルノブイリ子ども基金、ミンスク、ベラルーシ
ガリーナ・A・ドロズドヴァ教授：人民友好大学、モスクワ、ロシア
ラリーサ・スクラトフスカヤ教授：病理学、ロシア医学アカデミー、一般病理学＆生理病理学研究所
ペーター・ウェルシュ教授：オーストリア科学アカデミー会員
ハリ・シャルマ教授：ウォータルー大学核化学研究所、カナダ、チェルノブイリ国際医療委員会

裁判長
フルシェヴァヤ博士にお話いただきます。

イリーナ・フルシェヴァヤ博士
法廷のすべての皆様、今日は。ベラルーシからの声を皆様にお聞かせしたいと思っております。

チェルノブイリ以前には世界中、どなたもベラルーシなんてお聞きになられたこともありません。欧州の地図に白い染みが一つ付いているようなものでした。私たちの権利がチェルノブイリ大災害によって侵害されたことを、私たちは知りませんでした。誰一人、知らなかったのです。

チェルノブイリから一〇年たって、私たちは今、それを知っています。チェルノブイリ子ども基金で活動していると、否応なしに分かります、ベラルーシの住民たちを敵にして、戦争が行なわれているに等しいのです。自称、平和利用の原子力が多くの人たちを、日々、殺しているのです。これは悲劇です。チェルノブイリ大災害の一番の犠牲者は子どもたちです、今、そうである、というだけではありません。これから先もずっとそうなのです。

多くの人たちがこの大災害を技術の問題として語ります。けれども、二人の子どもたちの母としてベラルーシに住む私にとっては、これはたいへん深刻な住民たちの悲劇以外のものではありません。新聞などでこの大災害は基本的には原子炉の問題である、という記事を目にすると、私たちは激しく抗議します。そういう風に言うということは、住民に再び新たな戦争を仕掛けるに等しいからです。政府もＩＡＥＡも他の色々な機関も、まさに今、そういうことをしているのです。

今、人々の権利は踏みにじられています。人々には汚染されていない食物を得る権利がありません。起こっていることについて、信頼できる情報を手にする権利がありません。これこそ、チェルノブイリのもっとも重大な帰結です。チェルノブイリの後の三年間、一九八六年から八九年のことですが、ベラルーシの住民たちはこの大災害が自分たちの生命とどうかかわっているのか、何ひとつ情報がありませんでした。報道管制（ブラックアウト）が、惨事の帰結の隅々にまで至る嘘が、支配していました。

チェルノブイリの放射能の七〇％がベラルーシの大地に落ちていることを、私たちは知りませんでした。

国民の二五％が汚染地域に住み、住民たちは汚染された食物を摂っていることを、私たちは知りませんでした。

惨事の六年後に、ベラルーシでももっとも汚染された地方の一つであるマヒリョウで産まれた子どもたちのうちで、どうやらまだ健康そうだと言える子どもはたったの一六％であったことを、私たちは知りませんでした。

三〇もの種類の病気の罹患率が、子どもたちの間で高くなっていることを、その時代には私たちは知りませんでした。四年間というもの、お母さんたちは、極度に汚染された地域に住む親類たちを、幼い子どもを連れて平気で訪問していました。危険だなんて知らなかったからです。

私たちの国にも民主主義を求める運動があります。そうした運動を通じて、こうした情報を得ることができるようになったのです。それがなかったとしたら、私たちは今でも無知のままだったはずです。

チェルノブイリの帰結を全面的に隠蔽した責任者はいったい誰なのでしょうか。私はその人たちの名を知っています。今、議会の一員であったり、政府の一員であったり、健康に、あるいは環境に責任を負っていたりする人たちです。チェルノブイリの惨事の帰結を四年にわたって隠蔽してきた、まさにその人たちのことです。自分たちの力で互いに助け合おうとした人たち、あるいは子どもたちや家族たちを助けるために手を繋ぎ合おうとした人たちに、政府があらゆる種類の妨害をしてきたのが何故なのかも、こうしたところから明らかになってまいります。

一九八九年には「チェルノブイリ大行進」をしました。人々には言うべきことが山ほどあり、それを聞くことがその当時は大切なことでした。一九八九年の行進の主宰者たちは逮捕されました。一九八九年に私たちは、私たち自身の手による法廷を開きました。

一九九〇年には、私たちから圧力を掛けたこともあって、政府は幾つかの方策を取りました。法案が一つ採択されました。それは、一平方キロメートルあたり一キュリーを超える汚染地域に暮す人たちは、汚染されていると見なされ、補助を受けるというものでした。

ほんの二カ月前ですが、政府は新しい考えを採用しました。それによると、一平方キロあたり五キュリー以上の地域に住む人たちだけが汚染を受けている人として扱われ、それ以外の人たちは健康な地域に住んでいると見なされます。

ルカシェンカ大統領自身が二日前にＩＡＥＡの報告会議で、ベラルーシ政府は人びとが汚染地域に戻るよう推奨すると宣言しています。まるで、何も問題はないかのような口振りです。この勧奨は広く流布され、人々を村に戻そうとしています。この新しい考え方は一度も活字になっていませんし、私たちの国のメディアでも、科学アカデミーでも、いっさい議論されることもなく、採用されたのです。

一九九二年、九四年、九六年と、三度にわたって私たちのチェルノブイリ子ども基金は「チェルノブイリ後の世界」という討論集会を開催しました。私たちには助け合いの意志があり、私たちの運命は私たちが選ぶ、ということを示そうとしました。私たちは政府の言うがままの駒ではありません。実験の材料ではないのです。集まった人たちが、公衆が、それを知るということが民主主義にとってたいへん重要だったのです。

一九九六年には三九カ国から五〇〇人の招待参加者がありましたが、残念ながら私たちの政府は参加しませんでした。政府は未だに、人々にはチェルノブイリ大災害の本当の帰結を知る権利はないのだと、考え続けているのです。これが私たちの政府のやり方です。

この場で語られている声がベラルーシの住民たちに届きますよう、皆様方にはお力をお貸しいただいております。ありがたいことです。多くの人々に希望を取りもどしていただくのが、私たちの仕事だからです。人々のために、未来への展望を変えてゆきたいのです。チェルノブイリがもたらしたものは、私たちにとっては放射能だけではありません。それはまた虚偽であり、欺瞞でした。それこそが、私たちが変えていかなければならないものです。ベラルーシの住民たちの未来のために、健全で安心できる世界に生きたいと思うのです。

ありがとうございました。

討論集会「チェルノブイリ以後の世界」の最後の回の報告書を、六人の判事の皆さんお一人お一人にお渡ししたいと思います。データは極めて正確です。特に医学のデータはそうです。月曜日に重要な判決が出される際のお役に立てれば幸いです。

裁判長

ありがとうございました、フルシェヴァヤ博士。

続けて、ミンスクのユーリイ・パンクラツ博士にお話しいただきます。

ユーリイ・パンクラツ博士

ベラルーシと、そこで私たちの歴史上、もっとも矛盾に見ちた情況を生き抜いてきた住民たちの名のもとに、ここでお話しするのをお許しくださいまして、感謝の念に絶えません。

私たちの国土に原子力発電所ができたことは一度もありません。私たちの国は他国を攻撃したことがありません。しかし第二次世界大戦では国民の二五％もが殺されました。今、国土の二五％が放射能に汚染されています。訪ずれた人は口を揃えて、辛抱強い国民ですね、とおっしゃいます。

私たちの政府が今、政策を変えつつあるのを知っておく必要があります。判事の皆様にも判決にあたって考慮に入れていただきたいと思います。

今年、そして昨年も既にそうでしたが、住民を避難させた後の何千という村や町にソ連圏全体から来た難民たちを導入して住まわせています。戦争中に避難していった人たちです。チェルノブイリの犠牲者数を膨れ上らせるために戻ってきたも同然です。汚染されている地域に戻ってきて住むよう、政府が推奨していることが問題です。

イリーナ・フルシェヴァヤが既に指摘しましたが、多くの人たちが今なお汚染地域で生活しているにもかかわらず、ルカシェンカ大統領は数日前にIAEAで公式の演説をしました。この演説には理解しがたい言葉が含まれています。彼は人々を戻らせようとしているようです。商店を再開し、帰国者たちの再定住を助けることなら何でもすると言うのです。

犯罪的な計画です。残念ながら人々はすぐにも戻る気になっています。危険について何も知らされていないからです。そのうえ私たちの国は恐ろしい経済危機の途上で、人々には他に選択肢がありません。

強度に汚染された地域から汚染の比較的少ない地域に避難させられた時、村単位、集落単位での再居住ではなく、家族たちは手当たり次第の場所に住まわされました。西欧では、仕事の都合で五年ごとに引っ越す、ということには慣れっこなのでしょうが、私たちの国では、家に強く結び付いた暮しが伝統なのです。人々は同じ場所で暮し続けるのを望んでいて、生まれた村へのこうした強い結び付きを政府はまさに利用しているのです。

大統領は危険はありませんと繰り返し、人々は羊のように汚染地域へと喜んで戻っていくのです。

特別の資料を一つ、法廷に提出させていただきます。孤児院、精神障害児童のための学校、聾唖施設など、五〇二六人の子どもたちを集めた二六の施設が、チェルノブイリ大惨事から六年の後に、汚染地域でそのまま運営され続けていました。チェルノブイリ大惨事から一〇年たったつい最近、私たちはこのことを知ったのです。たいへん重要な資料と思います。村に住む家族、あるいは共同体を避難させ、移住させるのはたいへんだとしても、児童施設や孤児院ならば、汚染地域から避難させて余所に遷すのはその一〇倍はやさしいはずです。

他にも幾つか資料を提出させていただきます。実のところ、私たちはたくさんの問題に直面しています。私たちがベラルーシ共和国向けに受け取っている人道援助は六〇〇〇トンほどにもなります。二六カ国に協力団体があります。幾つかの団体からの援助が、送付できなかった、ということがありました。その物資が人道援助の品目一覧表にないからなのです。瑣末な問題のようにお考えかもしれませんが、私たちにとって実に重要なことなのです。例えば、病院用の冷蔵庫が一覧表には載っていないわけです。

私たちの協力団体は特別な手紙をルカシェンカ大統領に書きました。団体は形通りの返事をもらいました。大統領は団体の主張に深く同意をし、ベラルーシに人道援助を送る運動がどのような障害に出会うこともないよう力を尽す、というものでした。一九九五年一二月一日の日付の署名があります。援助団体の人たちはこの物資を送ろうと三度にわたって試みました。搬送は不可能でした。何一つ変っていませんでした。わが国の大統領の署名のあるこの資料をここに提出させていただきます。シニカルな返書とでも言えば良いでしょうか。何の効果もない手紙でしたから。

さらに、原子力発電所の正常な機能あるいは事故によって引き起こされる被害の損失を賠償するための国際法規、あるいは二国間協定を作るための努力は、まったくされていません。

ロザリー・バーテルのお陰で、トロントに近い原子力発電所を訪問しました。一二の原子炉がありました。発電所の保安責任者と話しました。ここは安全です、下流の水は汚れていませんと、彼は延々と語りました。バーテル博士のお陰で、私の手許には多少の情報があり、会話の途中でそうした資料を彼に見せたところ、かなりのショックを受けた様子でした。

実のところ、発電所から一一キロのところに住む人たちは、チェルノブイリの犠牲者たちと(程度が軽いとはいえ)ほとんど同じ問題で苦しんでいます。原子力発電所が安全だというのは神話です。ナンセンスです。私は責任者に話しました。こうたずねました。「廃棄物はどこにあるのですか?」私は彼に言いました。「私はベラルーシ国民のユーリイ・パンクラツではありません。私は神です」。彼はたいへん驚きました。神と間近に話すなんていう習慣は彼にはなかったようですから。私は言いました「私は録音機なんか持っていませんよ。何も持っていません。この発電所の廃棄物はどうなるのですか? どうしてきれいな水の話なんかできるのです?」

彼は言いました「私に、他にどう言えと? 放射能は出ていますが、システムの機能の関係で、これはそうなるのです。もしこうして放出をしないようにすると、余計に危険なのではないかと思われています」。これは国中で一番ちゃんとした原子力発電所での話なんですよ。世界中に評判の轟いている場所なんです。

たいへん高度なテクノロジーに支えられた原子力発電所に関する問題の、これが私の解答です。世界中の原子力発電所の中に、多かれ少なかれ危険と無縁のものはありません。私たちチェルノブイリ子ども基金の考えでは、エネルギー市場の利益を分配して、代替エネルギー資源の推進に当てたらよいということになります。代替エネルギーの方が安くつくはずです。原子力が安いと良く言いますが、あれは嘘です。代替エネルギーの方が、初期にきちんと投資をしさえすれば安くなるはずです。原子力産業の利益をそこに充当すれば良いのです。

月曜日には重大な決定を一つ、法廷から出して欲しいものだと子ども基金では考えています。国際連合の枠内に新しい機関を創設する要求です。そこにには原子力の紐付きでない科学者たち、医師たち、物理学者たちなど専門家たちが結集します。この機関が、原子力を規制します。こうした規制がなければ、今のように細々としたことをやっていても何も変わりません。ＩＡＥＡは勝手な会議を召集し続け、そこには手勢だけが招待され、私たちはこうした場所に残って兄弟姉妹のようにして、お友達どうしの意見の共有を図っていくとしても、それでは、ものごとを変えていくための決定の場には決して参加できないままということです。

私には他にも、この法廷に対して、たくさん提案があります。私の考えでは、一番重要なことの一つはこうです。今、ＩＡＥＡは甲状腺癌について話をするようになりました。しかし、他にもたくさんある色々な病気の罹患率の増加についてはどうでしょうか？　呼吸器系の病気ですとか、その他あらゆる種類の病気です。私たちは、ＩＡＥＡがそうした病気のすべてをついに認めるようになるまでの間、二〇年待ってはいられません。一〇年前、子どもたちのために動くことが、実に大切だったわけです。今や、私たちは自分たちで答を見付け出さなければなりません。私たちが関わらなければ、答が出てくるのは五〇年後か、多分、もっとずっと後になることでしょう。

九月一日から翌年の六月一日までの間の、国外にいた子どもたちのたいへん完璧な医療記録が現在、手許にあります。私たちは汚染地帯に暮す八万人の子どもたちを、六～一〇週間、様々な国々に滞在して治療し、力を取り戻すよう、送り出すことに成功しました。私たちのまとめた医療記録の公表は、政府に冷水を浴びせるものでしたが、私たちの財団にとっては、元気の源になるものでした。

英国には、二七三人の子どもたちが、六週間の予定で出発しました。九月一日から次の六月一日までの間のこの子どもたちの学校欠席数は、対照群とした国を出なかった子どもたちの、七分の二という少なさでした。

カナダに三年前に行った三一三七人の子どもたちについては、カナダ政府が到着時と六週間後との、セシウム一三七汚染度を調査しています。滞在の最終日のこの子どもたちの体組織内のセシウムは、到着時よりも五分の二と少なくなっていました。国際間協力と共同作業がなければ、私たちがベラルーシで抱えている問題は解決しません。ベラルーシだけでなく、ウクライナでもロシアでも同様です。子どもたちの問題に国境はありません。ベラルーシの生まれであろうがウクライナの生まれであろうが、皆、チェルノブイリの子どもたちなのです。

裁判長

ありがとうございました、パンクラツ博士。
では、次にモスクワのガリーナ・ドロズドヴァ教授にお話しいただきます。

ガリーナ・ドロズドヴァ教授

チェルノブイリ大災害から一〇年がたちました。このような大惨事を人類はこれまで体験したことはありませんでした。当時、大災害がどれほどの規模のものかは、医療面も含めて、一〇年後には充分見えているだろうと考えられていました。その一〇年がたちましたが、解決のついた問題よりも新たに持ち上がった問題の方が残念ながら多いのです。この事故の長期にわたる医学的帰結について、客観的な情報を捜し出すことが事実上不可能だということが、そうした状態の大きな理由の一つになっています。

初期の公式な情報はチェルノブイリの三年ないし四年後に得られたものですが、そこには不安になる要素は含まれていませんでした。一九八九年にモスクワで核戦争防止国際医師会議（ＩＰＰＮＷ）のソ連委員会の大会に、国立生物物理学研究所から発表された報告によれば、原子炉周囲三〇キロの外側の地帯では、仮に放射能の雲がその地方を横切ったということがあったとしても、生命にかかわるような危険はない、ということでした。

この大会には私も出席をしていて、発表者にはたくさんの質問が浴びせられていたのを覚えています。解答はたいへん微細にわたるものでした。発表者たちは出席していた医師たちに、汚染地域での産婦人科と小児死亡率との統計的研究では、対照地域との間にどのような差異も明らかにならなかったことを、証明しようとしていました。最初の医学的報告だったのです。報告者たちは数値を上げていました。この報告書の医学的結論は医師たちの間にたいへん活発な議論を巻き起こしました。医師たちは、公式統計のデータをまるで信用していませんでした。けれどもこの時期には、これ以外に私たちはどんな情報も持ち合わせませんでしたし、情況を分析したものもありませんでした。予防のために必要だった、ぜひとも必要だった方策の数々が、その結果、取られずに過ぎました。

一九九〇年の初め頃から、汚染地域に働く医師たちは保健省の公式見解が実情に合っていないことに気付きました。その時には、予防策に効果のある時期はとうに過ぎていました。無念なことです。

情報の操作はソヴィエト体制の遺産です。嘘や真実の否認はかつて、公式な政策を体現していました。ごく短かい間、ガラス貼りの時期があったからと言って、公式な思考が変化したと思うのはちょっと甘いです。

　モスクワに向っていた放射能の雲はモスクワからの司令によってホミェリの空軍パイロットたちから弾丸を浴びせられ、炸裂して、降雨を引き起こしました。私たちがこれを知ったのはつい最近です。その結果、ベラルーシは、特にホミェリは、放射能の雨の七二％を受け取ることになりました。チェルノブイリのせいでそうなったというだけではなく、ソ連政府の決定によってそうなったのだということです。

　一〇年がたちました。ソ連は崩壊しました。現在、除染という問題は解決不可能なことが明白です。壺の外に出た魔法使いを元に戻すことは、理論のうえでも、現実にも、まったく見込がありません。

　そうしている間に私たちの国も、さまざまな団体や国際基金なども、チェルノブイリ事故の帰結の後始末に多額の金銭を使っていました。どれだけのお金？　どれだけのお金が使われたのかは、誰にも分かりません。チェルノブイリの名を冠した組織や基金が五〇ほど今日までに作られています。しかし、残念なことに、汚染地域に住むごく普通の人たちは、ほとんど一銭も受けとっていないに等しいのです。人々を住み替えさせる虚しい試みは、計算通りの成果を上げてはいません。住み替え先がさらに酷い場所だったりするからです。人々は前の家に舞い戻ることを選びます。

図表1　作業の開始から1986年11月までの、放射線に曝された軍隊系後始末人の人数

		総数	将校	下士官	兵士
86年11月11日まで被曝		66762	50	8378	58324
セクターを離脱		48141	37	5883	42221
線量	25レム以下	46076	17	5195	40864
	25〜50レム	2041	19	674	1348
	50レム以上	21	1	14	6
チェルノブイリに残留		13018	13	2495	160

（人）

現在、チェルノブイリによって起こったことを総体として研究する、医学的＝社会的なプログラムは、どの基金によっても、政府のどの機関によっても、着手されていません。一年後、一〇年後、あるいは一生を通じて、どの程度の放射線量を浴びると危険なのか、汚染地域に暮す人たちは、正確に知っていません。その場所にどの程度の期間いると引っ越さなければならなくなるのか、どの程度の土壌汚染であれば住み続けることができるのか、畑を作って果実や野菜を採って食べても大丈夫なのか、誰も知らないのです。

今、チェルノブイリを扱った文章は溢れ返っています。けれども、客観的で完全な基本の情報はなかなか見付かりません。

けれども、実情にあった医学的社会的プログラムを調整するには、こうした情報が欠かせないと言われてもいるわけです。最近、機密資料が公開され、一九八六年一一月までにさまざまな量の放射線を浴びた、軍隊系の後始末人たちの公式な数値を今や知ることができます。

この表から、データが完全でないことは素人でも分かりますし、幾らも疑問がわいてきます。被曝線量二五レム以下の集団をとってみましょう。ご存知のように、二五レムは事故があった時だけに許されている最大線量です。けれども、二四レムはこの線量以下ですが、五レムはさらにずっと低いですね。被曝線量二五レム以下の人をすべて一纏めにしてしまうのは正しいやり方ではありません。範囲が広すぎて、あまりに不確かです。

それに、一一月一一日以降にも作業は続いていたわけです。同じ軍隊系の後始末人たちでも、そちらの方に参加していた人たちの線量はどうなのでしょうか。チェルノブイリで作業をした後始末人は軍隊の人たちだけではありません。多数の一般人がいて、彼らも同じように放射線に曝されたのです。その人たちはどの程度の水準の被曝だったのでしょう？　そうした点について、正確な情報は何もありません。

さまざまな科学者たち、そして学派が、チェルノブイリ事故の医学的帰結について、あるいは医学的社会的な問題の解決について意見を対立させています。

これまでもそうでしたが、公式統計のデータはあい変わらず、紐付きでない専門家たちが観察している事実とは、まるで異なっています。データと、汚染地域で実際に目撃されている事実とは照応していません。最近出た、「チェルノブイリの事実と神話」[註3]という本を例にとりましょう。

註3　L・A・イリン「チェルノブイリの真実と神話」モスクワ（一九九四）四四七ページ

図表2　チェルノブイリ大災害の後始末人

	ロシア	ウクライナ	ベラルーシ
後始末人の人数、90年末	112952	148598	17657
死亡者数/10万人あたり	454	360	249
死亡者数/10万人あたり 対照群内、男性、20～49歳	506	449	431

（人）

この本は、初めて一般に分るように書かれた科学的解説書で、書いたのはソ連アカデミーの［レオニード・］イリンです。チェルノブイリ大惨事の当時、医学界の責任ある地位に就いていた人の一人です。この本には公式の資料や統計データがいろいろ載っています。出所は保健省と国立統計委員会です。

チェルノブイリ大災害の後始末人たちに関する情報を見てみましょう。この表では、後始末人の死亡率は対照群よりも低くなっています。このデータを信用するとすれば、チェルノブイリ大惨事の後始末に参加したこと、放射能を浴びたことが、健康に良いことになります。これが本当なら、旧ソ連のすべての独立国家が後始末人たちに社会面でも医療面でも特権を与えているのはどうしてなのでしょうか。

一九九三年に、ブリヤンスク［チェルノブイリの北東にあるロシアの都市］で開かれた「チェルノブイリの帰結低減の諸問題」という国際セミナーで、ロシアの国家統計委員会は、一九九一年から九三年までの間に、対照群（二〇歳から四九歳までの男性）と後始末人との間に、死亡率のうえで何の違いもないと明言をしました。「嘘には三種類ある、統計はその一つだ」という格言［マーク・トウェインの自伝が出典］がただちに思い出されました。

ここ一〇年、公式の医療当局は汚染地域に生きる子どもたちの罹患率という主題についても見解を変えていません。保健省の公式見解の問題ですので、様々な地方当局の医療部門も、これを尊重し、それに沿って行動することになるという事実を注意しておいていただきたいと思います。外国の専門家たちが関わるようになってようやく、情況が変化し始めたのです。しかし今もこれまでと同様、汚染地域の田舎や小都市に生活するおよそ五〇〇万人の人たちは生活環境の本当の状態を知りません。重大な心理的ストレスを、この人たちは受けていますし、これからも受けていくことでしょう。

環境についての情報が不在なので、未知のものを恐れるようになっています。こうした恐れには客観的な理由があります。医療統計は小児癌の増加を示しています。フランスの医師たちが実施したホミェリの学童たちの検査では、一五〇〇人の児童のうち、健康だったのは二十数名です。ベラルーシの子どもたちの総数の九六%が、さまざまな精神の障害を示しています。

真の情況についての恐怖と無知とが、心の障害とストレスの原因になっているのです。人々は子どもを作りたがりません。出生率は一九八五年と比べて三〇%以上も低下しています。現在は一〇〇〇人あたり一一人です。二人めの子どもとなると、ほとんど堕ろしてしまいます。こうした要素が組み合わさると、母の死亡率や子の死亡率を押し上げ、特にホミェリ地区では突出しています。

同時に、チェルノブイリの犠牲者たちへの健康費用として割り当てられる予算は、一九九五年には一一分の一以下に削られました。そこから新たな医学的＝社会的問題が生じています。しかし医学的＝社会的な諸問題がすべて、金があれば満足のいく解決に至るというわけではありません。私たちが何よりもまず欲しいのは、汚染地域に暮す人々の健康についての、伏せられた部分のない、客観的な情報です。

現代の医療科学は二つの基本的な問いに答えなければなりません。チェルノブイリ大惨事の医学的帰結として、どのような病があるでしょうか？　将来、出現する病気には？　そうした病気の主原因は何でしょうか？　外部被曝でしょうか？　汚染した食料の摂取でしょうか？　大惨事の引き起こした別の要素が働いているでしょうか？　あるいは、そうしたすべての要素が協調的に働いているのでしょうか？

汚染の度合いがそれぞれに異なるさまざまな地域で生まれた子どもたちの健康状態の、一生にわたる経過観察の保証は格別に重要です。根拠の確かな診断は、こうしたものがなければできるものではありません。女性が母になる決断を下すに際しても、こうしたものが必要なのです。本当の現状を知ること、根拠の確かな診断、それのみが安定した社会の発展の基礎になるのです。

裁判長
ドロズドヴァ教授、どうもありがとうございました。

続きまして、スクラトフスカヤ教授にお話いただきます。

ラリーサ・スクラトフスカヤ教授

私はまずロザリー・バーテル博士にお礼を申し上げます。チェルノブイリの後、モスクワまで私たちを援助にいらっしゃった、最初の科学者たちのお一人でございます。

チェルノブイリ原子力発電所の大惨事から一〇年がたち、欧州評議会のメンバーであるロシア、そしてまたウクライナは総括を発表しています。ロシアの欧州評議会への加入は、今やロシア全土で、一九五〇年一一月七日にローマで、政府間条約として締結された「人間の諸権利と基本的自由の保護のための条約」に適合する形で、人間の諸権利が保証されている、という評価の意味合いをもっています。ロシアの欧州評議会入りに先立ち、ロシアの憲法や法制は精査にかけられました。ロシアの憲法も大部分の法律も、民主主義社会の現行の規範に合致すると結論されました。ただ、別の分野の法律、特に環境の分野の法律はまだ改良の余地があるということになりました。

「チェルノブイリ」という名のロシアの公共団体が出している情報では、チェルノブイリ原子力発電所の大惨事による被害者は約三〇〇万人で、ロシア連邦内の一二〇〇の地区に暮しています。

大惨事の直後に、ソ連の何十万人という国民がチェルノブイリで働きました。うち三〇万人はロシアから来ています。こうした後始末人たちの勇気と犠牲がなかったなら、大災害の規模はさらに限りなく大きなものになっていたことでしょう。

この「チェルノブイリ」という団体のデータによりますと、ロシアから参加した後始末人たちのうち、三万二〇〇〇人（だいたい三五歳から四九歳くらいの年齢層です）が身体障害者になり、八〇〇〇人が亡くなっています。ここ最近、一九八六年の後始末人の死亡率（一〇〇〇人に対して一二・二人）は対照群の死亡率（同、一一・八人）に比べて上昇しています。こうした事実が、この人たちをハイリスク集団に含めることを正当化しています。最近四年間、障害のある後始末人は急激に増えています。一九九四年には、体のどこかに障害のある人は一〇〇〇人中、一三五・四人に達しました。つまり後始末人一〇〇人に一三人が身体障害者で、対照群の三倍以上になります。

後始末人の間では甲状腺の障害が増えていて、癌も含まれます。内分泌系の病気は全国民平均の一〇倍もの多さです。精神障害は五倍、消化器系や循環器系の病気は三倍から四倍多いことになります。一九九五年には欝症状の症例が数のうえでも重篤性という点でも三倍ほどの増加を示し、それに伴って自殺も増加しました。

こうしてチェルノブイリ大惨事の後に、新種のマイノリティ集団が出現したのだとも言えます。彼らには特別な新しい法制が必要です。極限情況にある難民と障害者のための法制です。一九九一年まで、こうした類の法律は一つもありませんでした。

チェルノブイリの一連の出来事への法的なアプローチの最初の試みは、ソ連邦の検事総長の始めた捜査でした。当局者による法令違反と、チェルノブイリ大災害の後始末に責任ある省庁その他の行政機関の役人たちによる責任の放棄についての犯罪捜査でした。原子炉の基本設計の誤りについての特別な犯罪捜査も行なわれました。九三年に、大惨事はウクライナで起きていること、犠牲者たちは旧ソ連の幾つかの共和国にいることなどを考慮し、検事総局は関係書類の一部をウクライナとベラルーシに移行して捜査を続ける、という決定をしました。捜査は、三年にわたって中断され、現在では、放棄されたのではないかとさえ思われる状態になっています。

ロシアの民主改革の時期のことですが、一九九一年に、一つの法案が可決されました。「チェルノブイリ原子力発電所の惨禍による放射能に冒された国民の社会的防護に関する」ロシア連邦法令一七九号です。この法律は一九九二年に増補され、一九九五年にも再度、採択されました。けれどもこの法律も、以前の法律も、直接適用することのできないものでした。適用に関して一〇〇を超す条例が布告され、この法律の適用はいっそう困難になっています。

一九九五年一一月二四日に通った新しい法律の第七章、第二条と三条はこういうことを予測しています

(2)　ロシアの大統領および政府は、合法的活動を連邦法に三カ月以内に適応させなければならない

(3)　この法律は公布当日より発効する。

これが何を意味するかと言いますと、チェルノブイリ大災害に関連して怪我あるいは職業病に

かかった場合、障害者手当の支払いは一九九五年一一月三〇日には発効するべきことになるわけです。しかしながら、ロシアの社会防護副大臣のP・Y・カシャンスカヤ氏の一九九六年一月三〇日の日付のある書翰三八一号・一～三四というものがあり、それによると手当は一九九六年三月二日にならないと支給されないのです。これは多くの国民の権利を侵害していることになります。

この法令のまた別の条項は、この法令が保護するはずの人たちの権利を制限しています。

(1) 住宅の情況の改善については一点しか挙げていません。

(2) 治療のための交通費は、ロシア領内に関してだけ支払われます。

(3) 歯科の治療費は、「金属=セラミック」アマルガムの場合には支払われません。かつてはこれも国家によって支払われていました。

(4) 住民たちの中でも、平方キロあたり五キュリー以下の放射能に曝されている地域に居住する場合は、保護の対象外です。ブリヤンスク地方だけでも、七万八六三〇人の子どもを含む三五万二六四〇人の人々が、この条項のために法の保護をいっさい受けられない状態になっています。

こうしたいっさいの事実はロシア連邦の憲法五五条に違反します。その条文によれば、個人の、そして国民の権利と自由を拒み、奪ういっさいの法令は、制定されてはならないのですから。立法であれ、行政であれ、地方政府に国の法令の適用の任を負わせることは、憲法第一〇条（権力分離の原則）に違反します。ロシア連邦の憲法は法制度の中で一番上位に置かれる強制力があり（第一五条第一項）、その適用は直接的で、ロシア連邦の全領土にわたります。この法令には、憲法と矛盾する内容が六〇カ所ほども見つかっています。エリツィン大統領はV・A・トゥマノフ憲法裁判所長に調査を任せました。けれども、今に至るも何の答えも出されてはいません。

この法令では医療の分野と社会保障の分野とで国民の集団活動を予定しています。これは「チェルノブイリ大災害の否定的帰結からロシア連邦の住民を防護する連邦単一プログラム、一九九二〜九五年および至二〇〇〇年」というものに合わせて実施されました。このプログラムの予算を調べると、縮小されたことが分ります。一九九二〜九五年には、予算組みされた金額のたった二四・二％しか使われませんでした。社会保障も含めてそれだけです。

国民の大切な権利の一つが、情報を得る権利です（第二九条）。冷戦終結後の年月の間に、核戦争への潜在的な危険は減っていないことはご存知の通りです。けれども、公行政の透明性と責任制とは、原子力の分野では常に不十分です。生命を左右される密接な事柄であるにもかかわらず、国民は常に決定の過程に参与する権利がありません。

憲法は情報への権利を一般的に定めています。国民の権利の制限の目的と限界についても同様ですが、表現の自由や情報へのアクセス権もその中に含まれます。（第五五条第二項、第三項）情報に制限がある主題の一覧は、「国家機密に関する」法律（第七条）にあり、「情報と情報化と情報保護に関する」法律（第一〇条）にもあります。

国家機密とのさまざまな関係については「国家機密に関する」ロシア連邦の法律や、この法律をベースにして布告されるいくつかの条例によって定められています。この法令の第五条には、国家機密に相当する情報の一覧があります。それは基本的には四つの分野のものになります。

(1) 軍事分野の情報
(2) 経済、学術、技術分野の情報
(3) 外交政策の分野の情報や、損害に繋がりかねない経済的な暴露
(4) 諜報、防諜、情報作戦行動

「人権に関する大統領委員会、一九九五年報告」に示されていますが、「機密」に分類されているデータの一覧はたいへん長いもので、しかも曖昧です。法令の第二条では、暴露することがロシア連邦という国の安全にとって害を及ぼす可能性があれば、それは国家機密として扱われるということです。「機密に関する」ロシア連邦法の第一条と第三条には「国家機密」と「国家機密に対する脅威」とが定義されています。

けれども、そこに書かれている定義は、色々違って解釈できるものなのです。さまざまな情報の中には、法令そのものよって「機密・一類」という扱いが決まってくるものがあります。ところが、また別の場合には、情報が開示されるかどうかは国の役人が専決することになっています。その決定を握っている役人は、ロシア連邦の大統領に任命権があります。一九九四年二月一一日の大統領教書に、役人のリストが載っています。現状では、四二人の役人が情報が機密かどうかを判断し、国民への開示の可否を裁量で決定するようになっています。ロシア連邦の憲法二九条

（第四項）では「国家機密」に覆われるべきデータのリストは連邦法によって定義されるように定められています。けれども実際には、このリストは一九九五年一一月三〇日の日付のあるロシア連邦大統領告知第一二〇三号によって確定されました。大統領府の人間の諸権利委員会は大統領告知によって定められている機密に分類されているデータのリストは長すぎるうえに、分類の根拠も確かでなく、憲法に保障されている国民の情報にアクセスする権利を侵害していると判断しました。

法規も、政府が出している決議文の類も、あるべき姿からはほど遠いことがお分りいただけたかと思います。こういうことがありますので、法案は成立させる前に討論を尽す必要があるのです。何か、その時の情況による圧力によって成立させました、というのでは困ります（法令一七号はまさにそうやって成立した法律でした）。

欧州評議会へのロシアの加盟承認と引き換えに、ロシアが受け入れた条件の一つが死刑を諦めることでした。ロシアの当局はこの問題を検討するという公約に署名し、六号合意書（「死刑の廃止に関する」）の批准を図りました。憲法第二〇条には、「極刑は、廃止されるまでの間、生命に対して加えられた極度に重大な犯罪に対する例外的な刑罰として、連邦法によって許容される」また「被告は陪審による裁きを受ける権利を有していなければならない」としています。けれどもロシア連邦の刑法はこれ以外の犯罪に対しても死刑の適用を定めています。死刑判決を受けた人には控訴権とロシア大統領に恩赦を請願する権利はありますが（憲法第八九条）。

アムネスティ・インタナショナルの報告書（一九九三年九月）によりますと、一四種類の犯罪に対して死刑が定められています。ロシア連邦の法制の欧州評議会の規範（一九九五年一〇月七日）への適合性を論じた欧州評議会総会の報告書を読みますと、憲法に定められていない事例への死刑の適用を避けるよう、裁判所に対して何らかの勧告が行なわれたことが分ります。

ロシア連邦の欧州評議会入りのその瞬間から、死刑の執行はいっさい停止する必要がありました。二回にわたる記者会見（九六年二月二五日・二八日）の席上、ロシア代表団長のV・ルキン氏とE・プリマコフ氏は死刑の廃止について質問を受け、「ロシアの人民には死刑廃止に向けた心の準備がまだ整っていません」と答えました。

私の知る限り、このような言明はまったく社会学的な分析に基くものではありません。どちらにしても、これは注意するべき点ですし、討議する必要があります。特に、司法ないし立法制度の不完全に起因する誤審の可能性を思えば、公衆には、どのような事件で裁判所は極刑判決を出したか、それは判決通りに執行されたのかどうか、知る権利があります。

一九九六年二月六日に「ノルウェイの」環境保護団体ベロナの一員だったA［アレクサンドル］・ニキーチンさんの逮捕が世論に大きな波紋を拡げました。私はこの事件が切っ掛けとなって、こうしたロシア刑法の問題を研究しなければと決心したのです。彼は憲法六四条を根拠にしたロシア国家に対するスパイの嫌疑をかけられ、北部地方での放射性廃棄物の埋設場所に関する機密情報を広めた嫌疑もかけられています。こうした罪ですと、いちばん重い場合には死刑が課せられるのです。欧州議会でロシア政府に宛てた緊急決議文が採択されました（一九九六年二月一四日）。エリツィンのノルウェイ訪問があってから、情況は多少変わりましたが、公衆はあい変わらず、起訴容疑さえ正確には知らないままです。情報への権利が制限されたままだからです。

一九八九年にＩＡＥＡはチェルノブイリ大災害とその帰結の規模を見積るための国際委員会を設立しました。この委員会の出版した報告を要約すれば「危険はありません」ということになります。ソヴィエト政府の公式データだけを基にすれば、そういう結論になるわけです。

一九八八年にソヴィエトの医師団に宛てた秘密の指示書が出て、チェルノブイリ大災害と医師たちが観察している病気とを結びつけることは禁止されました。ＩＡＥＡはこのことを知っていました。そして何も言わなかったのです。

一九九二年になってもなお、リオ［デジャネイロ］の環境サミットで、ベラルーシの代表団長は全世界の人々を前にこう言っていました。「今のところ、チェルノブイリの悲劇的結末についてはＩ満足なデータを私たちは手にしておりません」。その原因は経済利益を護ろうとするＩＡＥＡの姿勢にあります。この機関は原子力発電所の安全を確保することに失敗しましたし、いわゆる平和利用の技術が核兵器に転用されるのを防止することもできませんでした。さぼっているのか、無関心なのか、危険な原子力技術が世界中に拡散するに際して、困った役割をこの機関は果たしたのです。

結論として私は、この法廷に参加しておられるすべての方々のお考えとお気持を、一言で言い現わしたいと思っています。私たちはチェルノブイリに関する科学的データや医学的データ、あるいは環境に関するデータを交換しようとしています。けれども、この場で話を聞いておられる方々の心の中では、「チェルノブイリのために何ができるのだろうか？」という問いが、実は中心を占めておられるのだと思います。政府が援助計画への資金提供を中止し、犠牲者たちのもっとも基本的な必要さえ満たさないと言うなら、チェルノブイリの犠牲者たちの権利について、私たちは何を語ればよいというのでしょうか。

私がこの法廷に提案させていただきたいのは、法廷が犠牲者たちの権利の重大な侵害に関する判決を出し、それをロシア、ベラルーシ、ウクライナの三国の大統領に送りつけることです。欧州評議会と欧州連合にも送っていただきたいです。その文書がメディアを通じて公表され、極めて多くの人々の権利が侵害されていることに、人々の注意が向けられることがとても大切です。「チェルノブイリ犠牲者の権利」のために私たちは闘わなければなりません。犠牲者たちには、生き伸びる権利があるのです。

迅速な行動が大切です。ご存知のように、今から数日後、一九九六年四月二〇日にモスクワで原子力の保安を巡るG7サミットが開かれます。ロシアはウクライナも参加できるように招待をしました。新型の原子炉について議論をするようです。彼らにこの法廷の判決を知らせる必要があります。

資料を一つ提出させていただきますが、「チェルノブイリの惨事から引き出すべき教訓」という題ですが、後始末人の責任者がロシア語で出版したものです。同じく、アッラ・ヤロシンスカの出したロシア語の本で「チェルノブイリ、極秘ドキュメント」も提出させていただきます。この本は欧州議会緑のご協力で、フランス語訳を出すことができました。

裁判長

スクラトフスカヤ教授、どうもありがとうございました。ロシア語の資料についても、たいへんありがとうございます。これはレリオ・バッソ財団にとりましてもたいへん役立つのではないでしょうか。

さて、ここで専門家の方々からコメントを頂戴いたしたいと存じます。お二人お見得でございます。ウィーン大学で人間環境学を講じておられます、ペータ・ワイシュ教授と、カナダのウォータルー大学からお出でのシャルマ教授です。どちらの方からお話しになられますか？……、お二人とも遠慮深くていらっしゃる……。

ありがとうございます。

ハリ・シャルマ教授

私はチェルノブイリ国際医療委員会に所属しています。私は原子力を巡るさまざまな領域で仕事をしてきました。カナダ原子力機関で一二年間、原子力発電所の放射線化学者として働きました。私は原子力発電所が分裂による生成物やその他の同位体を生成し、それらが放射線を出すのを現場で体験してきました。

放射線は細胞を完全に破壊する時もありますが、部分的に破壊する時もあり、その時の方が厄介です。細胞が壊れてしまえば、そこで終りです。部分的にしか壊れなければ、病気や死に繋がっていきます。

このことを確認した上で、放射能の歴史のことに戻りたいと思います。原子力技術のごく初期から、あらゆる種類の事故がありました。パンクラツ博士はカナダのオタワに近い原子炉で汚染水が放出された事件をお話しになられました。

一九五二年に、カナダでは［チョーク川研究所の実験炉NRXで同年一二月一二日に］破局的な事故がありました。炉心溶融の最初のものです。現今の原子炉に比べれば随分と小さな原子炉でした。四〇メガワットです。除染するのに一八カ月かかりました。環境に出た放射能はさほど多くないと思われますが、出たことは間違いありません。

こうしたタイプの事故がある度毎に、環境中の放射能の水準は上っていきます。その結果、人間の被曝水準も上っていくことになります。

イギリスのウィンズケール（セラフィールド）［核燃料再処理施設］の事故［一九五七年］については、最近では言及されることが少なくなりましたが、炉心が溶融し、放射能、特に沃素一三一が環境中に放出されました。最近の出版物を見ますと、子どもの病気の増加はまだ続いていますし、甲状腺癌も時折発見されます。四〇年前の事故ですが、その帰結は今でも続いているのです。こうした帰結はたいへん長い時期にわたって研究を続けていく必要があります。

チェルノブイリの事故によって、環境中の放射線量の水準はたいへんな増加をしました。当時私は、住民のために放射線量を継続して調査すべきだと考えまして、色々なところにそういう意見を書きました。実際、何百万キュリーものセシウム一三七が大気中に放出されたのです。バーテル博士は私に分析するようにと、あらゆる種類の生体組織を持ってきてくださいました。そういう経過で私はこの問題に係るようになったのです。博士のお陰で、手許にはたくさんの組織があって分析することができたのでした。キログラムあたり何十万ベクレルという線量の、およそあらゆるジャンルにわたる植物や菌類を持ってきてくださったのです。

何年もの月日がたちましたが、事態は進んでいきませんでした。

技術の危険には技術で立ち向うしかないのだと、私に言う友人がいました。確かに、原子炉で事故は起ったのです。そうした事故の存在を否定する人などいません。ここに来る前に私はコンピュータでチェルノブイリについて書かれた本のリストを検索しました。四〇冊ありました。それを出してきて、パラパラめくってみました。どれもこれも、同じような事故は再び起こると言っています。黒鉛炉に欠陥があるとも言っています。

私の考えでは、いつ、どこででも、何が起こっても不思議でありません。原子炉はすべて、溶融の可能性をもったものです。どんな技術にも、必ず代償というものがあるのです。そうは言うものの、危険がずっと少い原子炉というものを設計することは、それなりの費用をかければ、実際に可能ではあるでしょう。

そうした点を押えておいた上で、人間の諸権利の問題に戻ります。ＡＬＡＲＡの原則、「合理的に達成しうる限り低い線量」についてはどうでしょうか？　人間の諸権利の要になるべき原則のようです。核サイクルのどの段階においても、ＡＬＡＲＡの原則に反するような線量に公衆が曝されるようなことがあってはなりません。

こうしたものを遵守し、住民たちの意見を尊重すれば、核のゴミの場合でも原子力発電所の場合でも再処理工場の場合でも、人間の諸権利は守られうると、私は思います。こうしたすべての施設に関して、公衆の意見を求めるべきですし、人間の諸権利を尊重すべきです。

裁判長

シャルマ教授、どうもありがとうございました。

では、ワイシュ教授、お話をお願いいたします。

ペーター・ワイシュ教授

判事の皆さま、ご列席の皆さま

私は人間の諸権利の専門家ではありません。けれども、二五年ほど前になりますが、所属していた原子力研究センターの放射線防護と取り組み、それ以来、原子力の問題に深く関わってきました。その後、私はエネルギー経済、エネルギー戦略の問題と取り組むようにもなり、原子力発電所や、その他の危険と闘ってまいりました。

今朝討論した幾つかの問題をもう一度取り上げさせていただきます。とりわけ、私の同僚でありますヴォルフガング・クロンプが指摘したことにコメントをさせていただきたいと思います。こうした大災害の際に特定の個人の責任を断罪すべきではない、というようなお話でございました。私はそのような見解には賛同できないのです。一方、またクロンプは、人々が最善を尽すつもりで、実はしなければ良かったことをしてしまった場合には、断罪しても仕方がない、とも述べていましたが、そちらの意見には私は賛成です。

産業化された私たちの世界では、多くの人たちが制度の奴隷になっているということが確かにあります。かと言って、そういう人たちを免罪してしまって良いことにはなりません。そういう人たちは、恐れずにきちんと責任を取るべきです。責任の一端を一人一人が相応に取るべきです。責任を取ろうとしない人を免罪するなど、あり得ないことです。

もちろん、体制は個々人に対して犯罪的な行為を強制してくるのですね。チェルノブイリのずっと後になって私たちが学ぶことになった、たいへんきつい教訓は、国民の大半が原子力に反対しているのに、私たちのどの国でも何一つ変わらなかったということです。実際、大災害の規模の大きさ、潜在的な危険性を大多数の国民は理解したのです。安全ですという約束は何の根拠もない嘘だということも理解したのでした。

原子力の軍＝産＝官複合体の内部に利権のある連中は、体制化された権力の強い力動を体現しています。その巨大な複合体に立ち向かうべく世論の内部に責任主体を組織していくことの難しさに、注意を向けることはたいへんに重要です。

原子力だけが問題なのではありません。そういう技術発展を利用して莫大な経済的利益を得ている巨大な多国籍企業体すべてに関して、同じ問題があります。そうした中では、透明性の空気を作り出していくことや、各個人の責任をはっきり浮び上がらせることは、たいへんに重要なのです。人々の問題への意識の強さに応じて、責任性も大きくなるのです。

科学の問題についても、二、三、申し上げたいことがございます。現実というものが情報の産物であることを私たちは知っております。私たちの中には核推進派と同席する機会が度々ある者も多いわけですが、そうした時に感じますのは、彼らは彼らだけの現実を作り上げているということです。そうしたものに対抗する必要がありますし、こういう人たちの責任をはっきりとさせていかなければなりません。

原子力施設の危険について、最後にもう一点、気がついたことを申し上げます。原子炉のさまざまなタイプを研究いたします時に、それぞれがたいへん違ったもののように見えるというのは本当です。そこで、「ああ、スリーマイル島なんてドイツの原子炉には関係ないよ、私たちはずっと上の技術を使っているんだからね」と簡単に言ってしまうわけです。

私が思い出しますのは、スリーマイル島の事故の直後にドイツで開かれた討論会のことで、その時もヴォルフガング・クロンプが参加していました。何人かの原子力技師が、こう言いました。「こんな事故は私たちには無関係です。スリーマイル島みたいな原子炉がドイツで稼動の許可が出るなんてありえないことです」。こうおっしゃるわけですね。おもしろいじゃないですか。

ヴォルフガング・クロンプが反論しました。「ドイツの原子炉はアメリカ合衆国では稼動が許可になる見込がまるでない、ということも同時に理解しておく必要がありますね」。実際、原子炉のタイプが違えば、幾らかずつは違いがあるということです。

スリーマイル事故の後でペンシルヴァニア［スリーマイル島はペンシルヴァニアにある］の知事がソ連を訪問しました。ソヴィエトの専門家たちはこう言いました。「スリーマイル島にわが国の原子力産業にとっての教育価値などまったくありません。私たちの原子炉はずっと高性能です。スリーマイル島のような事故がわが国で起ることはありえません」

ご覧のように、大事なことは違いを細かく見ていくことはなく、さまざまなタイプに共通の特徴を見ることです。どのようなタイプであっても同じことで、原子炉は猛毒の物質からエネルギーを産出します。たいへん複雑な技術を使いますが、その技術には分っていないことがたくさんあるのです。

こうしたことが近代産業の危険を特徴づけているわけで、原子力産業だけがそうだというのではありません。犯罪的な産業システムということになります。そこには、倫理的に機能する可能性などまったくないのです。ドイツのマンフレート・ヒンツェ教授はこう述べておられました。「産業複合体が倫理的に機能するのを望むのは、機械が微笑むのを待つのと同じくらい絶望的なことです」

私たちは個々人の責任を強調する必要があります。人間の諸権利は疎外されてはなりません。人間のもっとも基本的な権利は、望む環境に、望むスタイルで生活することです。倫理的な責任ある生き方をすることです。ある種の体制の奴隷であることもまた、人権の侵害です。

けれども、人間の諸権利は一人一人の義務と釣り合っていなければなりません。あまりにしばしば、人はそれを忘れます。私たちは人間の諸権利にたいへん慣れ親しんでいますが、また一方では責任ある行動を取らなければなりません。義務は責任性のあらゆる水準に適用されるべきものです。

とりわけ科学者たちは、自分たちが産業の手にある道具でしかないようなシステムから、自己を解き放たなければなりません。

裁判長

お二人の専門家にお話しいただきました。どうもありがとうございました。人間の諸権利について討論する時間が少しございます。クロンプ博士がお戻りになられておりますので、もしワイシュ教授のご発言について何かご発言があればお話しください。

人間の諸権利につきましては、私たちはそのさまざまな面を区別して考えていかなくてはなりません。そうした諸面につきまして、専門家の方々のご意見をたまわりたいと存じます。

ロザリー・バーテル博士

一人の人間のさまざまな行為を後になってから審判するわけですが、そうした行為をその一連の背景の流れの中に置いて検討することが大切です。チェルノブイリで起こったことの中には、基本的なことが幾つかあります。

そうした事象の一つが、キエフのメーデーです。人びとには放射性降下物のことが伝えられず、子どもたちはメーデー行進のために街頭に出てしまいました。半袖の夏服を着ていました。そうしてたいへん重度の汚染を受けてしまいました。ここには一つ責任問題が確かに存在します。真実を隠したことの責任です。

そして、こうした類の行動を許容するような社会でこうしたことが起こったのですが、朝鮮戦争の後で、アメリカの空軍パイロットたちが、第二次世界大戦中には原爆を落すのは構わなかったが朝鮮戦争ではもうそういうことはできなくなった、というようなことを会見で公言していたのを、私は思い出しました。ヴェトナム戦争の時もそんな風でした。こうした行為への大衆の支持の有る無しを問題にしていたわけです。第二次世界大戦中には、恐しいほどの支持がこうした行為に対し集まったのです。敵は極度な形で悪魔化され、こういう行為は拒否すべきだとする批判的な考えは、公衆の中にはもはや存在しえない、というところまで行ってしまったのです。その後はそういうことはなくなりました。

私たちは個々人としていわゆる世論というものに私たち固有の責任がある、ということをしばしば忘れます。私たちは意見を表明することを忘れ、人間の諸権利のあらゆる水準の侵害に抗議するのを忘れます。そうしたことがまさに今年、アメリカ合衆国で起こりました。広島と長崎の五〇周年の時のことです。合衆国政府はスミソニアン博物館に歴史展を開催させようとしました。この展覧会に対し退役軍人会が抗議し、第二次世界大戦への彼らの想い出を毀損するものだと言ったのです。政府とスミソニアンとは、この展覧会の開催を断念しました。一級の歴史資料が収集されていたにもかかわらずです。

私たちは全員が責任を負っています。こうした類の暴力が許容される社会、犯されている社会が成長していくのを許しておいた個人に対しては、責任を問うていかなければなりません。

裁判長

人間の諸権利の中での責任の問題をバーテル博士がお話しになられました。人間の諸権利の一つは、裁きを求める権利です。その対極に不処罰の問題があります。人間の諸権利への重大な侵害の原因となっている人々について、私たちは責任を取ることを要求できるのでしょうか?

先程の問題とはまた別個の問題として、犠牲者に対する賠償の問題です。このような巨大な問題をひきおこした責任ある人物は、賠償額の支払いなどは到底不可能です。原子力発電所の管理上、重大な誤謬を犯した男または女は、その結果として生じた大災害の犠牲者に償いをすることなど決してできないわけです。

私の見方からする、第三点めに皆さんの関心を向けていただこうと思いますが、責任性は原因結果の原則に結び付いています。一つの事故の経過から、因果関係を明確にするのはしばしばたいへんに困難です。チェルノブイリの事故原因には、発電所の通常の機能そのものに問題があったのか、何か外的な要因によるのか、という意見の対立があり、そのことが問題をいっそう難しくしています。

ペーター・ワイシュ教授

責任性を定立するには、通常、三つの条件を満たす必要があることを思い起こしていただきたいと思います。

一　因果関係の存在
二　責任ある者によるその因果関係の認識
三　他に取りえた行動の存在

上から下まで、商用原子力推進派の人たちはこの原則から逃れようとします。低線量被曝の作用を否定しようとします。原子力エネルギーではない別の選択肢の存在を否認します。こうして彼らはいっさいの責任を頬冠りするのです。代替選択肢の存在を認めるのを拒むこういう人たちは体制の奴隷なので、非難を浴びせる場合にも難しい問題があるわけです。

けれども私の考えでは、損害を引き起こした人たちの責任と、犠牲者への償いとの間には、たいへん密接な関係があります。実際、責任ある人たちが責任を認めるならば、犠牲者たちに償わなければならないことは、誰の目にも明らかになるのです。だからこそ、この人たちは自分たちの責任を認めないわけですね。そこで犠牲者たちは償いを受けるためには自分たちが受けた損害を証明しなければならない、ということになってしまうのです。

人間というものの基本的な特徴の一つが、まず手始めに事実を隠す、というところにあります。ガラスのコップを割ってしまった子どもは、叱られないように、破片を隠そうとします。こうしたことが上から下まで、どこででも見られます。自分の行為の帰結を小く見せかけるために情報を隠そうとするのです。

ハリ・シャルマ教授

チェルノブイリの話題に戻りますが、損害のすべてを償うのが不可能なことは明らか過ぎるほどです。始めに放射能が検出されたのはスウェーデンででした。雲は世界を一周いたしました。放射能のかなり大きな部分が旧ソ連の圏外へと超えて拡がりました。

ウィーンの報告会議、続いてパリの報告会議で、大災害の責任は発電所の操作員にある、ということが明言されました。［ウラニウムを積んだ］ロシアの衛星がアルベルタに墜落した時［一九七八年］、カナダ政府は四百万［カナダ］ドルの賠償を請求しました。そして獲得いたしました。［実際には六百万ドルの請求に対して三百万ドルを獲得］ですから、物理的損害に対する賠償の獲得が不可能、ということではないのです。

チェルノブイリの場合、賠償が問題になることはあっても、人々の健康がそれに関して問題にされることは決してないのです。この点を押えておかなければいけません。放射能によって受けた損害を数量化することは可能です。合衆国では幾度もそうしたことが行なわれています。被曝線量から計算するのです。危険性の物差しができています。不十分なものかも知れませんが、一応、存在するのです。被曝線量に比例して危険を割り出しています。

急性の被曝症状に陥られた方々はほとんど全員が亡くなられました。低線量に関しては、証明がより困難です。それによって寿命がどれだけ縮まったかを見る必要があり、お金に換算しなければなりません。

けれども、罹患率や死亡率を考慮に入れた研究を私は見たことがありません。法廷はこの点をお含みください。

裁判長

ありがとうございました、シャルマ教授

スレンドラ・ガデカル判事

「可能な限り合理的に危険を排除する原則」（ALARA）の中で謳われている「合理的」という言葉は批判の的になっています。インドの原子力機関の会長はインドのように貧しい国にとっては安全のためにそんなに多くの金を使うのは行き過ぎになる、と言ったのですね。支出を抑える、ということだけがインドにとっては合理性の中身になります。

「合理的」という概念は、一方では人々の健康に関係づけられていますが、もう一方では他人の金銭との関連に置かれているのだということが分ります。この点についてはいかがでしょうか。

ハリ・シャルマ教授

理にかなったものと、かなっていないものと、どう区別するのか、というご質問が出るかと思っていました。

こういう判定を人はどうやってするのか、ごく簡単にお示しすることができます。原子炉の囲いを強化すれば、放射能の放出は少なくすることができます。あるいは、捨てられる放射性元素を捉まえても良いわけです。私のいる研究所では、危険と利点とを評価するのは私の仕事になっています。費用の総額と危険の総体とをそれぞれ加算ではじいておき、期待できる利点の総体と比較します。そうすると、出費の限度額が算出でき、それを超えることはできないことになります。

そして理にかなっているか否かは、これは現実の問題です。ですので、ここでは理にかなっていることが、別の場所にもっていけば、かなっていなかったりします。それはまた、費用をどれだけ重視するか、期待できる利益をどれだけ重視するか、といったことによっても違ってきます。技術によって技術の不具合と闘うという話をいたしました時に、馬車と自動車の汚染、という例を上げてきた人がいました。自動車が大気を汚染するからと言って、馬車に戻れと言うのですか、とおっしゃるわけです。この場で深めていく必要があるのは、たいへん難しい問題なのです。チェルノブイリに関連して申し上げますと、残念ながら極めてドラマチックな事故でございました。チェルノブイリの放射能に関連した罹患率と死亡率の詳しい研究が、理にかなっているものの、かなっていないものの私たちの立場からの判別を前進させることでしょう。

裁判長

ここで、幾つかご質問をまとめてお受けして、その後、解答をお願いするということにいたしたいと考えております。

スレンドラ・ガデカル判事

同じ地球上でも、場所が違えば生命の値段に違いがあります。人々の病気への賠償を話題にする時、賠償額の水準は支払わなければならない側が決めるべきではないとお考えになられますか？　それに替って独立した組織が決定する、と言ったように？

コリン・クマル判事

今朝のお話をうかがいまして、私がお尋ねしたいと思いましたのは、こういう質問です。基本的権利としての生存の権利という言葉は、いったい何を現わすものなのでしょうか？　ロンジュラプ［マーシャル群島内の環礁。アメリカの核実験場となり、島民に多くの被曝者を出している］やチェルノブイリで子どもたちに加えられている暴力を前にしますと、私たちが使ってきた概念やカテゴリーでは、もう間に合わなくなってしまってはいないでしょうか？

私の質問は、ロシアのお二人の先生方、ガリーナさんとラリーサさんにおうかがいいたします。ミクロネシアでお母さんたちのお腹からぶどう子（胞状奇胎）が生まれてきていますが、そうした時、生存権という言葉は何を意味するでしょうか？　こうした問いに、私たちはどう答えれば良いのでしょう？　もう一つ、質問があります。人間の諸権利についての言説の領域に関係した質問です。国際人権委員会［国連人権委員会をさすと思われる］の中で、世界人権宣言の中で、人間の諸権利についての言説を支えているのは、どんな歴史、どんなイデオロギー、どんな哲学なのでしょうか？

犠牲者に重ねて犠牲を強いる、というようなことに関しても、人間にはこれこれの諸権利があるのだからという支配的な言説を使いますし、また私は、現に存在する国際的なさまざまな仕組みを使っていくべきだと思うわけなのですが、そうした時にも私たちは民族＝国家という首枷に閉じ込められたままでいます。民族＝国家にとって個人に加えられる暴力を矯正することのできるメカニズムは何一つとして存在しません。原子力は民族＝国家によるプロジェクトなのでしょうか？　民族＝国家が国民の諸権利を侵す時に、どういう対抗手段があるでしょうか？

今日、いろいろなご発言がありました。人間の諸権利の新しい世代を探求しようと望むならば、原子力の体制側に何か期待を寄せてはなりません。私たちに向かって意志を押し付けたり、これこれの線量は許容できる、とかのたまわっている人たちの側からは何か出てくるはずがありません。こうした権力や特権から距離を置いている人たちからしか出てきません。

この常設人民法廷は、犠牲者たちの目線を通して事態を見ようと、全世界で試みてきたのだと思います。私もそうした視点に立とうと試みました。そして思ったのですが、犠牲者たちは新しい言葉を語ってよいのではないでしょうか。苦悩の言葉です。苦悩の言葉は専門性の言葉を放逐します。その声を強めていくのが大切です。人権に関するこれまでとは違ったタイプの言説、新しいタイプの理解の仕方を探っていくのです。私たちはあまりにも長い間、犠牲者たちの声を聞かずに過してきてしまいました。

岡本光男判事

おたずねしたいことが三つございます。初めに、シャルマ教授への質問です。核に関して、技術なんていうものが本当にありますか？　事故が起これば、こんなに壊滅的な被害になるのですよ。原子力って、本当に技術なんですか？　廃棄物の量を減らすというお話だったと思いますが、原子力技術の危険性を人類が容認できる水準にまで落すなんて、ありうるのでしょうか？

二番目は、ワイシュ教授へのご質問です。システムから諸個人を切り離せるようなお話でしたが、私たちが今生きているこのたいへんに複雑、かつ危険なシステムのただ中で、本当にそういうことができますか？

人間の諸権利についてですが、広島と長崎で私たちは、原子爆弾による犠牲者たちが実に長い年月の間、口を開かずにいるのを見てきたのです。差別されるのを恐れていたのでした。原爆の犠牲者たちは多大な差別に虐げられてきたのです。人々は被爆者たちと婚姻をすれば、放射能によって子孫たちが色々な病気に苦しむことになるだろうと恐れたのです。私はチェルノブイリの汚染地帯を訪問したことはございませんが、まさに日本の場合と同じような理由から、汚染地域に住む人々は何らかの心理的圧力のもとに生活していて、自分たちの経験をなかなか口にしない、という風なのではないかと想像いたしております。

フレダ・マイスナ＝ブラウ判事

私の質問はとても短くて具体的なものです。三点、ございます。パンクラツ博士とフルシェヴァヤ博士にお願いいたします。

(1)　チェルノブイリ委員会の報告（一九八九～九一年）の中でIAEAは、ベラルーシ政府による強制避難の必要性を誇張したと述べています。あなたのお国の政府は今、人々を汚染地域に戻そうとしているのですが、そういう試みはこのIAEA報告に応じたものなのだと、お考えになられますか？　言葉を換えますと、IAEAは今まさに、ベラルーシ情勢に新たに介入しようとしているのでしょうか？

(2)　お国の政府と国際社会との間に、交叉責任が存在するとお考えになられますでしょうか？

(3)　国際社会からの援助に対してお国の政府が（ウクライナやロシアでも、同様の質問が可能です）、歓迎したり逆に妨害したりする、ということに対して、お二人の属していらっしゃる団体としてはどういう姿勢をお取りになっていらっしゃいますか？　人道援助は免税されているでしょうか？　人道援助の情況を簡単にまとめてお話しいただくことはできませんか？

裁判長　ではまず、パンクラツ博士からお願いできますでしょうか？

ユーリイ・パンクラツ博士　まず最初のご質問にお答えいたします。ベラルーシ共和国は一九九〇年にたいへん重要な決定をいたしました。特別なプログラムをひとつ採択したのでしたが、強制避難はその眼目のひとつでした。政府がこのような決定に至る過程では、議会が決定的な役割を果しましたが、それについては先刻、触れさせていただいた通りです。

まさに要点を衝いたご質問です。今やわが国では、議会はもはや何の役割も果たしていません。ルカシェンカ大統領とその手のうちの人々による独裁のもとに、私たちは暮しているからです。政権は人々の帰還に基本的に二つの理由からゴーサインを出しているのだと思います。まず第一に経済状態です。アッラ・ヤロシンスカが既に著書で語っている通りです。規制の水準値を緩めれば緩めるほど、お金をかけずに済むようになります。経済危機に直面していて、お金はありません。そこで政府の新しいプログラムでは、平方キロメートルあたり一〜五キューリ程度の汚染地帯なら、人びとを住まわせても良い、ということになるのです。

第二の理由として、IAEAの決定との関係は疑いありません。実際、二日前にIAEAで行なった演説の中でルカシェンカ大統領は、人々を帰還させる構想に三度も繰り返し触れています。わざわざIAEAに知らせようというには、お金が欲しいとか、あるいは何か別の理由があってのことでしょう。

二番目の、わが国の政府と国際社会との交叉責任のご質問ですが、ベラルーシの置かれている情況はたいへん特殊です。先程お話しさせていただきましたように、ベラルーシには原子力発電所は過去にも今もございません。ですから、わが国の法令には、原子力事故に関する賠償の条文はございません。そのための原資の蓄えもありません。会議の際に私たちは、子どもたちのための国際基金の設立を要求しました。原子力災害が起きた時に、どの国のできごとであるかに係らず、補償を行なえるようにするためのものです。

どんな国も、犠牲者になる可能性があります。チェルノブイリについて最初に警鐘を鳴らした国はスウェーデンでした。スウェーデンもチェルノブイリ災害の被害者です。しかし、誰からも一銭たりとも賠償されていません。ベラルーシについても同じことです。そういうことがありますので、特別基金の創設は国際社会の、また欧州社会の責任だと思います。基金の原資はどこから集めるべきでしょうか？　原子力産業が利益の中から拠出することになるでしょうか？　私は基金は独立している方が望ましいと思っています。保険基金のように、世界銀行などによって設立されるのが良いと思います。そうでないと、金を出している諸機関に従属する形になってしまうことでしょう。特に、ＩＡＥＡからは独立していなければいけません。

フレダ・マイスナ＝ブラウ判事

あなたのおっしゃる「独立している」というのは、どういう意味でしょう？

ユーリイ・パンクラッツ博士

ＩＡＥＡから独立しているという意味です。金を出す組織は、色々、条件を課してくるに違いないからです。

三番目のご質問です。人道援助に対して公式非公式を問わず妨害があるという問題ですが、この会場にもわが国にいらっしゃったことのある方々がお見えです。七〇年前から、私たちは政府というものは共産主義の政府であるかないかに係らず、起こっていることを統制して当たり前という感覚を受け継いでしまっています。簡単な実例をご紹介しましょう。三年前のことですが、ある地方に参りました。その地区の共産党の幹部の一人が、「ミンスクの教授」と話をして欲しいと言いました。私は「チェルノブイリの子どもたち」の代表として行っていましたので、いいですよ、と答えました。すると彼は、「子どもはたちの旅行はまだ空きがありますか？」とたずねてきました。私は「あと二人分あります」と答えました。それからこう言いました。「ただ、残念ながらあなたのお子さんの場合は、私たちがつきあっている受け入れ先のどこへもお連れできそうにありません」。すると彼は「この反共主義者めが何を言うか！」と言うのです。そこで私は言いました。「あなたは充分な給料をお取りになっておられて、わが国では一番恵まれた二％に入ります。私たちは経済的な観点から判断させていただくだけなんです」。どう話しても、まったく通じませんでした。彼はこの地方のツァーリだったのです。地区のすべてを取り仕切っていました。そこに前触れなく件のミンスクの教授が現われ、ツァーリは一瞬に失墜してしまいました。あの後、自殺でもしていなければ良いのですが……。

問題はこういう心情が支配的だということなんです。政府は統制の手綱を放そうとはしていません。これは西欧風の心情からすると理解し難い部分でしょうか？

私たちは我が国の非政府組織としては力のある方ですが、政府からの補助金は一ルーブル、一ドルたりとも貰っていません。絶対受け取りません！　政府は公金は鐚一文出さないまま、私たちのようなものに勲章を出したり、国の英雄に仕立てようと腐心もします。すべてを統制下に置こうとしている時、彼らはいっさいの自由を認めません。つまり、人々に自由を認めてしまえば、その人々は自分たちで決定をする危険性があり、独立した動きをする危険性があります。そして政府が何か重要な決定をしようと言う時に、人々はもうそんな政府なんか必要なくなっているかも知れない、ということです。

これはパラドクスです。全世界で非政府組織の重要性が増していると私は見ています。カナダでも、合衆国でもドイツでもそうなっています。こういう情勢のもとで、わが国の政府の妨害の姿勢はまったく時代遅れです。

ベラルーシに一つの家族があるとします。その子どもをドイツあるいは合衆国のどこかの家族が、招待してくれたとします。これを実現するために私たちはさまざまな民間の基金に喚び掛けをします。私たち独自の基金集めも行ないます。けれども、それに加えて公的な許可を取る必要もあるのです。

私たちは八万人の子どもたちをバカンスに送り出しました。費用は私たちが工面をしました。そのために政府の許可、地方自治体の許可、そして学校の許可も必要でした。そうした政府や学校の役人たちは、「その子どもたちを送り出す積りはない」といつだって言えるわけです。何時でも閂を下せる状態を手放そうとしません。私たちは至って平和的な運動です。わが国の政府との間にことを構えようとしているわけではありません。それでも時にこうした妨害に遭遇するので、世界中の人たちに、私たちの組織が曝されている統制について、知っていただこうと務めることになるのです。

裁判長

ありがとうございました、パンクラッツ博士。では、先へ進みます。

ロザリー・バーテル博士

ベラルーシの汚染地域へ人々を再居住させようという決定に、ＩＡＥＡが関係しているのかどうか、というご質問がございました。それにお答えしたいと思います。

ＩＣＲＰの一九九〇年の会合の時に、ＡＬＡＲＡの諸原則は原子力産業の利益と衝突しそうになりました。この諸原則をチェルノブイリの犠牲者たちに適用しようとしますと、汚染は合理的な受容限度に留められるべきであるということになります。そうなると、人々を避難させなければならなくなります。食品の汚染を可能な限り取り除かなければならないということにもなるのです。

そこでＩＣＲＰは、ＡＬＡＲＡは事故の場合には適用する必要がないと宣言したのです。ここで、前代未聞の哲学が採用されたのです。事故の際には、人々が汚染に曝されている現状（スタトゥクオ）を維持するというのです。ＩＣＲＰは、ですから、新しい原理を定めたのですね。線量を下げるには、正当性を示さないといけなくなりました。被曝を軽減しようという時には、出費に比例した健康の改善が証明されなければいけないと言うのです。ＩＣＲＰはそれまでの哲学を根本的に転倒させ、その引っくり返ったものをＩＡＥＡがそのまま採用し、さらに各国の原子力機関が採用したのです。

チェルノブイリ一帯に住む人たちを人質にして、こうしたプロセスが推し進められているのだと、私は考えています。実際、原子炉は両側ともに大きく口を開いたままですし、放射能もずっと漏れ続けたままなのです。原子炉の問題は国際的な援助がない限り解決しません。現地の諸当局が国際社会の勧告を適用しないのならば、金銭的なものにしても、あるいは事故そのものを修復する核の専門技術という形のものにしても、いかなる国際的な援助もなしということになってしまうことでしょう。

裁判長　バーテル博士、ありがとうございました。

ペーター・ワイシュ教授

システムの中で働いている人たちを、そのシステムから分離することができるのかどうか、というご質問にお答えさせていただきます。「はい」とも「いいえ」ともお答えできます。まず、それは可能です。可能でなければなりません。システムの奴隷である状態から人々が自己を解放できるように、人々がこの問題をより大きく意識するよう、努力を続けなければなりません。けれども、彼らがその際、責任の主体になるよう仕向けることが、同時にたいへん重要になります。どんな個人も程度の差はあれ、行動の自由をもっています。無責任な行動にはいかなる言い訳も許されません。私たちは率直な議論を通じてその時々の情況を乗り超えることができるように、務めなければなりません。ＩＡＥＡについてですが、そういう場にいる人たちとも、その外に出てもらって話し合いをしていくことは大切なことです。

私は「合理的」ということについてもお話ししたいと思います。私たちは健康とお金とを対立させて議論しました。お金を持っている人たちと、健康を危険に晒す人たちとは違います。この合理性には先が見えません。こうした問題を全般にわたって客観的に検証するには、もっと広い枠の中に位置付け直すのが必須です。

環境生態学者として私は人類の始原へと過去を振り返ります。その時、未来にも目を向けようとします。私たちは技術を一つ一つ、持続的発展にとってどう良いのか、それほどでもないか、あるいはどう悪いのか、分析しなければなりません。

原子力こそは、持続的発展と共存の不可能な、あらゆる持続的発展の妨げとなる硬直した技術の、歴然とした事例です。この技術の一番の危険性は、それ以外のすべてのエネルギー戦略を排除するところにあります。本来ならば、エネルギーの分野のみならず、他の経済分野あるいは社会のあらゆる場で、まさに持続可能な代替技術の探求が実に緊急なのではないでしょうか。

裁判長

ワルシュ教授、どうもありがとうございました。

では、シャルマ教授、お願いいたします。

ハリ・シャルマ教授

人の生命の値段は、たいへん答の難しい問題です。私がインドを離れたのは一九六四年で、故郷に戻ったのは海外で三〇年を過ごした後でした。インドでの人の生命の値段は現実問題といたしまして、合衆国の百分の一です。欧州との比較も推して知るべしです。この問題にはうまく答えられません。

法曹家が判断するということでしょうか。合衆国で色々な賠償裁判に出席しましたが、判事がそういう種類の判断をしていました。

人間の諸権利に関してですが、チェルノブイリの事故のその瞬間には、人間の諸権利は存在しませんでした。自由な選挙もありませんでしたし、人々は自分たちの権利について何も知らされていませんでした。カナダでは情況はかなり違います。人々は自分たちの権利を知っています。私たちは社会に対する義務を負っていまして、国家は人間の諸権利を保障しています。

放射能の効果についてですが、受けた線量と余命との間には直線的な関係があります。チェルノブイリ事故の五年後に、私たちはシンポジウムを開きました。線量がたいへん低い場合には余命の縮みもごく僅かであることが、議論をとおしてはっきり示されました。

一国の原子力産業は、その社会に対する数々の義務に従うべきです。発電所の近隣に住む人たちは放射能の被害者です。そういう人たちの諸権利を尊重しなければなりません。

ヴォルフガング・クロンプ博士

私には原子力の仕事をしている人々の責任を小さく見積るような意図はありませんでした。私が申し上げたいのは、個人個人を糾弾する前に、彼らを閉じ込めているシステムがある以上は、そちらの方に注意を向けるべきであるということなのです。このシステムから、色んな種類のきのこが生えてくるのです。こちらのきのこを摘めば、次はあちら、またあちらと、凄い早さで生えてまいります。実に多くの人々の間にこうした無責任な姿勢を生み出すのが、このシステムです。原子力産業のこういう働き手は火星人のようなもので、首を切っても切っても、代りに事欠きません。

大元を攻撃するべきなのです。だからと言って、きのこを摘み取るなというのではありません。この冷酷なシステムの犠牲になっている人たちのことを考えていかなければならないのです。

裁判長

ありがとうございました、クロンプ博士

では、セルギイ・ムィルヌィイ博士にお願いしたいと思います。

セルギイ・ムィルヌィイ博士

人間の諸権利を扱うこの部で、私も一言発言をさせていただきます。私は、人々の上に加えられた、医学的な実験のことをお話ししたいと思います。

私は自分のいた後始末人たちの部隊に、援軍を要請したことがありました。すると、徴用兵士たちが送り込まれてきました。その人々を、毎日、最大二レムずつ、放射能に曝さなければならないと言われました。ですので、一日二レムの線量がガイドラインに沿った許容範囲内だったものはのようです。この線量は臨床実験を経て定められたのです。最大線量として許されていたのは二五レムでした。ゾーンに入る前に、検査のための採血が行なわれました。ゾーンを出た後で、徴兵された人々は生化学研究のためにと、再度血の検査を受けました。臨床検査にも彼らは喚ばれました。どういう検査標準（プロトコル）に基く検査だったのかは私には分かりません。

この人たちは志願したのではない、ということを強調しておきたいのです。ごく普通の国民です。兵役ということで、そしてこの大災害の後始末のために働くということで連れてこられた市井の人たちです。私の知る限り、こういうタイプの医学実験は、どういう種類の集団に属する人であろうと、軍人であろうがなかろうが、許されていないはずです。

判事の方々に資料を一つ提出させていただきます。このチェルノブイリに関する法廷のことをまったく知らない時分に、私は物語を一つ書きました。この物語が、証言になると思います。私が書いたチェルノブイリの本はチェルノブイリを「内部からの視点」で物語ったものですが、その一部として含まれているものです。この物語に、元のロシア語版を付けて提出いたします。ご静聴ありがとうございました。

裁判長
どうもありがとうございました、ムィルヌィイ博士。

第三部　環境と人体の毀損に関する証言

証人

コルネリア・ヘセ゠ホネガー氏：動物学専門・科学イラストレータ
ソランジュ・フェルネクス氏：欧州議会・元議員
サンガミトラ・ガデカル博士：チェルノブイリ国際医療委員会

裁判長
では、コルネリア・ヘセ゠ホネガーさんにお話しいただきます。

コルネリア・ヘセ゠ホネガー氏
ありがとうございます。この法廷が観察された事象を重視してくださるとすれば、たいへん意味のあることだと存じます。そうした事象と原子力との関係はまだ公的には認知されていませんので。
さまざまな自然現象を注意深く見ていく必要があります。神が与えてくださったままの自然がある一方、研究室で観察された自然もございます。そして人間の行為によって影響を受けた自然があります。人間の行為はその自然の中に日々、廃棄物を排出しています。
私は科学イラストを描いています。チューリヒ大学で遺伝子研究のための仕事を二五年前から続けています。今日は私の観察したものをスライドで皆さまにご覧いただきます（図表3〜10）（註4）。

ここに描いてあるのは、変異を起したショウジョウバエたちです。左の図のショウジョウバエは頭部に変異があるのが分ります。目に一カ所。触覚にもございます。右の図は、正常なショウジョウバエです。

何年もたってから気付いたことですが、私が観察し描いていたハエをこういう状態にした化学物質は、ベトナムで使われた「オレンジエージェント」という名前のもの［米軍の枯葉剤］に類似しています。今チェルノブイリで観察されているのとたいへん良く似た、子どもたちの畸形がベトナムでは注目されてきました。今もベトナムでは一日一人くらいの割合で畸形の子どもが生誕しています。

こうしたショウジョウバエたちと仕事をする一方で、独立したアーティストとして私は、カメムシの絵を描くようになりました。これもまた、昆虫の一種です。カメムシを描くようになったのは、美しい姿に惹かれるものがあったからです。

そうした年月の間に、自然環境は激変を受けました。スイスのあちこちの地方で私が描いてきたそうした昆虫たちの何種類もが、姿を消してしまったことに、私は少しずつ気付くようになっていきました。それは私に多くの問いを投げ掛けるものでした。何が起ったのかと、私は考えを

註4　ヘセ＝ホネガー氏は四〇点の図を提示されたが、本書では、そのうち八点のみしかご紹介ができない。残念である。

巡らすことになりました。

私は研究室の教授に会いに行き、こう言いました、「研究室にある変異したショウジョウバエをいただけませんか。私たちが廃棄物をでたらめに捨て続けるとしたら、自然はまるで姿を変えたものになっていきます。そうした新しい自然のプロトタイプを、こうしたショウジョウバエに見る思いがするのです」と。

ご覧いただいているのは、ショウジョウバエの側面図です。目が真っ赤です。頭部の形状は全面的に変形しています。頭の下のあたりから、羽の断片が出ておりますね。胚の細胞に放射線を浴びせられていますので、細胞の方では、羽になったら良いものか、あるいは目になったら良いのか、決定できなくなってしまったのです。それで、一枚の羽は目から出ているのです。

裁判長

その目は赤いのですか?

コルネリア・ヘセ=ホネガー氏

そうです。目は赤くて、頭部は茶色です。これは遺伝子を研究している研究室での実験です。こうしてこの分野での仕事を続けてまいりました時に、チェルノブイリの大災害が起りました。研究室では実験的な状況を人為的に作りますが、汚染地域内はそれに似た状態であろうと考えま

図表3　チェルノブイリで強い汚染を受けたスウェーデンのイェヴレ地方で発見されたカメムシ。左側の触覚に欠節がある。（絵：C・ヘセ＝ホネガー）

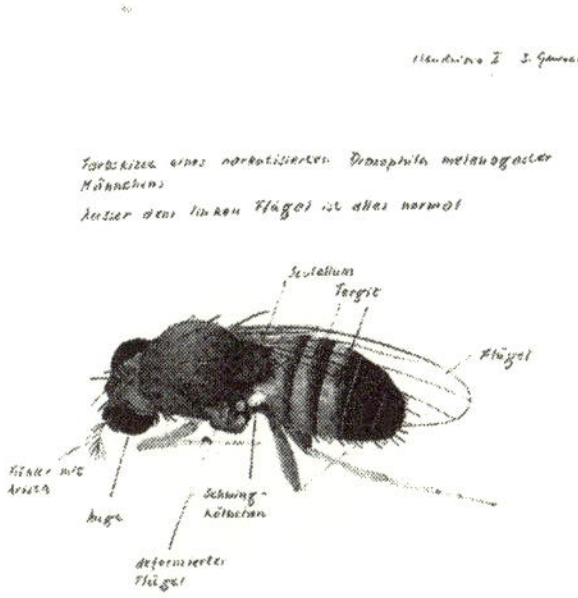

図表4　チェルノブイリで強い汚染を受けたスイスのテサン地方で発見された両親から生れた、第一世代のショウジョウバエ。羽に畸形がある。（絵：C・ヘセ＝ホネガー）

した。そこで私はスウェーデンでも放射性降下物のもっともたくさん降ったイェヴレ［ストックホルムの北二〇〇キロほど、バルト海に面した町］に行き、カメムシを捜して、形態学的変異を呈しているかどうかを調べました。当時、一緒に仕事をしていた研究者は私に、「行ったってしょうがないですよ。何も起こってなんかいませんよ」と言いました。私が出掛けたのは一九八七年の夏です。

私は、カメムシが生殖する時間を経て、第二世代を研究しようと考えましたので、一年間待つことに決めていたのです。私は変形した植物たちを見付けました。紫色の花が咲くはずなのに、黄色い花を咲かせている白爪草などです。葉の変形したものも色々とありました。この左側の図は正常なカメムシの頭部です。右側のものは、触覚がソーセージのような形になっていますが、目に大きな畸形があります。他にも、右側の触覚に欠損している節がいくつかあります。

カメムシ類は指標としてたいへん好適です。卵から孵った直後は体長一ミリメートルもありません。カメムシたちは口吻を使って葉から樹液を吸います。私の考えでは、樹々の葉が汚染されていれば、カメムシの幼虫はそのとても小さな体の割にずいぶんと多くの線量を体全体に溜めこむのではないでしょうか。そのうえ、カメムシの幼虫はだいたい五回くらい脱皮するのですが、その度ごと、直後には裸の体は外部からの放射線に強く曝されるわけです。

ご覧のカメムシの頭部は触覚がソーセージのようになっています。こちらは幼虫です。左側の羽が既に形成されていますが、右側のものとは形が違います。

私はスイス南部のテサンにも行きました。放射性降下物が一平方メートルあたり二万四〇〇〇ベクレルにも達した地域です。この蝉はテサンで見つけました。脚の中間から横に向けて小さな脚の断片が生えているのがご覧になれるでしょうか。

テサンではキイロショウジョウバエを二つがい捕まえました。家に持ち帰って育てると、子どもが生れてきました。第一世代で私は凄まじい変異を色々観察しました。顔面の裂けめ、左右の目の不揃い、腹部の変形などです。ご覧にいれている左側が変形した腹部で、右側が正常なものですので、比べてください。そちらのは左の羽が変形して、結び目のようです。右の羽と比べて

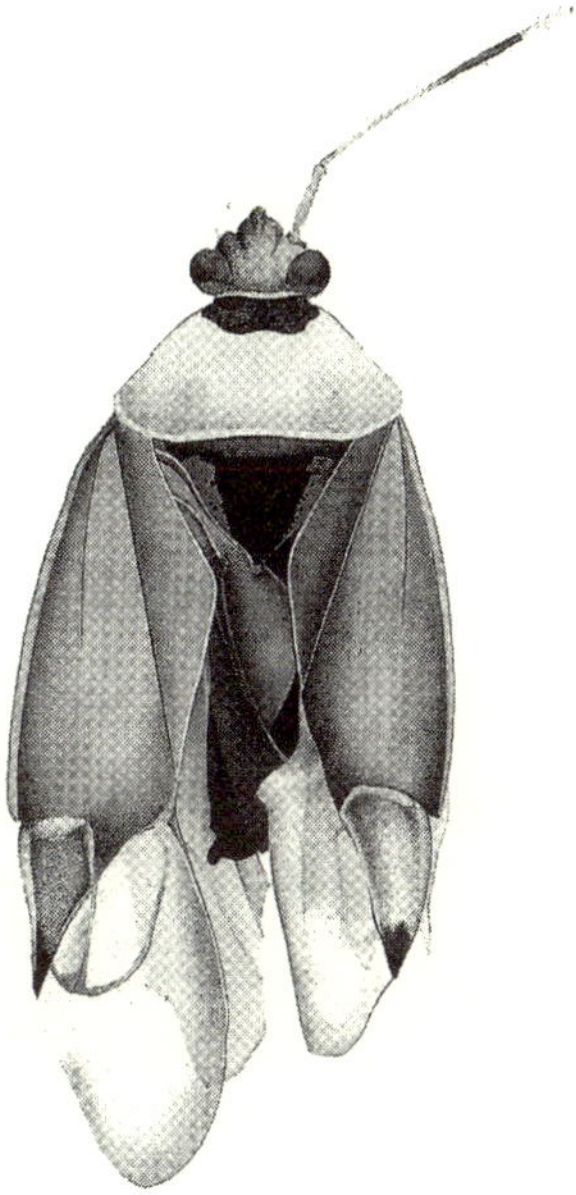

図表5　スイスのゲスゲンの商用原子力発電所で見つかったカメムシ。右の羽が短い。（絵：C・ヘセ=ホネガー）

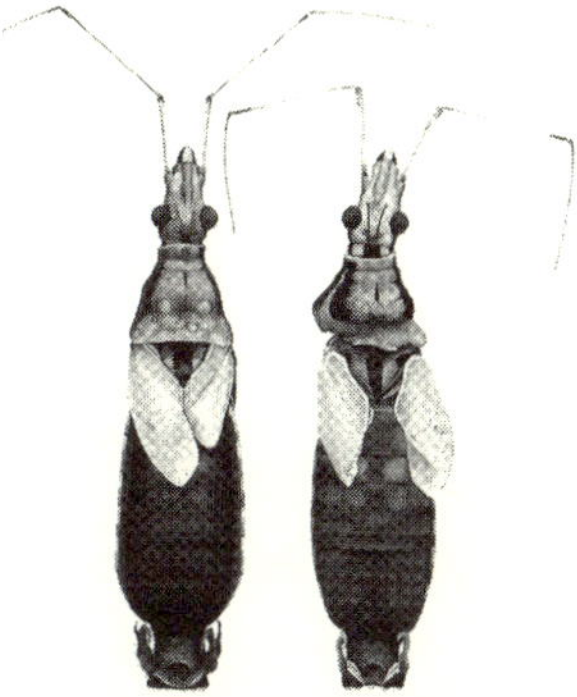

図表6　スイスのポル・シェレル研究所の研究用原子炉近くで見つかった2匹のカメムシの幼虫。左側のカメムシの右の羽が短い。右側の虫は羽に畸形があり、腹部がズレている。（絵：C・ヘセ＝ホネガー）

ご覧ください。

この仕事を私はスイスの有名な雑誌に発表しました。研究者たちは私に怒りをぶつけてきました。ショウジョウバエは聖なる牝牛にも似たところがあるのです。科学者以外の者は誰一人、手を触れてはならないのですね。この種の変形は、極度に高い線量に被曝させない限り起こりえないものだと、彼らは断言をいたしました。「誰でもが知ってのとおり、原子力発電所からは低線量の放射能しか出ていない。だから、近隣では何もかもが正常でなくてはならないことになっているのだ」と私は思いました。

私はスイスの原子力発電所の周辺に行って観察をしました。言うまでもなく、このうえなく綺麗なはずの場所です。本当に恐ろしい姿に変形した昆虫たちを私は見つけました。特に、風下になりやすい方向にはたくさん見つかりました。このハサミムシは脚が一本、短くなっていて、羽が非対称です。こちらのは、左の羽が風船に似ていて、右の羽とはまったく違う形になっています。

これを発表すると、研究者たちは前よりさらに怒ってきました。このカメムシの左側は右側とはまるで違っているのがお分りになると思います。これは体長がたったの数ミリメートルしかない動物なのです。こういう微細な動物の研究は誰の興味も惹きません。

私は何か間違いをしたのかもしれないと考えました。他の場所のカメムシも研究する必要があると感じました。私はセラフィールドに出掛けて行ったのです。二匹のカメムシをご覧ください。右側のは触覚に腫瘍がございます。黒い点に見えるのがそれです。左の触覚に黒い点が一つありますが、これはキチン質の変性によるものです。

こちらはカメムシの幼虫ですが、右側の羽が変形しています。こちらにご覧いただくのは蝉ですが、頭が変形していて、まん中に穴が一つあいたような形になっております。

一九九〇年に私はチェルノブイリに出掛けることができました。こちらにご覧いただくのは、

図表7　スイスのポル・シェレル研究所の原子炉近くで見つかったカメムシ。右側の腹部に畸形がある。（絵：C・ヘセ＝ホネガー）

図表8　チェルノブイリ周辺30キロの立入禁止区域の南で見つかったカメムシ。左側の腹部が変形している。黒く描いてある部分の形が不揃い（絵：C・ヘセ＝ホネガー）

プリピヤチ［ウクライナ領内。次のポレスコイエも］で見つけたカメムシです。こちらはポレスコイエのカメムシです。ポレスコイエでは、昆虫たちのほぼすべての個体が畸形でした。こちらのものは羽が変形していますし、こちらは左の触覚に一節欠けがあります。そちらのは変形した幼虫です。この虫は三〇キロ圏のギリギリのところにいました。ごのように脚が変形しています。ご覧形態に対称性が見られないのもお分かりいただけることでしょう。

次に私は、スリーマイル島

に行きました。原子力発電所のすぐ周囲で、もっとも重い異常と申しますか、非常な畸形をした昆虫たちを私は見付けることになりました。

事故が起こってからかなりの年数が経っているというのに、事故の爪痕が変わらず残っていることに私は衝撃を受けました。もしかして、正常な運転で日常的に出されている放射能のせいではないのか、例えば、フィルターが壊れているのもしばしばのようですし、あるいはトリチウムが水系に放出されたとか、色々なことを考えました。私は除染関係の資料を色々あたって研究しましたが、川の中の生命や発電所の周辺の昆虫の研究に言及したものはついに見つけられませんでした。この川の河口付近の海岸に沿って、たいへん豊かな漁場が拡がっていることを考えますと、ことはたいへん重大に思えました。

こちらの蝉は目に腫瘍があります。そちらのカメムシはピーチボトム［スリーマイル島の一〇〇キロ下流］の原子力発電所周辺で捕まえたものです。腹部の節がテサンのショウジョウバエに似ているのがご覧になれるでしょうか。不規則になっています。

昨年は北ドイツのクリュンメル［エルベ川沿いにある原子力発電所］にまいりました。そこでは羽の表面にあらゆる種類の腫瘍が見つかりました。

私は、いつも何かあった場所にばかり出掛けていると、人によく言われます。汚染のない、何もかもがあるべき姿になっている場所には、あなたは出掛けないんですねと。そんな場所がまだ残っているようには私には思えません。そんな場所があったら、ほとんど天国じゃないですか。

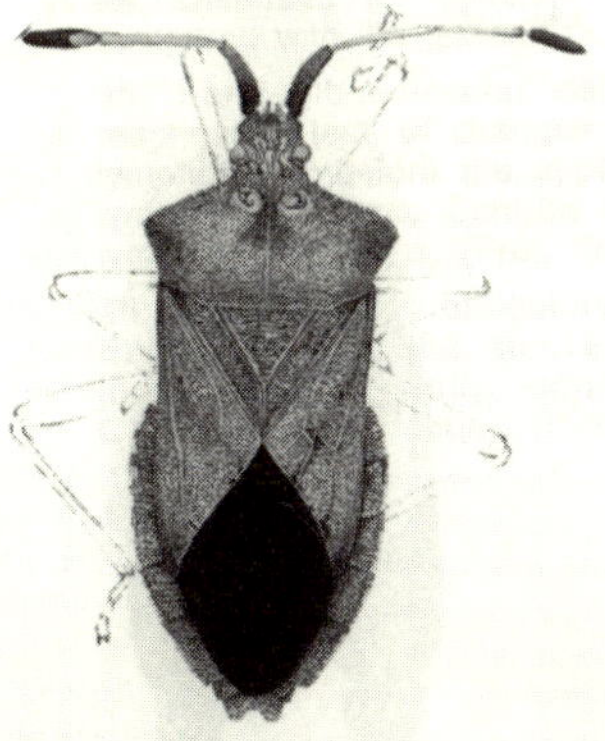

図表9　チェルノブイリ周辺の立入禁止地帯に近いポレスコイエで見つかったカメムシ。左側の触覚に欠節がある。

図表10　セラフィールド（イギリスの核燃料再処理工場）で見つかったカメムシ2匹。畸形と不規則な黒い斑点。（絵：C・ヘセ＝ホネガー）

私はスイスのアルゴヴィ県で、さらに詳しい研究を試みました。原子力発電所が四カ所と、研究用原子炉が一つあるところです。五〇〇〇分の一の地図を使い、升目の角に当る場所でサンプルを集めました。常に同じ数だけの昆虫、カメムシを採取して、比較の材料を手にできるようにしました。

もっとも重い種類の変形の数々を発電所の間近と、風下になりやすい方角で観察いたしました。形態学的なさまざまな変形、例えば羽の長さが等しくない、胸板の片側がもう片側より広い、触覚の一節が欠けているといったものなどです。

昆虫を二つに切ってみますと、片方は正常で、片方は変形をしている、ということがあり、興味深い限りです。胸板は左側だけが変形していますね。こちらは左の羽が同じでありません。このカメムシたちのうち、一匹はヴュレンリンゲンの研究炉の周辺で見つけました。この虫も同じところにいたものです。この虫も胸板が変形しています。

自然界でいったい何が起こっているのかを理解する助けになるはずのこうした研究を、私たち国民から得たお金で日々、仕事をしているはずの遺伝学者、科学者というか専門家の人たちはしようとしません。このことを判事の皆さまに申し上げておきます。

先程もお話しいたしましたが、ベトナム戦争の当時、私がショウジョウバエの絵を描いていた頃ですが、アメリカ軍は枯葉剤を撒き散らしました。その時、「あなたたちは狂っているのですか！ 変異性の、催畸形性の物質ですよ！ 住民たちや動植物に何代にもわたって、変異や畸形を作り出そうとしているのですよ！」という警告の叫びを挙げた科学者が一人でもいたでしょうか？ 私にはまったく記憶がありません。

今まさに、放射能に関して同じ情況が続いています。科学者たちは放射性の物質の催畸形性などは知り抜いているわけですね。それでも何も言わずに黙っているのです。「何が何でも見にいかなくては」とは決して口にしません。研究者としての好奇心があれば、起こっていることを理解しようと懸命になるに違いないと思うのですが。

科学者の方々に責任性というものを思い起こさせる喚び掛けを、判事の皆さまにお願いいたします。科学者の方々はこういうタイプの研究によって、専門家としての能力を人々の役に立てなければいけないはずです。何が起こっているのかを、私たちに理解できる言葉遣いで述べなければいけないはずなのです。
ありがとうございました。

裁判長
ありがとうございました、ヘセ＝ホネガーさん。
では、ソランジュ・フェルネクスさんにお願いいたします。

ソランジュ・フェルネクス氏
チェルノブイリの周辺では、畸形の事例がたくさんあります。私が今からご紹介しようと思うのは、ウクライナでの記録映画です。M・クズネツォフが九〇年代に、キエフの数カ所の施設やジトーミル地区、そして三〇キロメートル圏内の避難指定地域で撮影したものです。

（以下、映像音声）
植物学者
「私たちがいるのは、チェルノブイリ発電所のまわりにある、避難指定地域の中です。たった一本の松の木から採取した種を、二五メートル四方の範囲に蒔いてみました。現在、若木は四歳になっています。私が植えた種類の松には、二五種類の畸形がこれまでに世界で知られています。巨大化、矮小化、針葉のつき方の非対称、枝のつき方の非対称、極端に長い針葉、また短い針葉、羽飾りのようになった葉など、色々ありますが、そのすべてが、この狭い土地の中で観察できます。」（彼は若木たちの細部を示す）

獣医

「ここはジトーミル地域です。チェルノブイリの事故の後で、実に多くの畸形の家畜の誕生を、私たちは目にしてきました。頭の二つある豚、こちらは下半身のない牛です。流産になることが多いですが、産まれてきて、数時間で死亡、ということもあります。これは、角三本の犢ですね。これは産まれてすぐ死んだ馬です。」

医師たち

「後始末人たちから採取した生体組織の診断を、顕微鏡で行なっていたのですが、たいへん大きい黒い斑点が幾つもあるのですね。何かの間違いだと思いました。顕微鏡をセットし直したくらいです。放射性物質の巨大な粒子だったんですね。特に、プルトニウムです。文献を色々と調べました。プルトニウムを使ったウサギの研究がドイツにありました。他にはありませんでしたね。私たちのは、実験動物なんかじゃないんです。後始末人たちの生きた体なんです。」

ジトーミルの助産婦

「妊娠した人は、たいへん不安になります。妊娠の経過は良くありません。流産が増えています。その場合、胎児には畸形があることが多いですね。女たちは出血を起こします。ご覧に入れるのは、未熟で産まれた子ですが、長くは生きられません。哺育器に入れたわけですが、ほら、心臓の動きがたいへん弱く、不規則なのがお分かりになるでしょう。体のあちこちに赤い斑点が広がっています。血管腫ですね。」

正教会の勤行音楽の、心をゆさぶるキリエをバックに、十数体の畸形の新生児たちの姿が並べられて、映画は終っています。

ご覧に入れる写真は、アイルランドのチェルノブイリ子ども基金のアディ・ロシュが貸してくれたものです。最近のもの（一九九五年末）で、ミンスクのものです。うち一人は、体の各部の末端、顔、そして脳など、多重にわたって畸形があります。この子は数カ月で亡くなりました。こちらの子どもは生まれた時から脳がありませんでした。両親にも見捨てられた、植物のような一生だったのです。そして、こちらの子どもは口蓋裂が顔の上部にまで伸びています。手術の後、人工呼吸用のチューブを入れましたが、生きられませんでした。ナスチャちゃんは、両脚に欠損部があり、足先も曲っていましたが、アイルランドで手術を受け、成功しています（図表15〜22）。

出産前に診断を受けるのが義務になっていて、医師は両親に色々と助言をするわけですが、それでも毎日のようにこういう状態の赤児が出生しています。両親は事態を正面から受け止めるのが困難で、産んだ後で放棄してしまうことにもなるのです。死なずにすんだ子どもは五歳まで小

図表11　鯉の稚魚9匹のうち、正常なのは一匹（灰色）だけだ。退行性の紫色変異はかつてのベラルーシでは極めて稀であった。背鰭、胸鰭、尻鰭の異常に注意。口唇部の畸形（下から4匹め）にも注意。（写真：A・スルクヴィン）

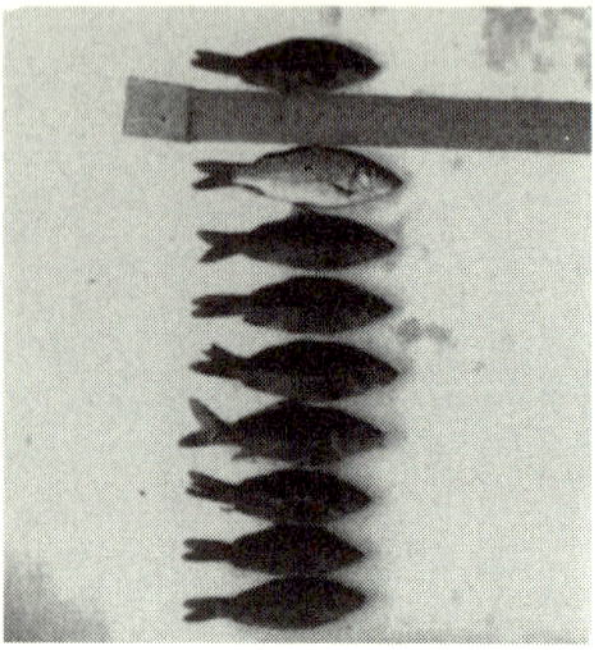

図表12　生後6月の鯉の稚魚に見られるさまざまな畸形：背鰭、胸鰭、鱗など（写真：A・スルクヴィン）

児病棟で育ち、その後、小児精神科に移されますが、生存はごく短かい間です。

ミンスクにあるローザ・ホンチャローヴァ教授の遺伝学研究室で、スルクヴィン博士が鯉を使って研究をしました。その写真で、この悲しい報告を締め括りたいと思います。スルクヴィン博士はベラルーシとロシアとラトヴィアで魚の養殖の責任者を務めてきた方です。チェルノブイリから二〇〇キロメートルほどの場所で、養殖所を運営していました。水の物理的・化学的指標（窒素化合物・重金属）を、注意深く追尾してきました。損益がかかっていたからです。

問題の池の水源は上流にある湖で、そこから来る水は汚染されていません。けれども池の底には、チェルノブイリ事故

図表13　生後6ヵ月の鯉の稚魚に見られる退行性の紫色変異。上・背鰭の欠損。下・鰓蓋の不在。剥き出しの鰓。（写真：A・スルクヴィン）

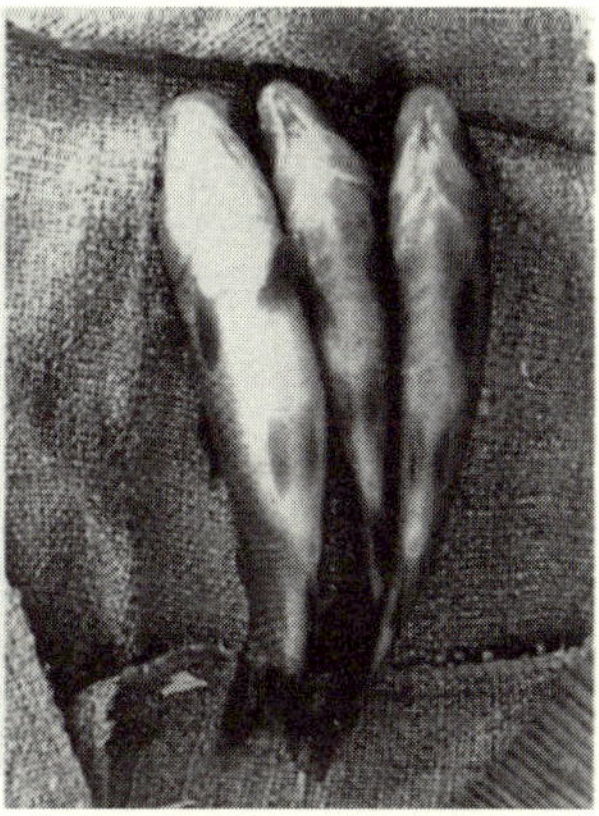

図表14　仰向けにされた生後6ヵ月の鯉の稚魚。3匹のうち、右の2匹は色素がなく、骨が透けて見える。（写真：A・スルクヴィン）

の降下物、中でもセシウム一三七が溜って汚染されています。チェルノブイリから四〇〇キロメートルの、汚染されていない地域の池と、対比して研究は進められました。

親魚は八歳で、その汚れた池に八六年当時から住んでいる鯉です。放射能を測ると、体重一キログラムあたり八〇〇ベクレルほどで、それほど高いわけではありません。雌から採取した卵は孵化装置に入れられます。鯉たちは普通なら二百万匹ほどの稚魚を産むはずです。ここでは、孵化して生育する稚魚は、その三〇％だけです。稚魚は浅い池で飼われています。

六カ月経ち、冬用の深い池に移す時に、少し大きくなった若魚を検査します。七〇％に多かれ少なかれ、目立った畸形があります。一番の驚きは、紫色の鯉たちです。

図表15　ナターシャとおかあさんとの、打ち解けたひととき。ナターシャはドイツでの手術が成功し、存命している。写真アナトリ・キシュク
図表16　顔面の多重の畸形に対し、手術後にチューブを挿入。この子どもは直後に死亡した。写真：アディ・ロシュ

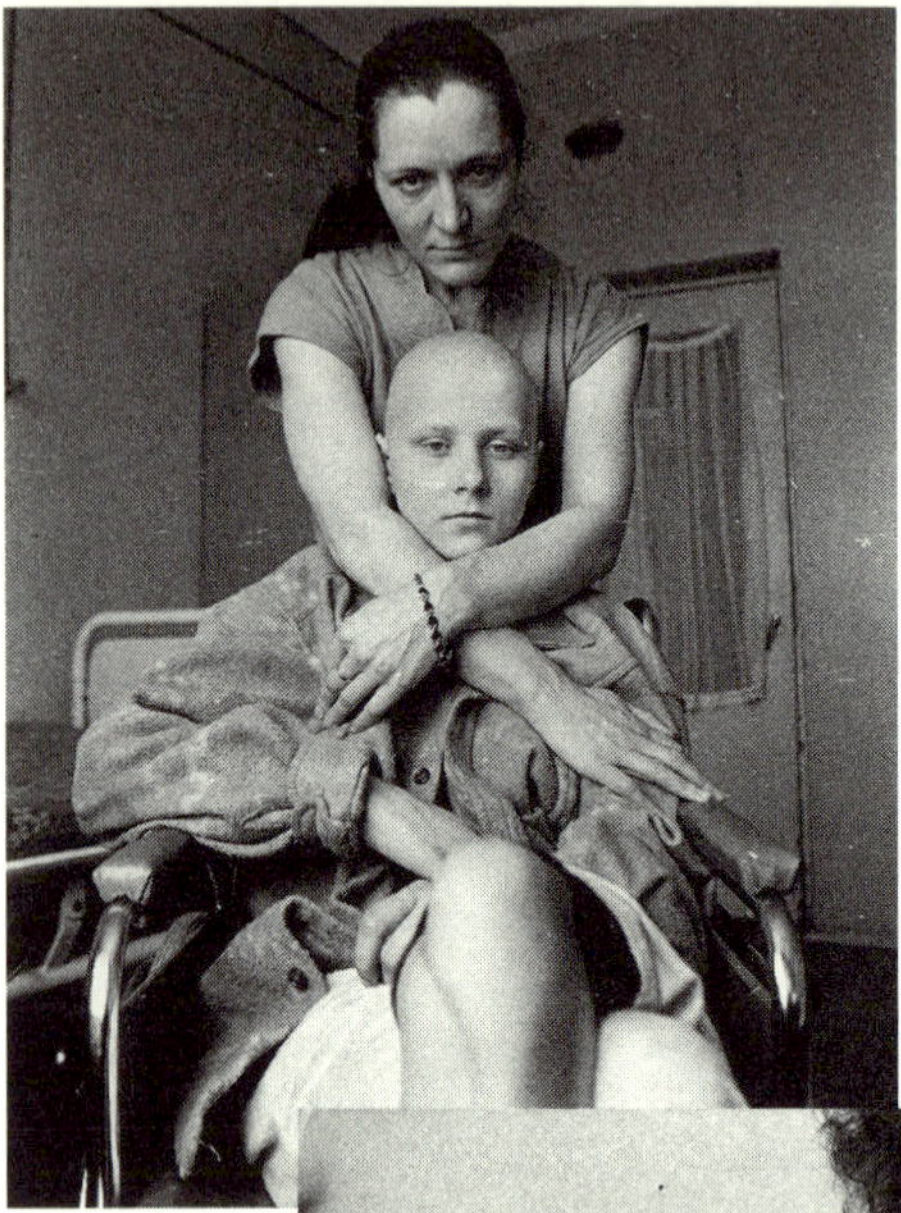

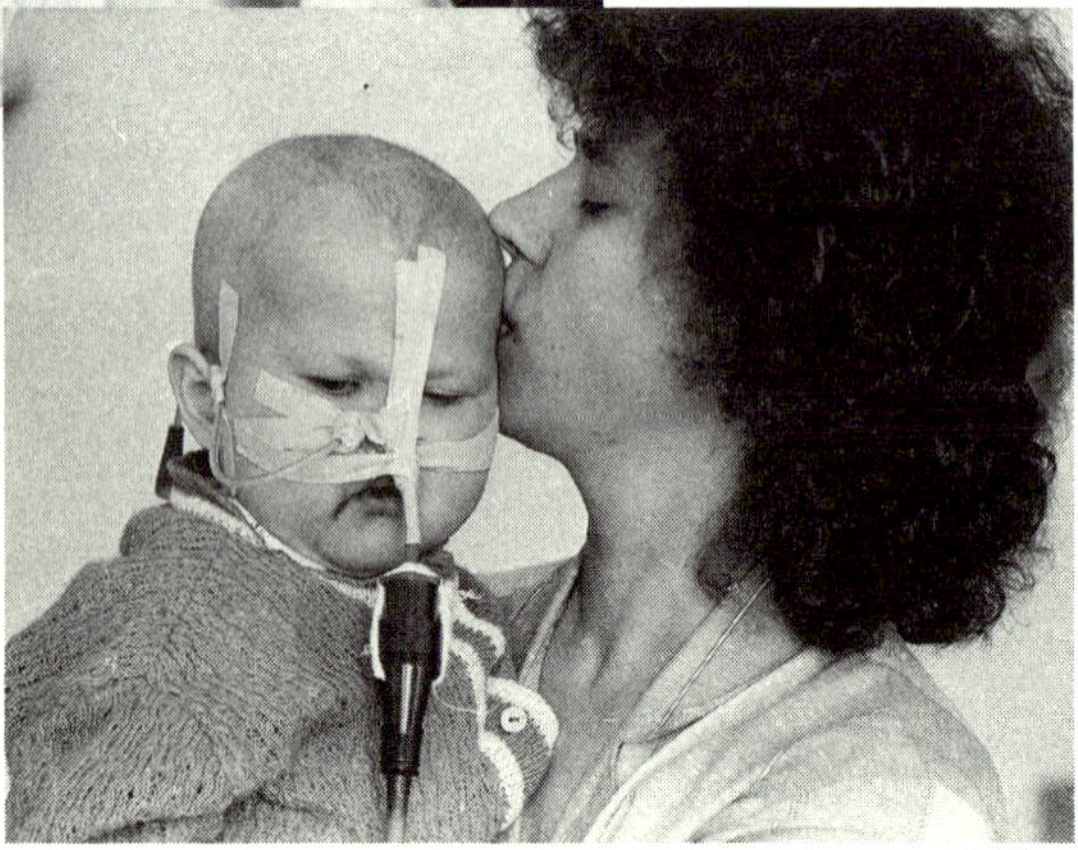

図表17　多重の畸形。数日間の命。写真：アディ・ロシュ
図表18　ベラルーシでは、精神遅滞児童と畸形児童は、五歳になると、小児科病棟から出る義務があり、小児精神科病棟に移動させられる。そこで長生きする子どもは数少ない。写真：アディ・ロシュ

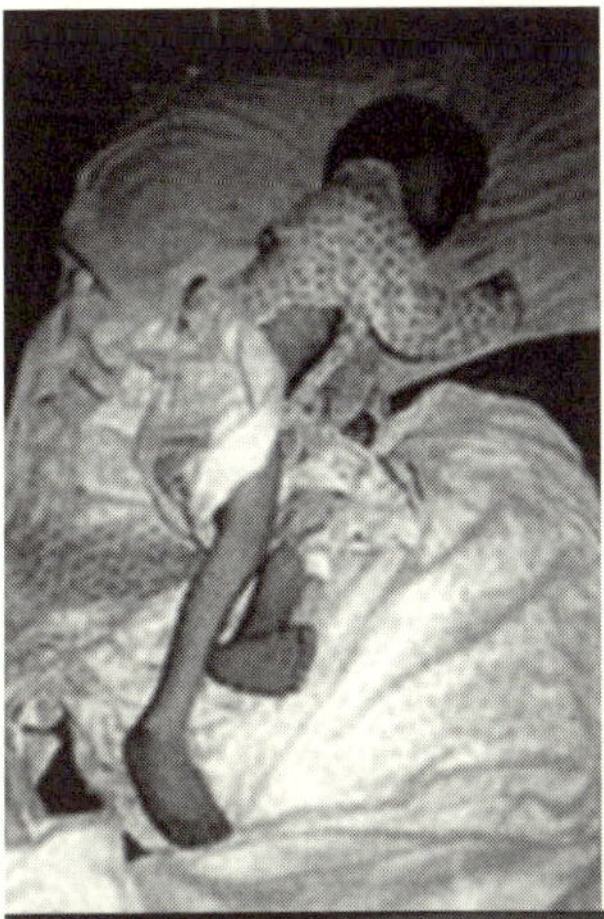

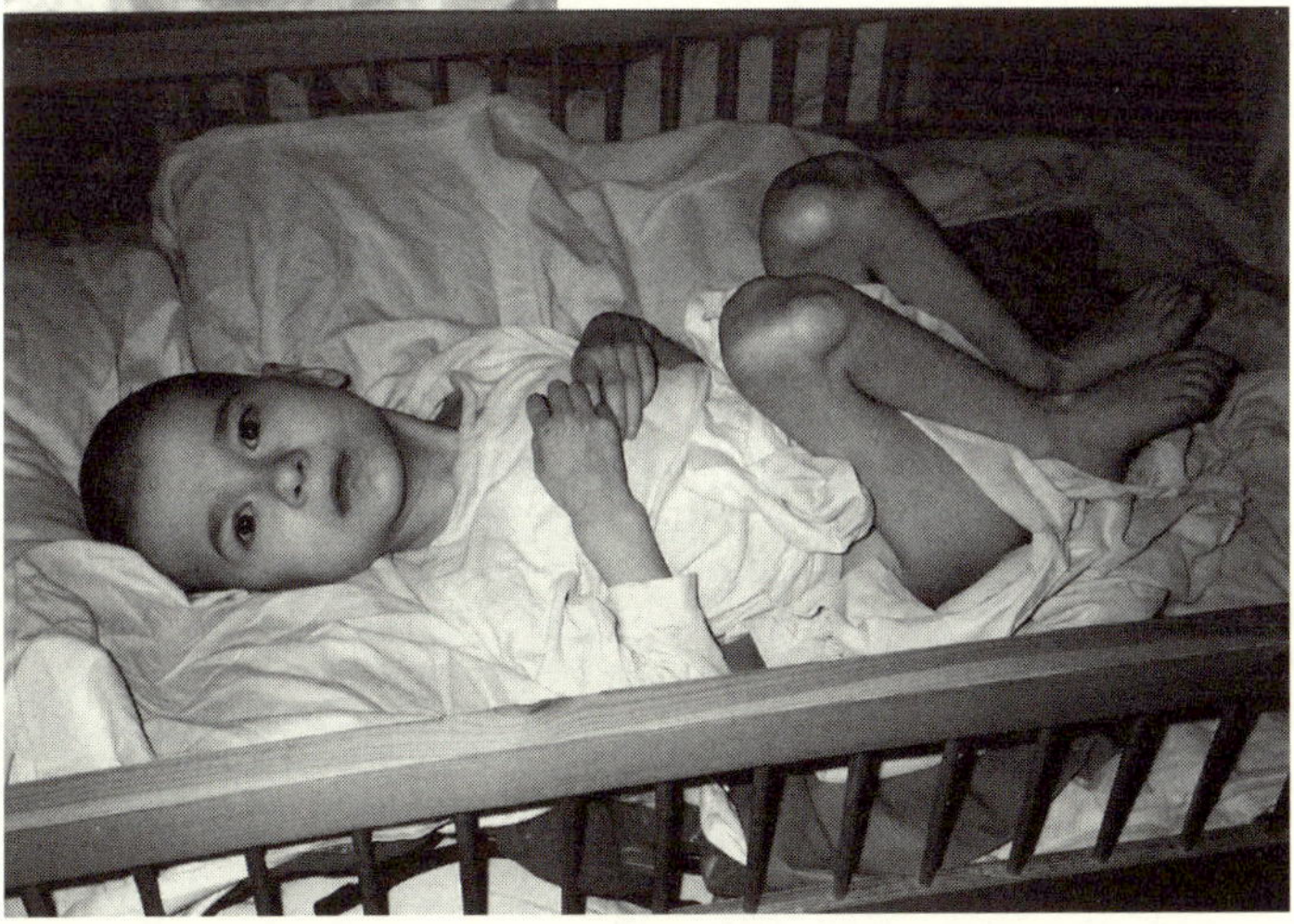

図表19　重篤な腫瘍を手術。切除に加えて、化学療法も行なう。貧困に陥った国では、障害者が生き伸びるのは困難である。写真：アディ・ロシュ

図表20　脳の畸形と、無脳はベラルーシではチェルノブイリ事故後、二倍になった。写真：アディ・ロシュ

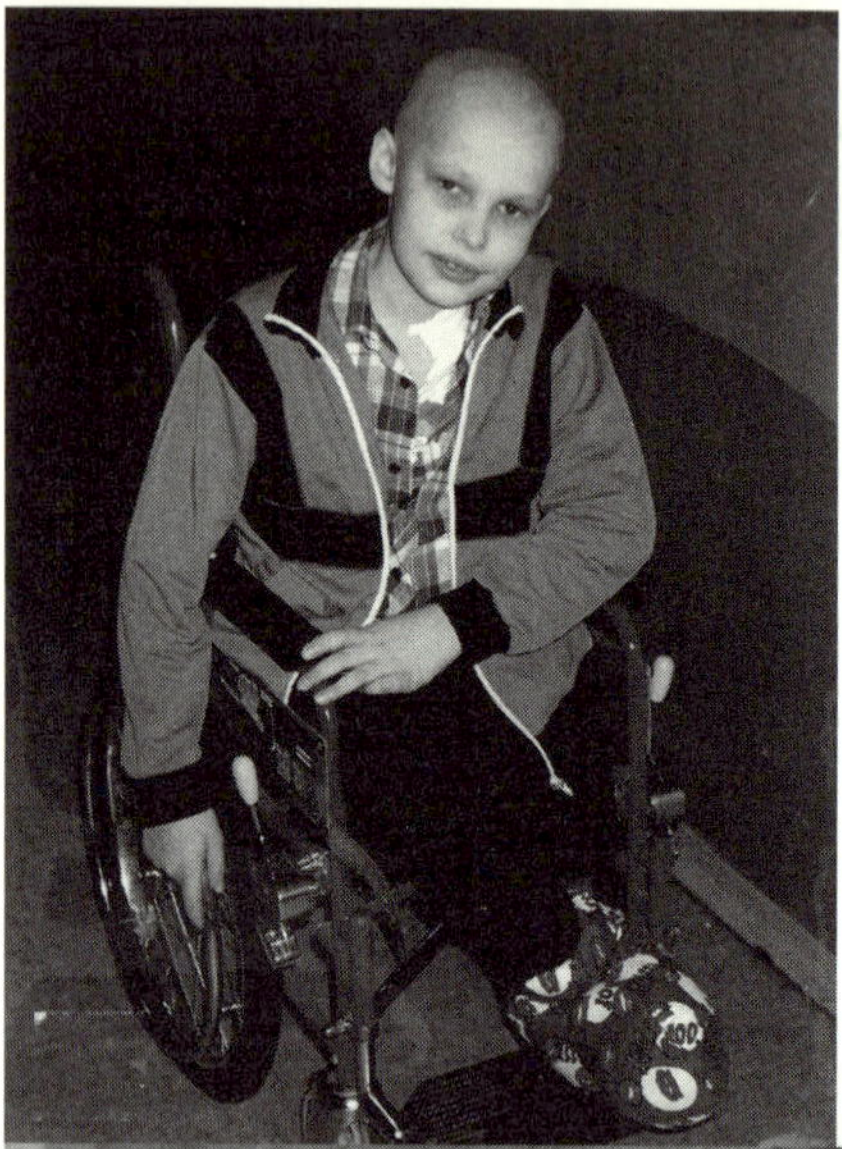

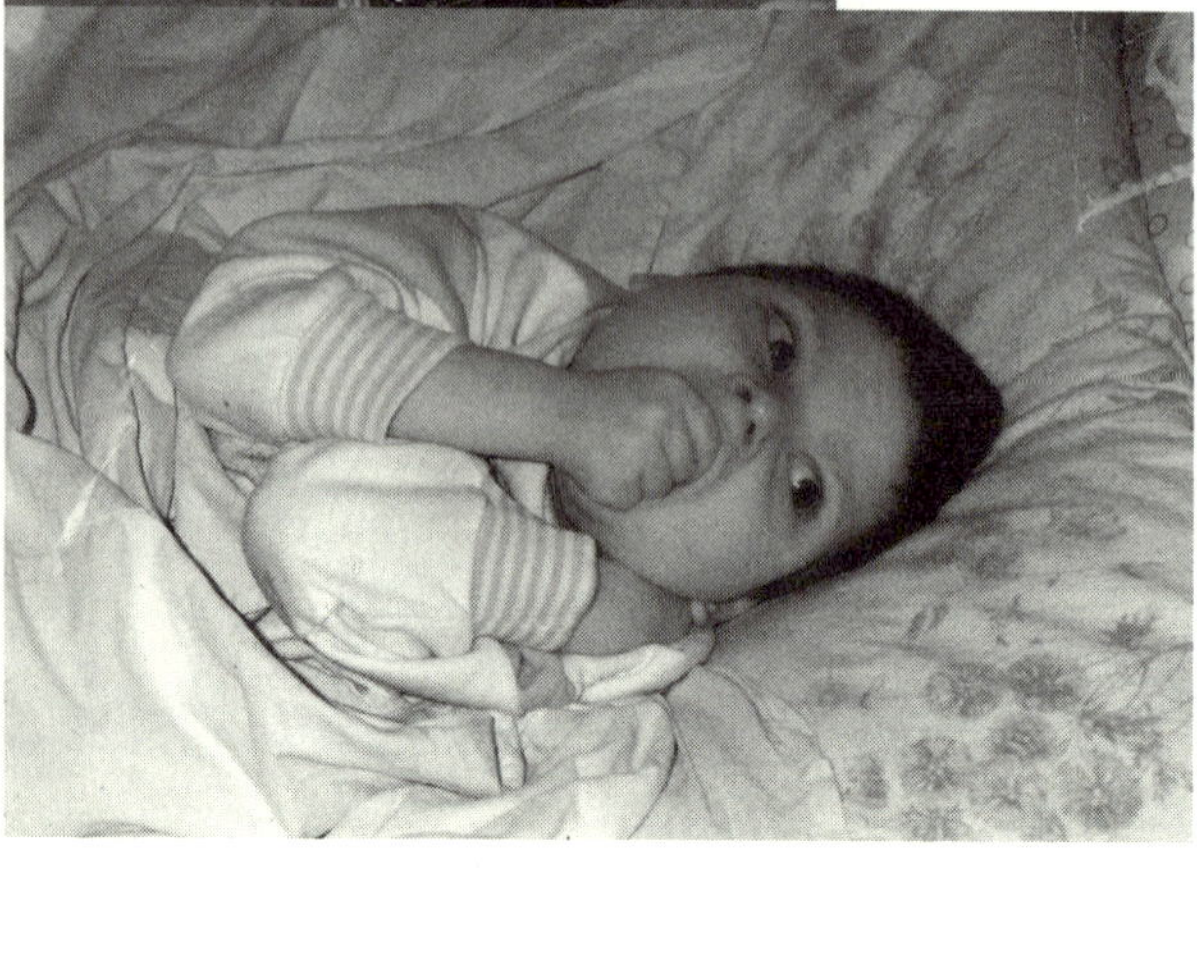

図表21　小児癌の予後は70%で良好である。ベラルーシ各地の癌センターは、立派な仕事をしている。写真：アディ・ロシュ
図表22　アイルランドで何種類もの手術を受けることになるナスチャちゃん。旅立ちの前。写真A.クレシュク

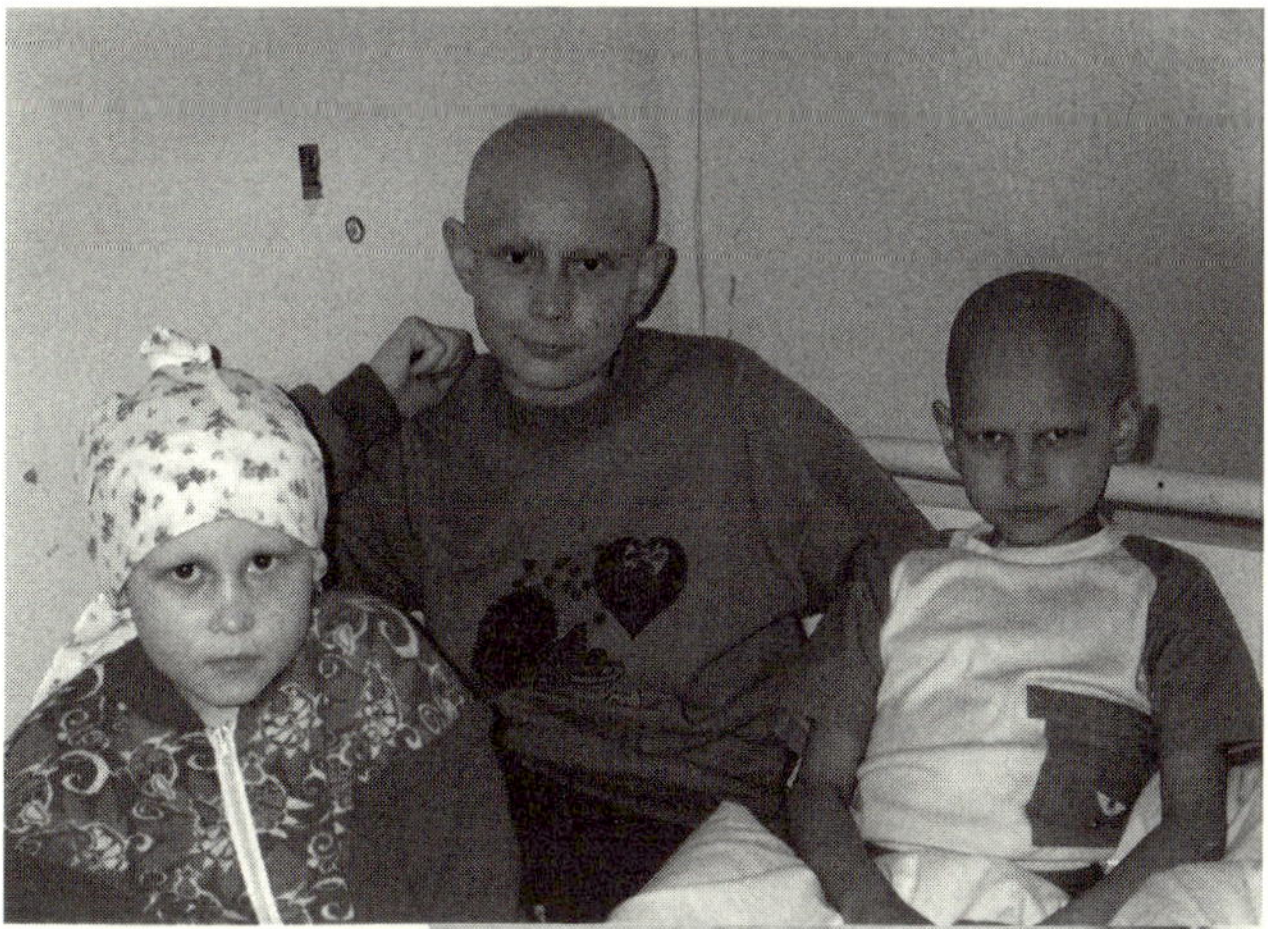

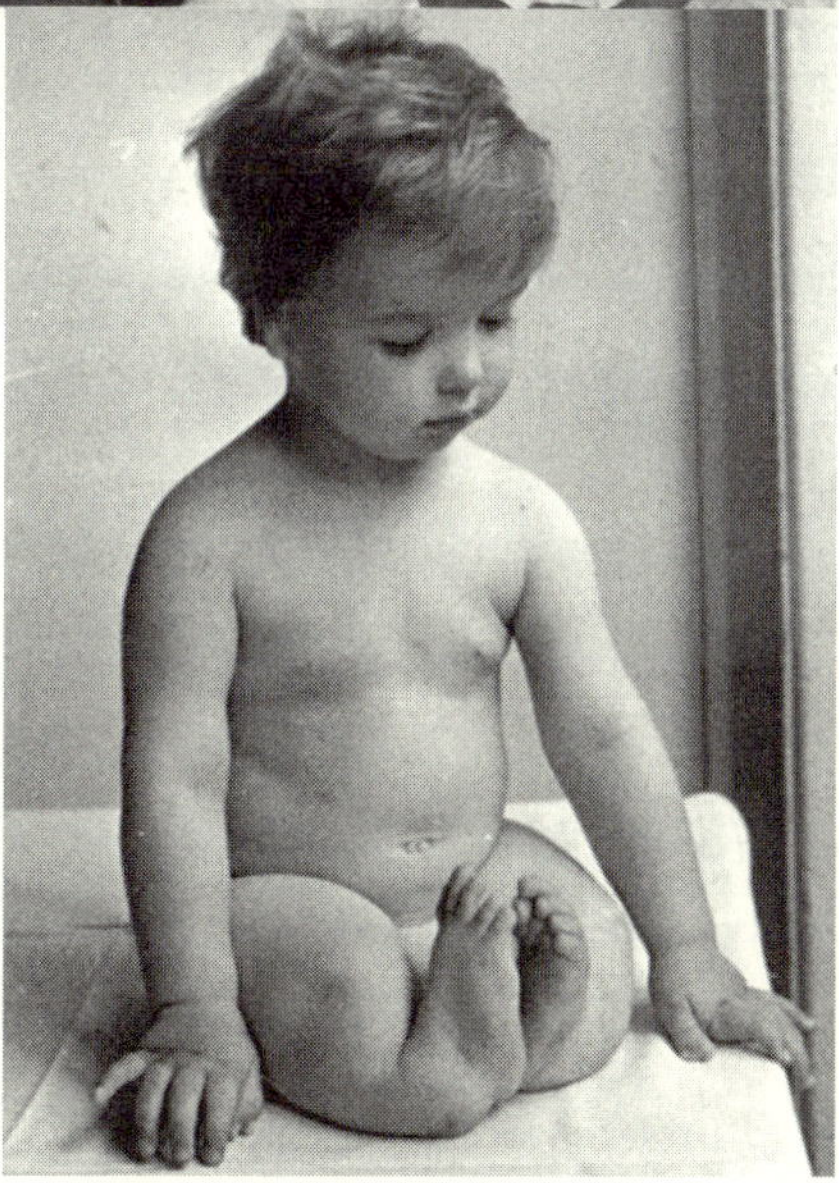

一種の先祖返りで、ドイツでは知られていたのですが、稀なものでした。これが畸形魚のかなりの部分を占めます。

他に目につくものとしては、鱗の異様に小さなものとか、鰭のどれかが畸形だったり無かったり、鰓蓋が無くて鰓が剥き出しのものとか、目の無いものや口が変形していたり、あるいは無かったりする魚、色素のない魚などです。

次に、汚れた池と、遠くの池とのそれぞれに放した産まれたばかりの稚魚を、二～三日後に比較する研究が行なわれました。目の細胞に異常が見つかりました。汚れた方の池では、遠くの方の池の二～三倍もの比率です。

受精卵が分割を繰り返して、胞胚の段階を終えるあたりでの、両池の比較研究もされました。結果は同じようなものです。汚染された池では、鯉の色々な病気も増えていました。例えば浮き袋の炎症です。これで魚は平衡が保てなくなります。原虫による病気や、寄生虫症、皮膚の感染症、鰓の壊死、細菌やウィルスで皮膚が赤くなる病気、プセウドモナス感染症などです。自然に備わっているはずの防護機構に問題がおきていることを示しているのです。

スルクヴィン博士とホンチャローヴァ教授は結論として、鯉という水棲動物は、放射能の影響を受けやすいのだろうという評価をしています。鯉は池の底に行って、堆積物の上面から五センチメートルくらいのところまで口を突っこんで餌を捜します。胃袋のない鯉は、餌の消化に時間がかかります。汚染された餌が長いこと腸内にとどまり、腸の長さも大したもので、大きなお腹のほぼすべてが腸だというような魚です。

この研究の結果はまだ分析し盡されていないようですが、続けていけば、興味深いものになったはずです。誰も資金を出してくれませんでしたので、スルクヴィン博士は途中で放棄するしかありませんでした。彼の動物遺伝研究所から二〇〇キロメートル離れた池に通うガソリン代さえ、支払いが困難になったのです。

さて、昨日のことです。ＩＡＥＡの報告会が行なわれているわけですが、環境の部会で、水系に関しては放射能の影響というべきものは何もなかったというようなことを、報告者たちが断言したのです。そこで私は発言を求め、こう質問しました。「ベラルーシの国営の養魚場で、スルクヴィン博士が鯉の生育を研究していますが、ご存知でしょうか。そこでは稚魚の七〇％もが孵化せずに終るのです。そして六カ月の稚魚の七〇％にははっきりと目立った畸形が生じています。」

すると報告者はこう答えました。「そんな単純な問題じゃないんですよ。放射能を研究する時には、考慮に入れなければならないことが色々あります。例えば、湿度です」。私は養魚池の話をしていたんです。馬鹿にするにも程があります。答が無様な逆効果に陥ったことに気付いた座長が、「質問に対する答になっていませんね。」と言いました。学者が一人、素早く事態を収拾する発言をしました。

曰く、研究はまだ進行途上であり、畸形の増大を結論できるような結果は今のところ発表されておらず、研究は継続する必要があって、とか何とか。スルクヴィン博士も、ホンチャローヴァ

図表23　ベラルーシでの届出義務のある畸形の発生率1982～1993年
（新生児1000人あたり）

畸形種別	セシウム137汚染地域				比較対照地域（非汚染）（30地域）	
	15キュリー/平方キロメートル超（17地域）		1キュリー/平方キロメートル超（54地域）			
	1982～85	1987～93	1982～85	1987～93	1982～85	1987～93
無脳	0.28	0.35	0.24	0.54	0.35	0.37
脊椎破裂	0.58	0.76	0.67	0.83	0.64	0.84
口唇口蓋裂	0.63	0.99	0.70	0.90	0.50	0.91
多指	0.10	1.01	0.30	0.60	0.26	0.47
周縁部欠損	0.15	0.43	0.18	0.32	0.20	0.19
食道閉鎖	0.08	0.10	0.12	0.16	0.11	0.12
肛門直腸閉鎖	0.05	0.08	0.08	0.09	0.03	0.07
ダウン症候群	0.91	0.82	0.86	1.02	0.63	0.98
多重畸形	1.04	2.40	1.41	2.10	1.18	1.47
総計	3.87	6.94	4.57	6.56	3.90	5.43
増加率（%）	79		44		39	

教授も、ＩＡＥＡの報告会で研究結果を発表するべく招聘されていないことは、言うまでもないでしょう。

一昨日は健康被害が主題でした。報告者は、遺伝子の損傷はまったく存在しないと宣言しました。こんなことさえ言ったのです。「事故前の状態の記録が存在しないのですから、遺伝子損傷の起こり方が以前と変わったかどうか、はっきりさせるのはそもそも不可能なのです」と。

一番よく耳にする嘘ですね。事故の四年前の一九八六年から、ミンスクのラズューク教授が畸形の統計をずっととってきているんです（図表23）。四種類の重大な畸形のはっきりとした増加が、子どもたちに観察されると教授は指摘しています。四肢のいずれかの欠損、多指、無脳などですが、お手許の写真をご覧になってください（図表15～22）。ラズューク教授もまた、ＩＡＥＡの報告会での発表は許されていないわけです。

最後になりますが、一九九五年一一月のＯＥＣＤ報告書の一節を読ませていただきましょう。この一節は、放射能が健康を冒すことはないという考え方の典拠として、ＩＡＥＡの報告会でも度々引用されています。特に、スコットランドの聖アンドルー大学のリー教授です。この方はユネスコの専門スタッフです。この報告書を編纂したチームを主導したのは、フランスの放射線防護安全研究所（ＩＰＳＮ）におられるアンリ・メチヴィエさんです。(註5)

報告書はこんなことを言っているんです。「高度な医学的検査の結果、健康という面でのいかなる異常も、放射線による被曝に原因を帰することはできない、という結論に達したのである」。その少し先にはこう書かれています。「結論として言えば……チェルノブイリの事故を参照基準としてあれこれ議論をするべきではないのである」。

註5　「チェルノブイリからはや一〇年」パリ、一九九五年一一月、ＯＥＣＤ刊。編集責任者はピーター・ウェイト氏（カナダ）。編集委員会の委員長はアンリ・メチヴィエ氏である。委員は、メティヴィエ（ＩＰＳＮフランス）、ヤコブ（ＧＳＦドイツ）、ススケヴィチ（ＷＨＯジュネーヴ）、ブルナー（ＮＡＺスイス）、ヴィクトルソン（ＳＫＩスウェーデン）、ベネト（ＵＮＳＣＥＡＲウィーン）、ハンセ（ＦＡＯウィーン）、熊沢（ＪＡＥＲＩ日本）、久住（日本）、ブヴィル（ＮＣＩ米国）、シネヴ（ＥＵブリュッセル）、イラリ（ＯＥＣＤパリ）、ラツォ（ＯＥＣＤパリ）。

先ほどご覧いただいたビデオ、子どもたちの写真、そして魚の研究のお話もさせていただきましたが、それだけで、ＯＥＣＤの報告書のような物の言い方がどれほど不道徳なものか、お分かりいただけると思います。本当に犯罪的なものです。自称専門家の類が、明らかな事実を否認し続けるのを、許していてはいけません。彼らは原子力産業を僅かな期間、延命させるだけの爲にそうし続けるのですが、その原子力産業こそは、持続的な発展と根本的にあい入れないものなのだと、私は思います。

裁判長

ありがとうございました。では、ガデカル博士にお願いいたします。

サンガミトラ・ガデカル博士

ラジャスタニでのさまざまな畸形に関する私たちの研究を、この法廷に提示させていただこうと思っています。こうした事実は事故によるものではなく、正常に運転している原子力発電所に関するものです。さまざまな事故の際に見られる、またこの法廷でチェルノブイリ大災害に関連してご発表のあったさまざまなものと、似た種類の現象の数々を、私たちは虫たちや魚たち、植物たち、また子どもたちの間で観察しました。

昨今の公の科学界は、胎児に向けるべき関心を決して向けてきませんでした。けれども、放射能に曝された人々の子どもたちや孫たちを脅かしている危険性は、胎児たちを見れば分かるのです。［ハーマン・］マラの一九二七年の研究以来、動物たちの、また人間の胎児に対する放射能の催変異効果については、嫌というほど分かっています。

科学界がこうした現象を無視しようとしている昨今のわけですが、意味のあるほどの水準ではないとか、何も観察されていないとか、そうした学説は追認されていないとかいった類の決り切った文言を並べてまいります。

私たちがこうした事実に注意を惹かれるようになったのは偶然です。田舎に出掛けた時に、ある一つの村で異常にたくさんの畸形が集中しているのを発見しました。何とも奇妙なことだと思ったのでした。私たちはこの現象を科学的に研究しようと決めたのです。そのために私たちは色々な組織に、また多くの科学者たちに、この現象に注意を向けていただくべく、呼び掛けをしました。残念なことに、こういうタイプの研究に関心をもってくださる方々は皆無でした。

市民グループが幾つか集まって、自分たちの手で研究を進めるしかありませんでした。私たちはインド全国の科学者たちや医師たちに、この現象の研究を手伝って欲しいと呼び掛けました。

チームのメンバーたちは九つの村々のすべての家々を一軒一軒、訪ね歩きました。うち五つの村々は原子力発電所のすぐ近くにあり、四つは五〇キロほどの距離にあります。村人たち自身が観察した事実を収集するのが主な仕事でした。その後、そうした証言の数々を科学的な方法に基いて、科学的な言語による表現に移し換える必要がありました。

図表24　ラジャスタニ商用原子炉の近隣の村々と遠隔の村々とに住む、子どもたちの先天性畸形の発生率。年齢集団別。

		11歳未満の子どもの畸形		18歳未満の人々の畸形		18歳以上の人々の畸形		全人口中の畸形	
		男	女	男	女	男	女	男	女
近隣の村々	人口	462	450	736	697	754	673	1490	1370
	畸形	24	9	29	10	3	2	32	12
遠隔の村々	人口	421	421	625	642	659	618	1284	1260
	畸形	5	1	8	2	3	1	11	3

近隣の村々には複数の畸形が併存する生存例がある。2種畸形併存が4例、3種畸形併存が1例

最初の原子炉の起動から一五年が、二号機の起動からは一一年が経過していました。私たちはこの村々の妊娠データをすべて集めました。結果はたいへん衝撃的でした。発電所周辺の畸形の発生率は対照群の二・五倍もに上っていたのです。双方の集団のさまざまな年齢層の母親たちを私たちは比較しました。

この二年ほどは、死産の率と出生直後の死亡率とが上昇しています。堕胎の率や先天性畸形の発症率も同様です（図表24～27参照）。感染症によるものでも、労働条件によるのでもない、何か異常なことが妊娠の過程で起きていたことを物語ると思われます。

異常妊娠のこれほどまでの増大という事実を、私たちは突き付けられたのでした。住民の方々自身は、健康が損なわれているという漠然とした感覚はお持ちでした。畸形の子どもたちが生まれてきているからです。それでもこの村々では、人々は余所の家で起きていることを互いによく分っていない、という情況がありました。

図表25　ラジャスタニの商用原子炉の近隣の村々と遠隔の村々での、妊娠の成行

	生誕		死産		分娩総計*	堕胎**	現在妊娠中
	畸形あり	畸形なし	畸形あり	畸形なし			
近隣の村々	16	236	4	2	258	27	31
遠隔の村々	3	194	0	0	197	5	29

*両地域ともに3組の双生含む

**妊娠8週間から28週間

図表26　ラジャスタニ商用原子炉の近隣の村々と遠隔の村々とでの、新生児死亡と死産。1993年と94年。

		死産	1日以内の死亡	早期の死亡(168時間以内)	幼児死亡率
近隣の村々	予期値	1.9	–	8.2	28.2
	観察値	6	7	13	32
遠隔の村々	予期値	1.5	–	8.5	22.6
	観察値	0	1	5	19

*地区センサスデータに基く予期値

図表27　ラジャスタニ商用原子炉の近隣の村々と遠隔の村々とで誕生した子どもたちの、害を受けた系ごとの、畸形のタイプ別。

	近隣の村々		遠隔の村々	
異形性のタイプ	男	女	男	女
中枢神経系	3	1	0	0
精神遅滞、聾唖	4	3	2	2
感覚器官*	10	5	3	1
生殖＝泌尿器系	4	1	0	0
筋肉＝骨格系	15	1	5	0

*耳朶の2症例、耳道の不在2症例、その他各種の異形

通常、一〇〇〇人の出生に対して一〇～一五件程度の異常はあります。私たちの数値は発電所周辺では四〇～五〇件でした。写真を何枚かお見せいたしましょう。このお子さんは多指（指が六本以上ある）でございます。こちらは両足指に欠損のあるお子さんです。こちらは精神遅滞のお子さんで、四歳になるまで歩けませんでした。こちらは脳がたいへん小さいお子さんです。こうしたお子さんはお父さんが原子力発電所で働いていらっしゃる場合が多いです。

こうした畸形は動物たちにも同じように見られます。ご覧の山羊は脚が三本しかございません。生れてくる子どもたちの助けになる勧告を、この法廷にお願いいたしたいと存じます。お母さんたちの人権、未来の世代の人権の問題だからです。

放射能の遺伝的効果、催畸形効果をこの法廷で議論していただきたいです。ありがとうございました。

裁判長

ありがとうございました。

さて、これからご質問を自由にお受けして、証言なさった方々にお答えいただきます。

まずは私からガデカル博士とヘセ＝ホネガーさんに、植物たちと動物たち、そして胎児たちのさまざまな畸形につき、質問を一つさせていただきたいと存じます。

さまざまな事故についてのお話が法廷ではありました。特にチェルノブイリの事故でございます。普通に運転されている発電所からの放出されているものに関するお話もございました。普通に運転されている発電所も、健康や胎児の発育に有害なのかどうか、特に西欧の発電所の場合ですね、特にまだ一度も事故の起っていないスイスではどうなのでしょうか、その点をお二人に明確にしていただけたらと思います。ガデカル博士、どうでしょう、ラジャスタニの二基の原子炉では事故は起っていませんですよね？

岡本光夫判事

六〇年代末から七〇年代初め、数多くの化学物質が大量に使われ、私たちは、動物たちや植物たちのたいへんな数の畸形を目撃しました。化学物質に起因する畸形と放射能に起因するものとの間には何か違いがございますか、お教えください。拝見しました写真の中にはシャム双生児のお子さんのものもございました。ベトナムでも、枯葉剤（オレンジエージェント）の使用によってシャム双生児たちが出現しました。けれども、チェルノブイリのビデオで拝見した畸形の数々は、放射能に起因しているわけです。

コルネリア・ヘセ＝ホネガー氏

スイスで原子力発電所の周囲のカメムシたちの染色体の変質を研究した方はこれまで、どなたもお見得にならないはずだと私は思います。私自身は、形態の変異を外側から観察してきただけです。

サンガミトラ・ガデカル博士

ラジャスタニの原子力発電所の間近には、さまざまな畸形を引き起す可能性のある化学工場は一つもありません。ご説明させていただいたのは、どちらか一方の親に起因する畸形です。第二世代になると、両親ともに畸形の原因になる場合もよくあります。

化学物質による畸形につきましては、私自身は経験がまったくございません。しかし、畸形は何れも皆、胚の成長に障害があった結果です。毀損した部位と、成長段階の違いにより、異なった畸形になります。化学物質による場合も、放射能による場合もその点は同じです。胚の成長の過程で、格別に畸形を起こす危険の高い時期があります。

二つ目のご質問は事故があったかどうかでした。ラジャスタニの原子力発電所で放射性物質が環境に出てしまう類の事故があったということをインド政府は、私の知る限り、一度として認めていません。放射性物質の大気中、あるいは水系への放出のデータは、公表されていません。私たちは時間を掛けて図書館などで検索をし、一部の年度に関しては多少のデータも見つけました。一九七三〜一九八〇年や一九八六〜一九九〇年などです。カナダに同じタイプの原子炉のある発電所があり、データの比較もできます。ラジャスタニではカナダよりもずっと多くの放射性物質が放出されていることを、そうしたデータが教えてくれます。一〇倍、あるいはそれ以上に達するのも稀ではありません。

けれども、私たちの手にしているそうしたデータにははっきりしない矛盾した部分などもあり、信頼性が高いものとは言えません。

私たちは発電所の経営陣にも問い糺しています。公開の会見の場で、彼らは初め、解答を拒みました。私たちがしつこく食い下りますと、こう言うのでした「私たちには人手がありません。必要なスタッフがいる時以外には格別の手立てを講じてはおりません」。彼らは本当の数字は出してきません。平均的なものを出してくるだけです。そうしたデータは、ですから信頼性などないわけです。

事故はあったのか、なかったのか。私たちには分からないのです。

ロザリー・バーテル博士

先程のご質問に私からもお答えさせていただきます。化学物質の引き起す変異と放射能の引き起す変異とは同じものです。マラが最初の一連の実験を行なったのは二〇年代の末でした。放射能が変異を引き起こすのを明らかにした功績で、マラが一九四六年にノーベル賞を受賞したことを、思い起こすべきであろうと思います。誰にも相手にされなかったような、模糊とした研究の話ではないのです。研究結果が評価されて、マラはノーベル賞を受賞したのです。

化学物質が何年もの長い年月の間に引き起すのと同じ、数々の変異を放射性同位体がたった一月の間に生成することを、彼は発見したのです。ですから放射能のほうがずっと危険なのです。

私たちは自然放射線に曝されていますので、人工放射能によって引き起こされるのと同じ種類の変異を、好むと好まざるとにかかわらず受けます。環境の中にある放射能を増やせば、単純な話、さまざまな変異が引き起こされる確率を増やしていることになります。自然放射能でも人工放射能でも、起こる変異そのものは同じです。

［合衆国の］ウィスコンシン州には原子力発電所が七カ所あり、当時の最先端の技術で事故らしい事故もなく運転されていましたが、そこで私は七〇年代の終りの頃、調査を試みました。私は高感度の指標を求めていたのですが、出生時に二五〇〇グラム以下というたいへん軽い赤ん坊の死亡率を調べていました。こういう赤ん坊たちの死亡率は、出生時にもっと重かった赤ん坊たちに比べると高いのです。環境の変質のたいへんに感度の高い指標になるのです。ウィスコンシン州全体のすべての出生を調査しました。三百万人前後のたいへんな人数です。

正常に運転されている原子力発電所の風下で、二五〇〇キログラム以下の赤ん坊の死亡率は統計的に有意な様態で増加しておりました。それだけではありませんでした。合衆国では、政府が毎年、各発電所からの放出量を公表しています。ですから、私たちには年間の放出量が分かっているわけです。放出量の増加のある年には必ず、死亡率が増加していました。放出量が低下した年には、死亡率も低下していました。たいへんに多くの人数に基づいた研究ですので、出された結果は反論のしようのないものです。研究が行なわれていた年月の間、大きな事故は一度もございませんでした。

裁判長

ありがとうございました、バーテル博士

ではここで、ドイツのエリカ・シュヒャルト教授にお話しいただきます。チェルノブイリの子どもたちについて本をお書きになっておられます。

エリカ・シュヒャルト教授

私はミンスクで二つの報告会議に参加してきました。一つは欧州連合、もう一つはチェルノブイリ子ども基金が主催したものです。その後、ウィーンでＩＡＥＡの会議にも参加しました。この法廷でＩＡＥＡについて語られたことが、すべて真実であると私は申し上げることができます。一〇年たって今だにＩＡＥＡでは心因性の議論が続けられていまして、見るに耐えません。ただ、僅かだけ光明もございます。ＷＨＯの報告会議が一九九五年の秋に開かれ、その結果がウィーンでは報告されました。もしこれがなかったら、ＩＡＥＡはすべてを沈黙のままに終わらせたことでしょう。

フレダ・マイスナ＝ブラウ判事

沈黙による共犯がそこにあるとお考えなのですか？

エリカ・シュヒャルト教授

一〇年ずっとです。ＩＡＥＡの専門家たちは問題をひたすら心因性に帰す話をし続けてきたのです。今や、その虚偽性は皆が知っております。そこでＩＡＥＡの側は妥協的にならざるを得なくなっています。

ユネスコの代表は演説の中で、チェルノブイリ後のストレスということを述べていました。それに続けて彼は、「環境から来るストレスによる障害」という新しい概念を定義しました。けれども、こういう方々がどういうものの言い方をしたところで、一番肝心なことには口を噤んでいる、ということは誰でもが知っていることです。

イリーナ・フルシェヴァヤと一緒に、チェルノブイリの一五〇〇人の子どもたちの証言を集めた本を出版しました。法廷に提出させていただきます。

外国に招待された子どもたちは文化的にショックを受ける、というようなことが語られてきました。真実はまるで正反対です。子どもたちはやって来ると活力を取り戻します。子どもたちの人生の新たな始まりとなるのです。

フレダ・マイスナ＝ブラウ判事

どうしてもあなたにご質問したいことあります。ＩＡＥＡがほんの僅かでも譲歩をしたと、本当にお考えなのでしょうか？　ほんの僅かでも理性の側に歩み寄ったと？　私はウィーンに住んでいますので、ＩＡＥＡと接触する機会もあります。振舞をこの目で見ています。

嘘ではありません。あの方々は今、報告会議を開催するしかないのです。もう五年待っていてご覧なさい、またしても大災害に直面して、また新たな大勢の病人、大勢の畸形の子どもたちです。そうなったら、もうあんな風な報告会議なんか開けないことでしょう。

ＩＡＥＡが今、報告会議を開いたということはむしろ、あの方々が真実をさらに隠そうとしていることを示しているように思えます。

さらにもう少しの間、隠せる間だけ隠し続けようというのです。今からこの先、罹患率統計がグンと上向くことは、分かり切っているのです。

ＩＡＥＡについては、そんな風にナイーブな感情をもっては駄目です。お願いします。

エリカ・シュヒャルト教授

私もそれ以外のことを申し上げた積りはございません。ただ、一九九一年の資料を見ますと、すべてが嘘で固められているわけです。ところが、現行の文献では、ほんの僅かですが、進歩が見られるように思うのです。どれだけ僅かなものであれ、進歩は進歩です。充分なものだなんて思ってはおりませんよ。だから私は闘っていますし、チェルノブイリの子どもたちのこの本も書いたのです。

裁判長

ありがとうございました、シュヒャルト教授。

では、ヌアラ・アハーンさんにお話しいただきます。

ヌアラ・アハーン氏

この法廷で証言するようご招待をいただきまして、ありがとうございます。私は欧州議会の緑に属する議員です。私は今週、ＩＡＥＡの報告会議に参加してまいりました。そこで私は、責任者に対して、私の考えでは事実の隠蔽に当たる事柄について問い質してまいりました。

一〇年前に、二〇〇万人を超える人々がチェルノブイリの放射性降下物に曝されたのでした。今日に至るまで、科学者たちと原子力産業は共謀して、被害者たちが降下物により健康を害されている事実を、全面的に否認しています。ＩＡＥＡはこうした嘘の拡散の先頭に立ってきました。

一九九一年にＩＡＥＡはニューメキシコのフレデリク・メトラ博士の編集になる、健康に関する報告書を出版しました。そこには、健康被害はなかった、観察される障害はすべて、心理的なストレスに原因するものだ、と書かれています。

私は元来、心理学者で、このような物言いは私たちの学問に対する、まことに粗雑極まる冒涜だと考えます。私はこのことをメトラ博士に申し上げました。ＩＡＥＡの信用を世論から取り戻す必要性が議論されていた、その時にです。私は言いました。「住民たちが生きている現実を語らずに済ましている限りは、あなた方の信用は取り戻せないことでしょう。あなた方は、住民たちの間には何も起こっていないとおっしゃったわけで、それで人々はあなた方をいっさい信用しないことになったのです。あなた方は人々が生きている現実を捻じ曲げ、当初の事故を嘘でもってさらに重大なものにしました。それがあなた方のおやりになられたことです」(註6)。

メトラ博士は私に答えませんでした。博士は子どもたちは検査と治療を受けなければいけないと言いました。これは言うまでもなく、IAEAの討論の中心主題でした。IAEAは症状があってもすべて心理的ストレスから来ているのだと断言し、そのせいで検査も治療も受けられなかった子どもたちがいますし、死んでしまった子どもたちもいるのです。メトラ博士は子どもたちが検査を受けるよう、自分は常に主張してきたと、何度も繰り返しました。けれども、博士の一九九一年の報告書には、そんなことは一行も書いてございません。

私たちは世界保健機構（WHO）に感謝しなくてはなりません。優秀な科学者たちが放射能の帰結に関する、子どもたちの健康への加害を証明する、明瞭で反論の余地のない資料を収集しました。被害の激しい国々を訪問した方々、アディ・ロシュさんのような方々を通じて、子どもたちの病気が心理的効果によるものではないことを知っています。今私たちの手には一九九五年一

註6　「IAEA年報」（一九九六年九月刊）では、討論のこの部分は外されている

一月にWHOが出したものもございます。

子どもたちにしたのと同じことをIAEAは、今度は後始末人たちに、爆発した後の原子炉の残骸の始末に動員された八〇万人の人々に、しようとしています。ミンスクの報告会議とIAEAの報告会議にロシア連邦が提出した諸研究を私たちは知っています。それでもなお、IAEAは後始末人たちが苦しんでいるさまざまな病気と放射能との因果関係を否定し続けるのです。証拠が不十分であると強弁しています。

ウクライナとベラルーシとロシアの代表団は、ロシア連邦の提出した放射能の健康への帰結を考慮に入れるのをIAEAが拒否したのを受けて、IAEAの提示したデータを拒否しました。私は三国の代表団に対して、IAEAに彼らのデータを受け入れさせるために、出来る限りのことをいたしましょうと申し上げました。今日のことですが、私はIAEAの報告会議の議長を務めているドイツ環境大臣で物理学者のアンゲラ・メルケルさんに、私たちにはIAEAの結果は受け入れられませんと申し上げたところです。

IAEAは証拠がないと言うのです。大災害以前の日付の、個々人のデータが存在しないのでは証拠にならないと言うのです。世界中で起きるどんな事故の場合でも同じですが、事故より前のデータを見つけるなんて不可能に決まっています。

証拠がない、などと言うのは、何千何万という人々の生命を、まさに馬鹿にしているということです。たいへんな病に呻吟している人々に、子どもが病に倒れている人々に、子どもを生むことを拒むしかない女性たちに、言うべき言葉ではありません。ベラルーシ代表団が発言した一言に、私は心を大きく揺すぶられました。子どもを生む年頃の女性たちは汚染地域から放射能を避けて体を守るために、引越しをするというのですが、もしこのような規模の大災害が私たちの国で起こっていたらどうだったでしょうか？　女性たちはきっと完全に挫けてしまっているのではないかと思いました。子どもたちや子どもを作る年頃の女性たちを打ちのめすということは、すなわち、一つの文化を、一つの民を滅ぼすということです。世界のどこででも、こんなことは二度と繰り返されてはなりません。

マイスナ＝ブラウ判事がおっしゃられたことに、付け加えさせていただきます。ＩＡＥＡは瀕死の原子力産業のための救助ブイを必死になって捜し求めているのではないかと思うのです。世界中至るところで、人々は抵抗を始めています。私のいちばん良く知っている合衆国やイギリスでさえ、そうなのです。経済全体が競争力の強化や民営化に向っている時に、原子力産業に対して過去のように補助金を付け続けるのは、ずっと難しくなってきています。そこで、ＩＡＥＡは救助ブイを捜しているのですが、これは絶望的なことです。彼らがその代りに見つけることになったのは、東欧諸国の原子炉が軒並、危険な代物になっているという事実でした。それを西欧の技術で何とか、安全性の改善を図りたいと考えているわけです。これこそが、ＩＡＥＡの報告会議の目的でありました。私の考えでは、欧州連合はもはや、原子炉のためにビタ一文、支出するべきではありません。原子炉はすべて、閉鎖されるべきものです。

ＩＡＥＡの方々は、成功する望みを抱いていたことでしょう。今、あの方々はまさに失敗を噛みしめています。報道で、あるいは各国で、チェルノブイリへの興味が大きく引き起こっています。ＩＡＥＡの報告会議がまさにこの組織にとって大失敗に終ったと信じるに充分な理由がございます。

エルマ・アルトファタ判事

エキスパートの皆さん全員に伺ってみたいことが一つあります。多くの方が嘘について語られました。そういう嘘は、原子力界＝政界＝学界という複合体の経済的利害からきているのでしょうか、それとも、事故が突き付けている問題が彼らの科学的パラダイムとぶつかってしまうからですか。そうなると問題がだいぶ違ってきます。私はこれはたいへん重要な点だと思うのですが、皆さんはいかがでしょうか。

ロザリー・バーテル博士

私たちの経済体制のもとでは、科学者は自立性がほとんどありません。通常、科学者は政府から金銭を直接受け取っているか、大学を通して間接的に受け取っているか、それとも産業界から受け取っているか、そのどれかです。公衆は情報が必要ですし、鑑定が必要です。けれども、科学者に金を払って、本当は何が起こっているのか、知る助けになってもらえるだけの財力などありません。弁護士のことでかつて起こっていたのと同じ問題です。今は、市民の利益という枠の中で仕事をする弁護士がいるようになりました。訴え人が訴訟を起こそうとしている時に、弁護士費用を市民が皆で出すのですね。そうでないと、弁護が受けられなくなってしまうからです。

私たちはたいへん複雑なテクノロジー社会を作りあげました。けれども、その最前線で危険に曝されている人たちが、起きていることを理解するのに必要な、科学者たちの助けを得ることができるようにはなっていません

一九七八年に私は、低線量放射線の健康への作用に関する私自身の研究成果を発表しはじめました。診断のためのレントゲン撮影にともなうもののことです。すると、私の研究資金はすべて直ちに打ち切られてしまいました。二度と基金から援助されるべきでない人物の一覧表に、私の名が載せられ公表されました。私はさらに国立癌研究所から「大姉が研究主題を変更なさります暁には、直ちに支給を再開する用意がございます」という手紙さえ受け取りました。私は怒り心頭にはっしました。あまりにも大きな衝撃でした。

「どうして科学者は自分の考えを表明しないのだろう」ということを考えるようになったのは、その頃からです。たくさんの問題があります。科学者は成果を公表するのも楽ではありません。政府の政策と相入れない結論の論文をどこか、例えば「アメリカ公衆衛生学会」とかに送ったとします。すると学会の人たちは、政府の研究機関で仕事をしているエキスパートのところへそれを送って、内容をチェックしてもらうことになるわけです。するとそのエキスパートたちは「今

日の学術知見によって肯定されるべき内容がまったく含まれていません。出版すべきでないと思われます」といった付箋を付けて戻してきます。こういう具合ですから、発表は困難ですし、研究資金も断たれ、騒ぎが大きくなれば評判も失なうことになるのです。

発言しようという意志のある科学者は大きな危険を引き受けているのです。社会がこの人たちを守らなくてはなりません。社会は、人々みんなの役に立つ科学を必要としています。不当な社会的経済的代償を支払うことなしに、人々にとって危険な様々な事柄について発言のできる人たちを、社会は必要としているのです。

これは根本的な問題です。

ソランジュ・フェルネクス氏

先刻お話しをさせていただいたOECDの研究について、コメントさせていただきます。その報告書には放射線防護安全院（IPSN）のアンリ・メティヴィエ博士の署名があるわけですが、そこに書かれている嘘八百の言明を読んで、衝撃を受けました。IPSNは産業の生み出す放射線から公衆を防護することになっている行政機関です。環境省の管轄下にあるはずのものです。フランスでは、困ったことですが、IPSNの研究者たちは原子力産業と結びついてしまっています。研究の資金源はそこのわけですし、研究室もそれで成り立っています。

資金の提供を受け続けるためにIPSNが、こういう署名をして嘘に満ち満ちた言明をカバーし、フランスの原子力政策の支えになるしかなかったとすれば、たいへん残念です。どなたもご存知のように、フランスは原子力政策を今まで通りに続けようとしています。原子炉を世界中に売りたいのです。東欧に、アジアに、アフリカに、中東に。もっと余所にもです。

ヌアラ・アハーン氏

ご質問にお答えしようと思いますが、財源をどの研究にどれだけ配分するかというのは政治的な決定で、科学的な決定ではないと私は考えています。ヨーロッパ議会で私たちは、放射線の人間への影響に関する研究をヨーロッパ連合が財政支援するよう、力を入れて闘っています。

二つめの質問は科学の教義に関するものでした。そうですね。パラダイムの問題はあると思います。原因と結果との関係が一次元的だという考え方には問題があります。どうして免疫系の問題や疫学的問題はまったく研究されないできているのか、多くの医師たちが質問しています。それらはＩＡＥＡにとって、科学的に無意味である、とエキスパートたちは答えます。こんな風に勝手にものごとを決めつけるＩＡＥＡの役人たちというのは、いったい何様なのでしょうね。

それでも、決定権を握っているのは、彼らなのです！

ミシェル・フェルネクス教授

放射能が生み出すのとまったく相同な畸形を生み出す化学物質の力に関して、二点、コメントさせていただきます。脚部の先が肉腫で終っていて、足先は湾曲している、この女の子の写真（図表22）ですが、年輩の人はきっと「サリドマイド児」だと言うと思います。そうではないわけです。これはずばりチェルノブイリ児ですが、こういう状態の子どもは何人もいるわけです。左腕のない子どもだけで一〇人はいます。腕のない子どもというのは世界中、どんな国にでもいますが、こんな風にまとまった数の子どもたちがそうだ、というようなことはありません。例外が、一つには、妊娠中の女性に処方されたサリドマイドによるものと、もう一つが今のロシア、ベラルーシ、ウクライナで見られる症例の数々なのです。

サリドマイド裁判の時に判事たちは、腕のない子どもたちや脚のない何千という子どもたちが、本当に、母親の妊娠中に摂った錠剤の犠牲者なのだと、証明することができませんでした。実にエキスパートたちはこう言ったのです、「事象に先立つ統計が不在であるし、過去にも腕のない子どもたちは存在した」と。

二日前ですが、ＩＡＥＡの専門家たちがこのウィーンで同じことを言いました。用いる論法は同じでした。「事故以前の統計が存在しないので、事故が畸形を引き起したと証明することは不可能だ」と言うのです。サリドマイドの時とは違って、ベラルーシ人間遺伝学研究所には一九八二年から今日に至る立派な統計があります。畸形の数は国の全体について言うと、二倍になっています。中には、汚染地域に限って見れば一〇倍になっているものもあります。

専門家たちがそれを話題にしない、ということが悲劇なのです。ラズューク教授はここ一四年の畸形のデータを遺伝学研究所のコンピュータに数値化して入れています。この専門家はＩＡＥＡの報告会議に出席していました。その日の朝、私は彼に自分の手から、私がミンスクに行った時の報告を渡しました。その中で私はラズューク教授からいただいた一九八二年から一九九四年の、医師が行政に届け出ることが義務付けられている、無脳、周辺部欠損、多指、脊椎破裂といった畸形に関する数値の表を二つ、使わせていただいていました。ＩＡＥＡの専門家が「この国には届出制度がないので、事故の結果としての畸形の増加を指摘することはできない」と言った時、ラズューク博士は発言を許されませんでした。

腫瘍が存在しない（甲状腺癌を除けば）、という言明も専門家たちの同じような沈黙に囲まれています。ウィーンの会議の二週間前に私はミンスクで、チェルノブイリ子ども基金の会議で、オケアノフ教授が、事故のあった発電所で三〇時間以上働いた後始末人では、膀胱癌、脊髄癌、白血病の統計上有意な増加がみられたという、事実を強調するのを耳にしました。女性の後始末人では、甲状腺の癌が有意に増加していました。この他にも多くの種類の癌（肺癌、乳癌、ほか）で増加の傾向が見られます。

ＩＡＥＡの会議の階段席にオケアノフ教授が座っていましたので、後始末人の甲状腺以外の癌の詳細を、被曝時間の長短との関連で示していただけないかとお願いをしました。彼の答は、まだ研究途上であるし、得られた結果から未だ結論を引き出すに至っていないという、よく聞く類のものでした。びっくりしてしまいましたが、それでも私はオケアノフ教授の表を事務局に渡し

てきました。(註7)

国際組織から財政支援を受けている時には、発言にたいへんな勇気がいります。それだけでなく、世界中どこでもそうだと思いますが、大学人としての職歴形成に困難が出てくることでしょう。

ロス・ヘスケス教授

私は元来、物理学者でございます。そうした立場から、アルトファタ判事のご質問にお答えしたいと思います。人々が嘘をつく時、経済的利益のせいなのでしょうか？　科学的ドグマのせいなのでしょうか？

私たち一人一人、願望や立場、個人的な必要などから職業を選択いたします。そうやって私たちは生物学者になったり、数学者になったり、化学者になったり、物理学者になったりいたします。

大学人に成り、物理学部門、生物学部門、あるいは化学部門の責任者になられたとします。すると、部門によって随分、違うものだとお思いになられることでしょう。人が違う職業を選ぶのは、違う種類の人間だからなのです。物理学者は生物学者や数学者とはずいぶんと違う人たちです。一〇年前ですが、英国では核兵器反対の運動が盛り上りました。ブリストル大学という、重要な大学の科学者たちが核兵器はたいへんに良いもので、彼らとしてはぜひこれを保持し続けたい、という全面広告をタイムズ紙に出しました。物理学科はこの大学に三〇か四〇ある同じくらいの規模の学科のうちの一つだということは頭に入れておいて下さい。そして請願についていた署名のうちの四〇％は物理学者によるものです。

裁判長
専門家の皆さん、証言の皆さん、どうもありがとうございました。
本日はこれにて閉廷をいたします。

註7　ＩＡＥＡの年報（一九九六年九月刊）ではこの個所の討論経過がまったく変えられてしまっている。私［フェルネクス］が正確な説明を教授にお願いし、私が表を質問に付した、そのデータの細部を、教授はその席上で自ら提示したことになっている

第四部　チェルノブイリに帰因できる直接的な健康被害

聴聞

ウィーン一九九六年四月一三日土曜日

証人

エレーナ・B・ブルラコーヴァ教授：セメノフ物理化学研究所、ロシア科学アカデミー、モスクワ
イヴェッタ・コガルコ教授：セメノフ物理化学研究所、ロシア科学アカデミー、モスクワ
イリーナ・I・ペレーヴィナ教授：セメノフ物理化学研究所、ロシア科学アカデミー、モスクワ
リュドムィラ・クルィシャノフスカ教授：臨床社会精神医学研究所主任、キエフ
レオニード・チトフ教授：ベラルーシ疫学免疫学微生物学研究所所長、ミンスク
ニカ・フレス教授：放射線医学研究所、ミンスク
ジェイ・M・グールド教授：放射線と公衆衛生プロジェクト代表、ニューヨーク
インゲ・シュミツ＝フォイアハケ教授：ブレーメン大学医療物理学研究所、チェルノブイリ国

際医療コミッション

アンドレアス・ニデカー博士：放射線学者、核戦争防止国際医師会議スイス支部元代表、チェルノブイリ国際医療コミッション

スシマ・アクィラ教授：ヌーカスル大学疫学部

裁判長

証人尋問を続けます

ブルラコーヴァ教授に発言していただきます。

エレーナ・ブルラコーヴァ教授

私の研究結果をこの法廷に提示させていただくことに感謝をいたします。私の研究をＩＡＥＡではなく、この場で発表することになりましたが、後始末人（リクビダートル）たちや子どもたちに起こっている生物物理学的、生化学的な研究にＩＡＥＡの専門家たちが明ら様に無関心なのには仰天です。放射線の臨床的影響は被曝線量に直線的な依存をする［正比例する］と、この方々は考えていらっしゃるようです。そういう依存が、明らかになった時にだけ、被曝の影響であると認定することができるのだというのです。

チェルノブイリ事故のずっと以前から、私たちは低線量被曝を研究してきましたが、直線的

図表28　1分あたり41×10³mGyの線量を被曝させた鼠の、累積被曝量増大による二回上昇型曲線

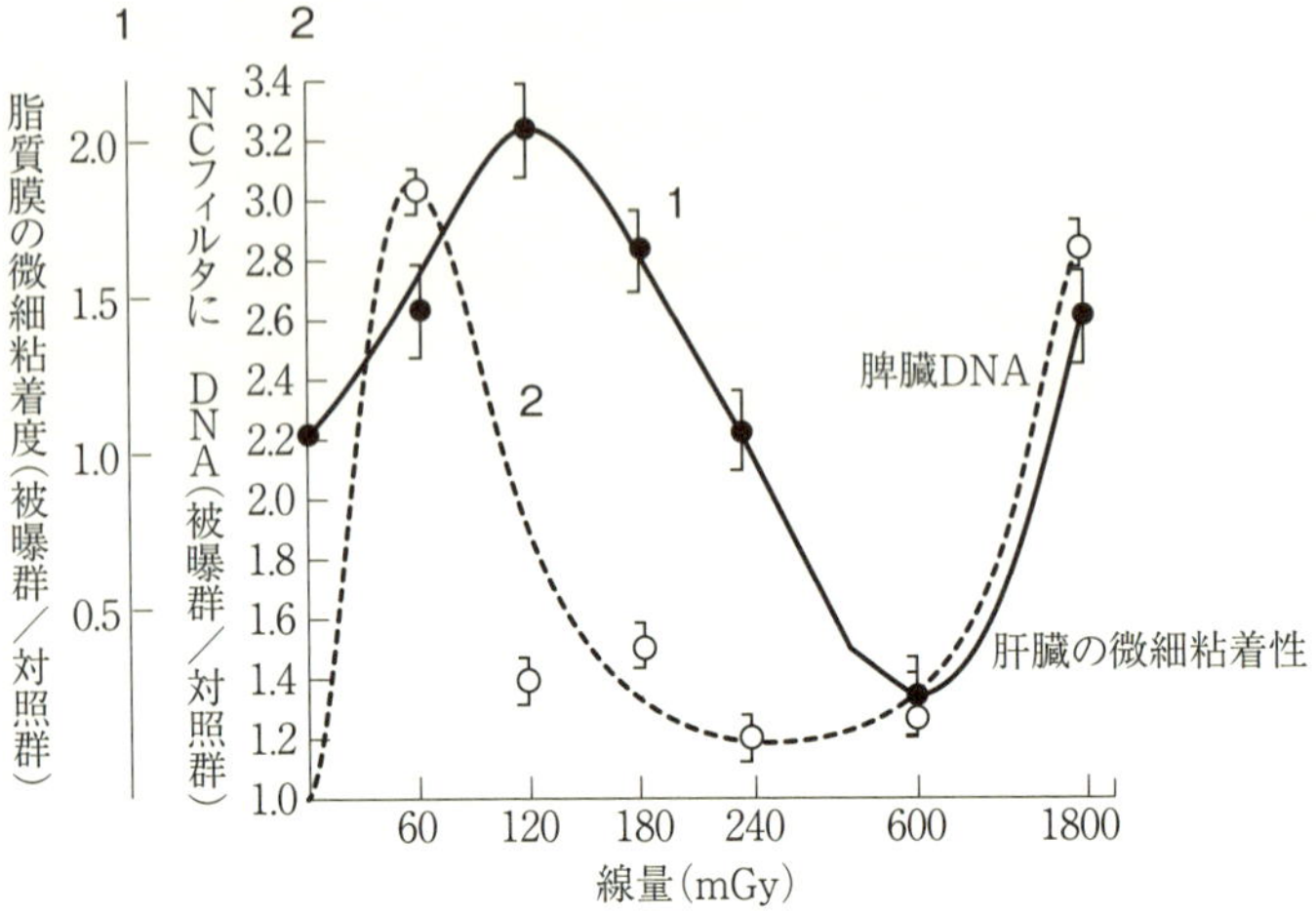

曲線1は、肝臓細胞の核の脂質膜の微細粘着度をあらわし、
曲線2は、硝酸セルロース(NC)・フィルタによる脾臓DNAの吸着割合(%)をあらわす。

な依存を検出したことはありません。「一方的に右肩上がりになる」一回上昇型の依存にはならないのです。「上がって下がってまた上がる」二回以上上昇型の依存になるのがほとんどです。

たいへん低い線量から出発して線量を増やしていきますと、むしろ効果は逓減さえします。

私たちの研究結果では、たいへん低い線量から出発して線量を増加させていきますと、最初のうちは効果は漸増しますが、その後いったん低下し、その後、再び増大します。

線量増加への直線的な依存がなくても、低線量被曝が無害な証拠にはならないことを、私たちのデータは証明しています。IAEAでは、放射線量と

図表29　放射線を当て続けた鼠の脾臓DNAの変化が描く二回上昇型曲線

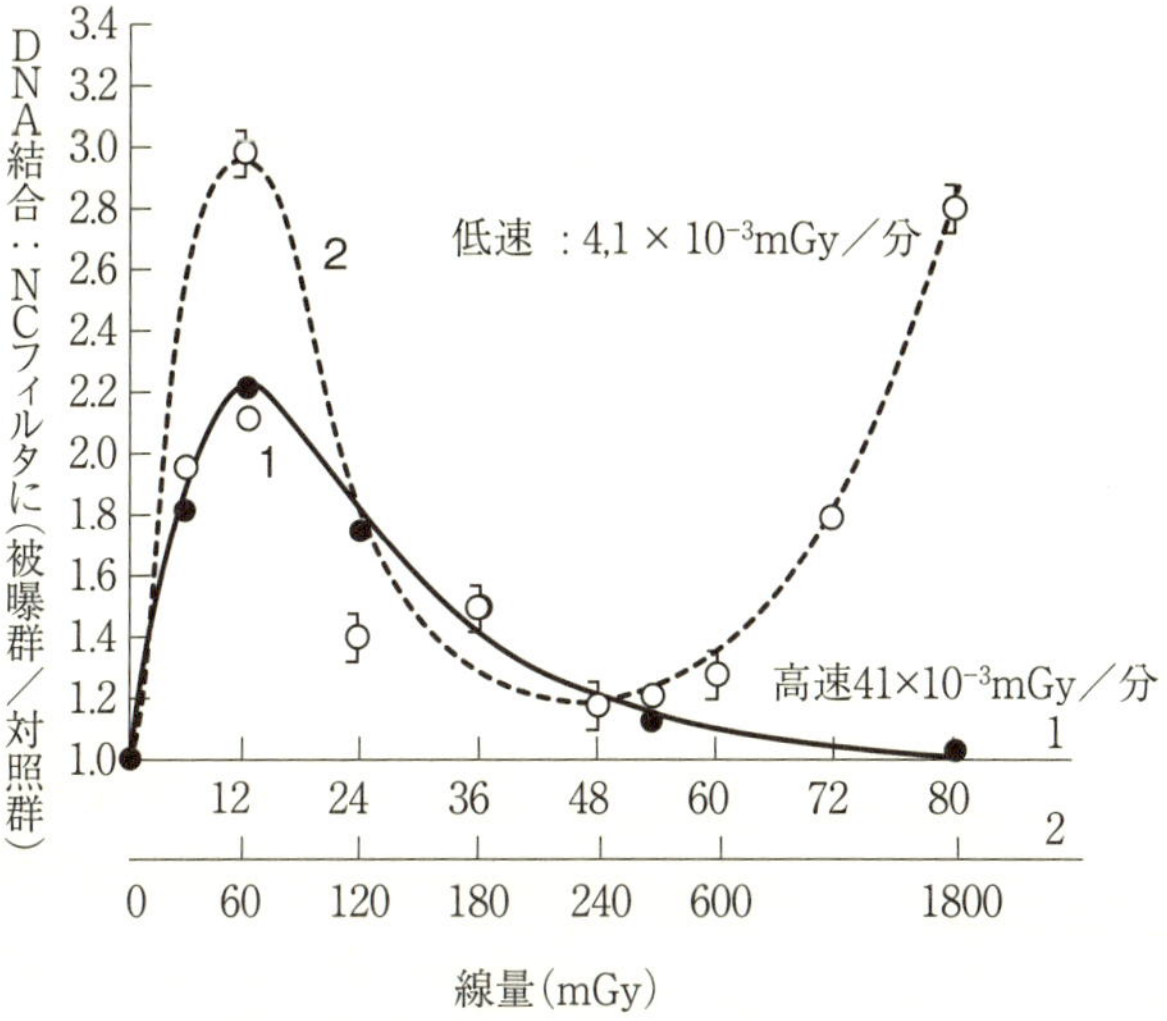

観察できた影響とが直線的な依存関係になければ、原因が放射線と無関係なことが示されると言っています。そういう考えが、異常な状態が増えても、心理的なストレスが原因だ、放射線は関係ない、と結論するのを許しています。

人々が低線量の被曝を受けてもそれは無害だとこの人たちは言うわけで、そういうドグマが原子力発電所の建設、操業、そして放射性廃棄物の漏出を許しているのです。すべてうまくいっている、何一つ問題ない、というわけです。テレビや新聞でのチェルノブイリのルポルタージュですとか、講演会での話とかが心理的ストレスを誘発するのがいけないのだそうです。

私たちの動物実験や人間対象の研究から、私たちの国で観察されるさまざまな病気が放射能から起こっているのは明らかです。

この表（図表28）は、たいへん低い値から始めて放射線量を上げていった場合の、細胞膜の電気泳動的な異変とゲノム構造の異変とを示しています。線量の増加に伴う直線的カーブはどこにも見られません。次の表（図表29）は鼠を使った別の実験です。六センチグレイと一八〇センチグレイとで、効果が同じなのがご覧いただけます。中間では効果はより弱くなっています。カーブからこうして低線量の効果は少し上の線量よりも重要なことが読み取れます。

この現象は受けた放射線への反応で、修復のプロセスです。それで説明がつきます。非常に低い線量のうちは、修復のプロセスは始動しません。修復プロセスを伴わない障害もたくさんありますが、これで説明できます。

私たちの所属する学界にこの結果を発表しました。学界の人たちは、私たちが動物しか研究していないと言い、人間は動物ではないと言いました。放射線量の違いが効果として人間にどう表われてくるか、そんな研究は倫理上、不可能です。もちろん、そんなことは百も承知で言うのです。

チェルノブイリの後で私たちは後始末人たちの研究を企てました。健康被害が受けた線量に依存しないことが良くあるのに、私たちは気付きました。とくに、染色体の異変がそうでした。私たちは生化学的なパラメータを研究しました。ビタミンE、ビタミンA、脂質の多様な過酸化反応、遊離基（フリーラディカル）発生の度合いなどです。それらの数値を生体組織の抗酸化状態（ステータス）と突き合わせ、また免

図表30　原子爆弾や核事故の犠牲者たち、原子力産業従事者たちの間での、白血病による死者の百分比率。測定点の番号は、図表31の各点に付してある番号と照応する。

被曝した地域		線量	生誕/死亡率 10000人、年	参照番号
1	ピルグリム［米国マサチューセッツ州の原発］1983～88	2	3.6*	19
2	英国原子力公社の労働者　1946～79	20 (20-50)	4.3*	15
3	ピルグリム　1979～83	20	14.4*	19
4	オークリッジ研究所	21	10.4	16
5	ハンフォード	27	6	16
6	米軍・兵器開発部門	27.6	2.5	16
7	日本の住民：グループ1	30	5.1	17
8	アメリカ原子力機関	33.1	5.6	16
9	ロキーフラット［米国コロラド州にあった核兵器製造所］	35	4.0	16
10	英国原子力公社の労働者	50	5.22	15
11	日本の住民：グループ2	80	1.4	17
12	英国原子力公社の労働者	100	3.0*	15
13	セラフィールド	139	4.2	16
14	日本の住民：グループ3	150	5.7	17
15	テチャ河［ソ連ウラル地区核施設の脇を流れる河］流域住民：グループ1	176	3.8	18
16	テチャ河流域住民：グループ2	180	6.9	18
17	テチャ河流域住民：グループ3	290	8.5	18
18	日本の住民：グループ4	400	8.56	17
19	テチャ河流域住民：グループ4	610	6.5 (14.3*)	18
20	テチャ河流域住民：グループ5	780	7.9 (17.3*)	18
21	日本の住民：グループ5	800	14.3	17
22	テチャ河流域住民：グループ6	1610	15.3	18
23	日本の住民：グループ6	1800	28.6	17
24	日本の住民：グループ7	2600	57	17
25	日本の住民：グループ8	3600	91	17

疫状態の変化と突き合わせました。

抗酸化状態と免疫状態について、線量を上げながら変化を調べると、どちらも同じような曲線になります。染色体の異変が線量に相関しているのが分かります。抗酸化状態の対応した変化も同様です。どちらの場合も、ごくごく低い線量が、対照群とのもっとも大きな違いを生み出すのです。また別の幾つかのグループでは、さらに低い線量でこうした効果が現われました。免疫状態についても、同様の効果が存在します。一〇～一五センチグレイ程度の線量が、免疫状態の最大限の変異を誘発します。

私たちの後始末人たちも子どもたちも、健康状態にたいへん大きな異変を受け、その結果、あらゆる種類の病気の罹患率が上がりました。後始末人でも子どもでも、曲線は同じなのがお分りいただけます。病気がもっぱら心因性であるという見方を、雄弁に否定するものです。

後始末人たちが罹っているさまざまな病気の線量への依存を私たちは研究しました。循環器系疾患でも、消化器系疾患でも、神経の病気でも、それ以外のものでも、異変の起り方には共通した特徴があります。およそ一五センチグレイくらいのところに、第一のピークがきます。重度障害になる各種の病気の一〇〇〇人あたりの罹患数を調査した時には、だいたい六～一〇、病気によっては一五センチグレイが第一ピークでした。

後始末人たちの癌の罹患率と死亡率の、線量との関係を示す曲線は、同じ特徴的な姿をしています。胃癌の曲線と、消化器の癌全体の曲線はほぼ同じです。胃癌の死亡率も罹患率も同じです。

図表31　受けた放射線量との関連で見た白血病による死者数（1万人あたり/年。数値は図表30の数値と照応）

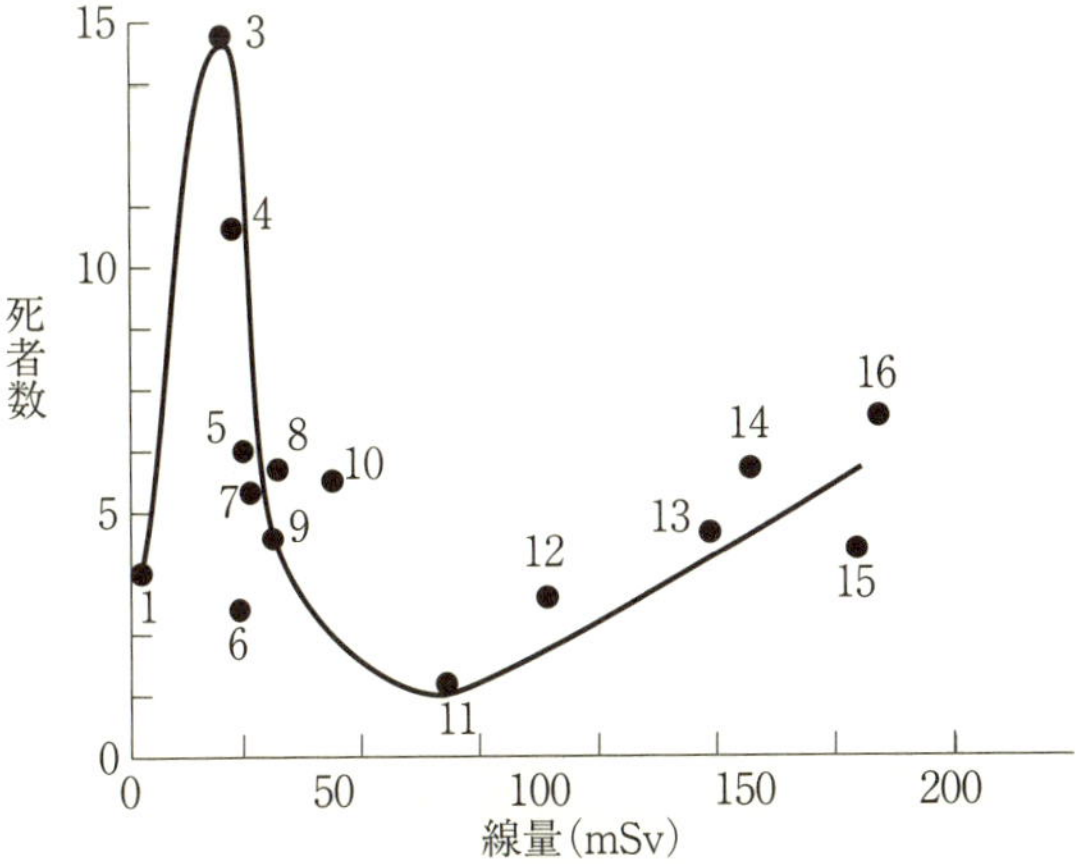

結論です。低線量では、効果の線量への依存曲線は、数学的に直線的にはなりません。ずっと複雑な曲線です。ところが現行では、医師が病気と線量との関係を見て、直線にならない時には、放射能が原因ではないことにされるのです。医師が放射能を原因として取り上げるのは、結局、禁じられてしまっています。

真実はこうです。低線量でも、ずっと高い線量と同じ病気を誘発します。

私の第三の結論はこうです。子どもたちの場合でも、後始末人たちの場合でも、あるいは原子爆弾の生存者の場合でも、さまざまな同じ病気で同じ結果が出ているという事実（図表30・31）は、チェルノブイリの汚染地帯で私たちが現に観察しているさまざまな病気が、放射能起源だということを証明しています。心理的ストレスによるものではありえません。

言うまでもなく、重い情況の中、心理的ストレスは存在します。けれども、ストレスがこの病理現象の真犯人なのではありません。

ありがとうございました。

裁判長

ブルラコーヴァ教授、どうもありがとうございました。では次に、モスクワからのコガルコ教授にお話しいただきます。

イヴェッタ・コガルコ教授

私がこれから提示させていただく幾つかの事実は、ＩＡＥＡの意見によりますと、存在しないものでございます。この法廷で、誉まれ高い判事の皆様方の前でこれを証言させていただくことに、深く感謝をいたします。

ここ一〇年、チェルノブイリ大災害の環境への効果について、たいへん注意深く、またさまざまな異なった視点から、研究されてきました。空気、水、土壌、そして川や湖の汚染が研究されました。けれども放射線量や時間の違いが人体組織にどう影響してくるかは、優先的課題とはされてきませんでした。放射能に汚染された地帯は行政的な区分に従うと一三八地域にわたります。

そこに三百万人が住んでいます。ロシア連邦内でいちばん強く被害を受けたのは、ブリヤンスク、トゥルスカ、カロフスカ、ナロフスカに住む人たちです。

大災害の後、汚染地域での急性と慢性、双方の病気の強い増加に対し、予防医学的対策の効果は不十分で、早期診断も不十分でした。患者たちや汚染地域に生活する人々の、細胞の生化学的変化や、造血細胞の染色体の変化からの診断が重要な研究課題になりました。医学と生物学と環境生態学とが協力しあう必要があります。

ここでは、次のようなものに関して、データを出させていただきます。ロシアの被害の大きい地域の症例です。

・各種のリンパ性増殖病（患者数五〇人）
・慢性白血病（三〇人）
・悪性リンパ腫（二〇人）

異変の動態の比較研究は、五〇人ずつの三つのグループを対象に行ないました。一九八七年に既に白血病に苦しんでいた人たちはグループから外してあります。

私たちは三つの集団を編成しました。臨床的に初期の徴候を示している集団、臨床的に明白な徴候を示している集団、そして、特殊な血液製剤で治療を受けている患者の集団です。研究期間は一九八七年から一九九三年にわたっています。

各種のリンパ性増殖病のばあい、リンパ球の成長は途中で停止します。それでも、そうしたリンパ球は増殖が可能です。白血球が変質し、細胞の化学的組成の変化や、細胞膜、原形質構造、核など細胞内のさまざまな要素の構造や働きの変化があります。

リンパ球の悪性の変質を明らかにするには、幾つものメソッドを併用する必要があります。例えば、マーカー付電気泳動と組み合わせた放射線写真、ミクロ分光、核磁気共鳴などです。慢性白血病や悪性リンパ腫に苦しむ患者たちの、リンパ球の脂質膜の力動性を私たちは調べました。健康な人たちの白血球を使って比較対照をしました。

リンパ球脂質膜の変質の特徴は顕微鏡で研究しましたが、核磁気共鳴という技法を使っています。また、それ以外にも幾つか現代的な技法を使用しましたので、分子の脂質変化の特徴もとらえられましたし、形質膜の脂質組成も明らかにできています。

今、挙げさせていただいた病理の一つ一つについて、循環リンパ球の形質膜の分光グラフを取りますと、それぞれに特徴的なものになります。

そうした細胞を対照群の細胞と比較しますと、リンパ性増殖病あるいは悪性リンパ腫のものではシグナルA1とシグナルB2で増大に向けた大きさの変化が見られます。それとともに、シグナルCh2の狭小化が見られ、分子運動性の増加をともなった脂質の存在を示しています。立体写真にこのような変化が現われるのが、病気の初発段階でのリンパ球の細胞質膜の脂質の特徴の一つです。病気がこの先、進行していきますと、このような変化はもう起こりません。結果を図にしてありますが、対照群と慢性のリンパ性白血病とでは、まるで違った姿になります。（図表32）

図表32　前臨床段階のリンパ性白血病における、循環リンパ球脂質膜の異変の、核磁気共鳴試験による生体分子的早期検出。対照群(1)と病人(2〜4)の間には重なりあいがほとんどない。

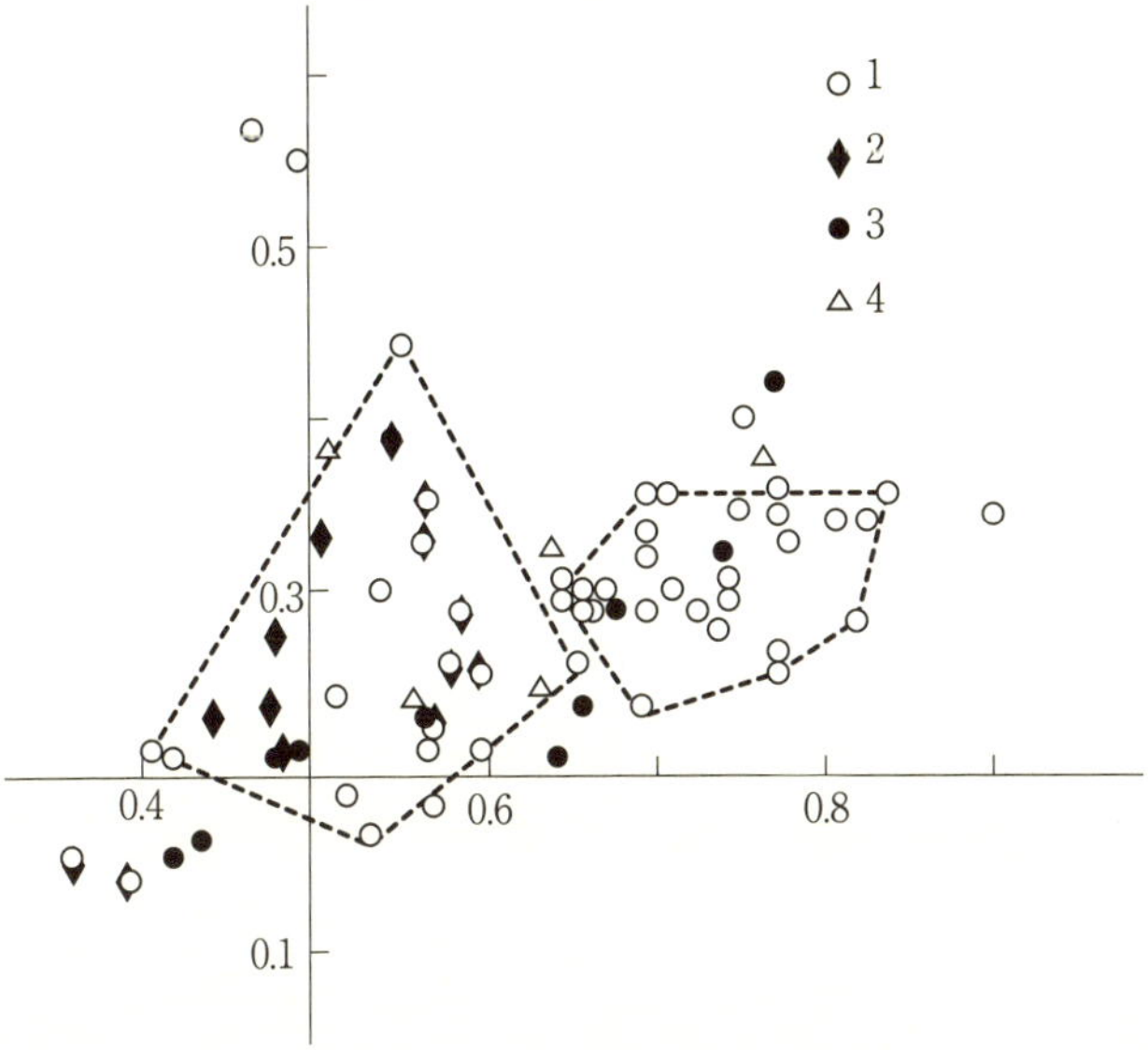

つまり、リンパ性白血病早期診断の効果的な方法です。悪性白血病その他の病理では、検出結果はこれに似ていませんし、格別な特徴もありません。

免疫生成や造血システムの障害はなべて、極限的な条件下では進行が加速します。放射線で土壌や水、食品が汚染されている場合です。そのような場合、患者グループの第四群ではリンパ球の増殖をともなう各種の病の罹患が一〇ないし一八％増加しました。もっとも重篤な形をとるばあいには、六五％に至るまでの増加でした。小康状態の期間が七三％減少し、患者の余命の減少も目立ちます。

チェルノブイリ事故の諸結果への、核磁気共鳴による、あるいは循環リンパ球の分光グラフによる、こうした新しい生化学的アプローチは個々人の診断のほか汚染地域に生活する人々全体の状態の診断にも使えます。

リンパ性白血病をたいへん初期の段階で、リンパ球の変質の状態から診断できます。臨床的な症状が出現するより前にできるのです。この方法では、採血後六時間以内に結果がでます。血液による臨床的な分析の方法で、統計学的にも適合しています。

一つ、提案があります。白血病＝リンパ腫の発症可能性がたいへん高いグループを、引き続き観察可能にする、新しい正確な診断方法を提案できるようにすることがたいへんに重要です。白血病のさまざまな症例で、血液細胞の継続観察を合衆国やカナダ、日本、インドあるいはその他の国々の研究所との共同研究として進めていけたらと願っています。これを達成する上で核磁気共鳴を使うことが可能です。

こうしたことが行なわれますなら、白血病の発症数が把握できるのみならず、リンパ系のさまざまな病気への放射能の影響を極めて客観的な方法で明らかにできることでしょう。

ありがとうございました。

裁判長　コガルコ教授、ありがとうございました。では次に、ペレーヴィナ教授にお話をいただきます。

イリーナ・ペレーヴィナ教授

親愛なるお仲間たち。

チェルノブイリの帰結、特に生態環境への帰結の数々は、核戦争後の情況に照応するものです。つまり、実に広大な地域が長期にわたって消えることのない放射性元素によって汚染されました。多くの人々がこの地域内に暮しています。多くの地域は燃料棒起源の微粒子である「ホットパーティクル」や、その他あらゆる種類の放射性元素によって汚染されています。こうした放射能の複合した効果に人々は苦しめられています。

チェルノブイリを巡る生態環境上の現象の中で、低線量をどのように考えたら良いでしょうか？　低線量とは何でしょうか。

チェルノブイリの五年後でしたが、私は、ロシアでももっとも強い一平方キロメートル当たり四〇キュリーの汚染のあるブリヤンスク地方に暮す、鼠の細胞と患者さんたちのリンパ球を培養する実験的な研究をしました。リンパ球が適応するメカニズムを研究することができました。

チェルノブイリで汚染されたベラルーシで、日本の研究チームが使ったのと同じ方法です。これから発表させていただくのは、汚染度の異なる幾つかの地域で、私たちのチームが調査した結果です。

チェルノブイリ地方で一時間あたりおよそ〇・一センチグレイ［一ミリシーベルト程度］の線量の被曝をした培養細胞には、増殖しようとする活動の増加が観察されます。

チェルノブイリの放射能に曝された細胞には遺伝学的な異常も幾つか認められます。汚染地域で被曝した細胞の放射線感受性上昇も新発見の事実です。

私たちが研究したのは、次のような細胞群の生存の状態です。

・実験室内で、強く被曝させた細胞群
・汚染地域で被曝をした細胞群
・汚染地域で被曝をし、さらに実験室内で強く被曝させた細胞群

被曝をした細胞群の放射線感受性の上昇は、細胞の存命率からも染色体の変質からも明らかになります。胚の細胞の損傷の度合いは、線量あるいは被曝時間との関係に従います。鼠たちをゾーン内で被曝させ、さらに放射線を浴びせると、放射線感受性の増大が認められました。また妊娠した鼠たちをゾーン内で被曝させて、細胞の胚からの培養を実現しました。そこでは損傷した染色体や遺伝子異常の増加が認められました。

こうした実験結果から幾つかの結論が引き出せます。

事故で汚染した地域では低線量の放射線が遺伝子の非恒常性や、ゲノムの異常を生み出します。こうして被曝をした細胞を出発点に、実に数多くの世代にわたって異常が受け渡されていく可能性があります。ゲノムのこのような非恒常性は致命効果として現われてくる可能性があります。強く被曝した細胞群に問題が生じる、というのではないのです。放射線の早発性の効果で害を受け、その上で低線量放射線の効果の下に持続して置かれたものに、問題は生じるのです。

図表33　チェルノブイリの汚染地域に15日間滞在させた後の、鼠の脾臓中のT細胞の下位集団比率

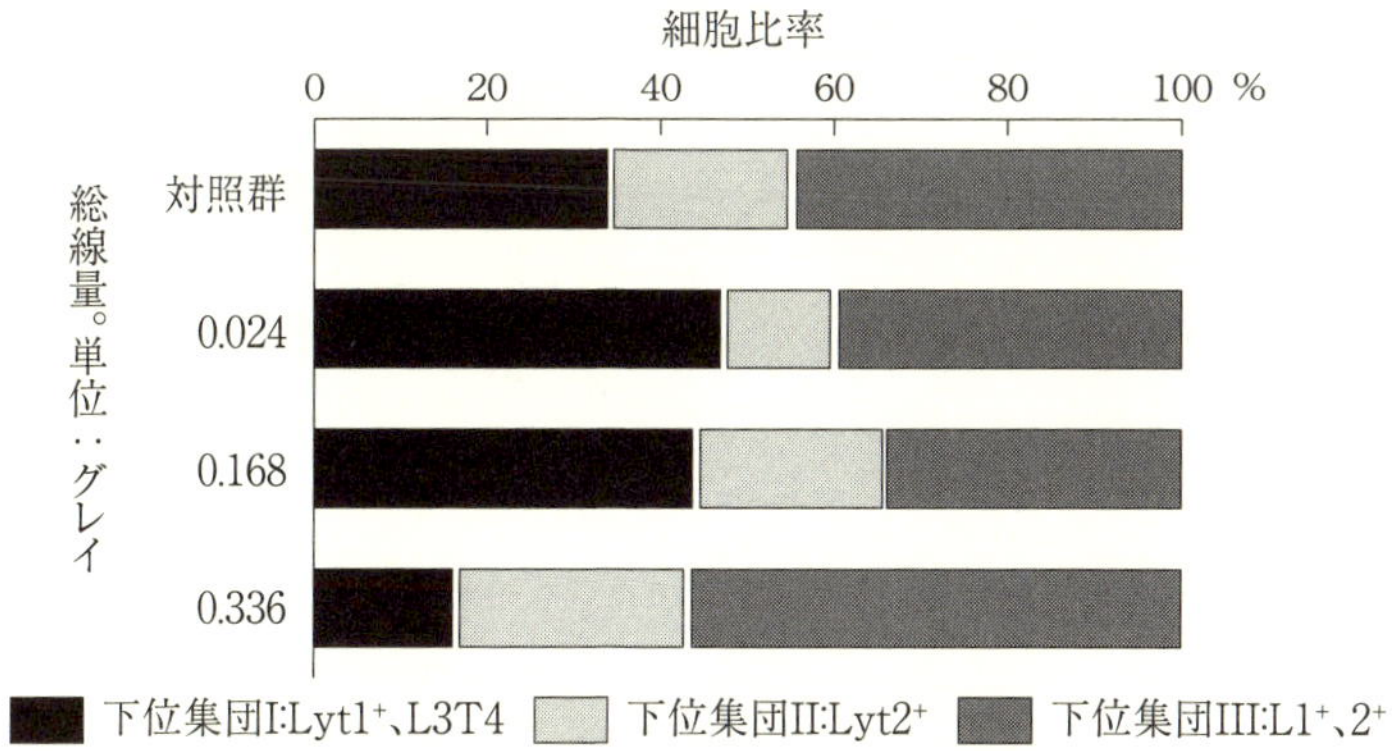

図表34　チェルノブイリの汚染地域に15日間滞在させた後の、鼠の末梢血中(1)および脾臓中(2)のリンパ球Lyt1⁺およびLyt2⁺の内部汚染（Gy）の増加との関係でみた比率

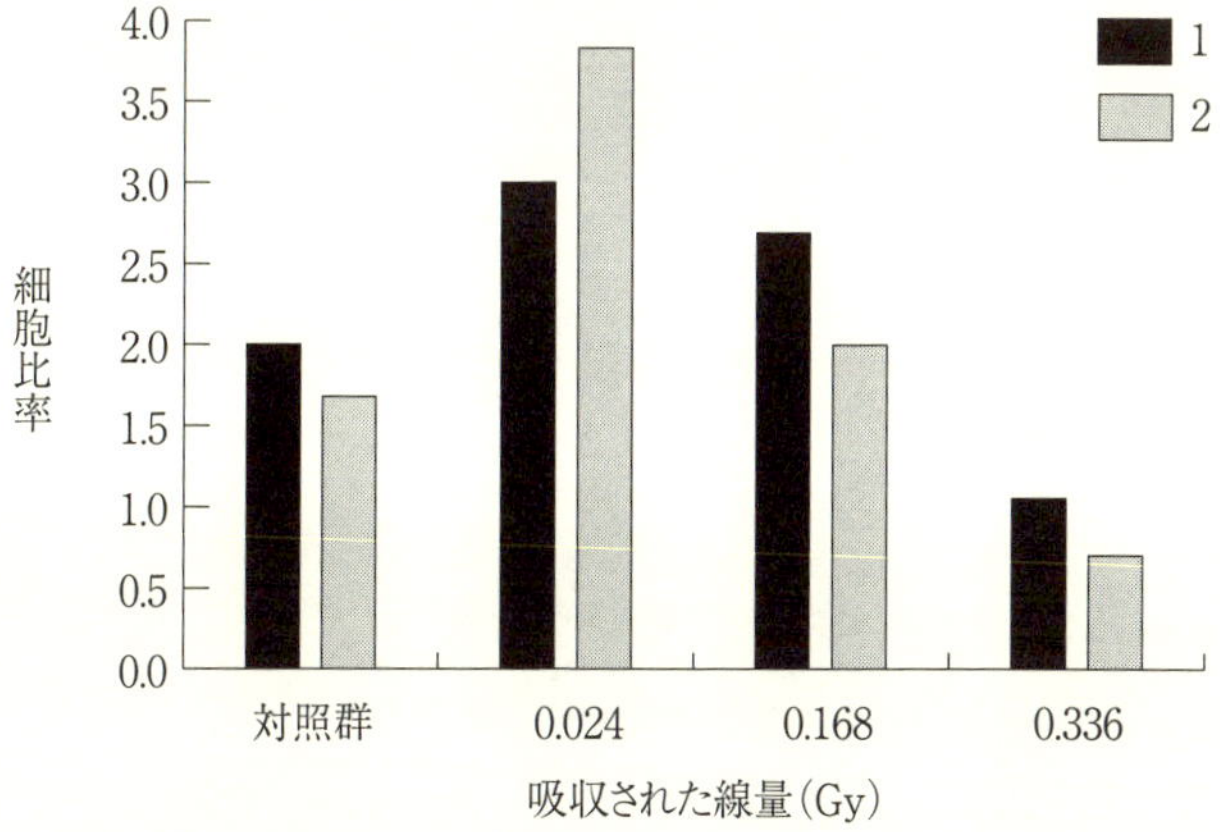

内部汚染量が変化すると免疫反応も変化する。

リンパ球の研究

私たちは汚染地域で生活する人々のリンパ球も研究いたしました。低線量被爆が「アレルギー」効果、極めて高い感受性を誘発することが明らかになりました。環境因子に対する防護、ないしは防衛のメカニズムです。

汚染地域に住む人々のリンパ球で、こうした適応の形態を見出すことができます（図表33・34）。こちら（図表35・36）のものは、ブリヤビンスク地方の大多数の患者さんの白血球に見られる、遺伝子の変質の状態です。小核［細胞分裂に異常があった場合にのみ、本来の核とは別に生成する、微小な核］です。低線量の被曝しかしていない方々に関する結果が一枚目の図表です。もう一枚は、低線量被曝の方々の細胞に高線量を後から浴びせた場合の結果です。

汚染地域では適応反応は次第に弱まります。高線量の放射線への感受性の増大を示す、たいへん敏感になった方々の細胞も私たちは研究しました。ブリヤビンスク地方の極度の汚染地域に暮らしている子どもたちは、大人たちよりもさらにいっそう目立った感受性を示しています。

同じ地域で、染色体の変質の見られる細胞が、子どもたちの間で増加しています。これも放射線感受性の増大の現われです（図表37・38）。こうした変質の増加は、大人より子どもに目立ち、放射線感受性の増加や適応反応の不在と組み合わさっています。

この図からご覧いただけますように、汚染地域に生活する大多数の人々では、適応反応は不在

図表35　血液中の小核のある核（被曝の痕跡）の見えるリンパ球

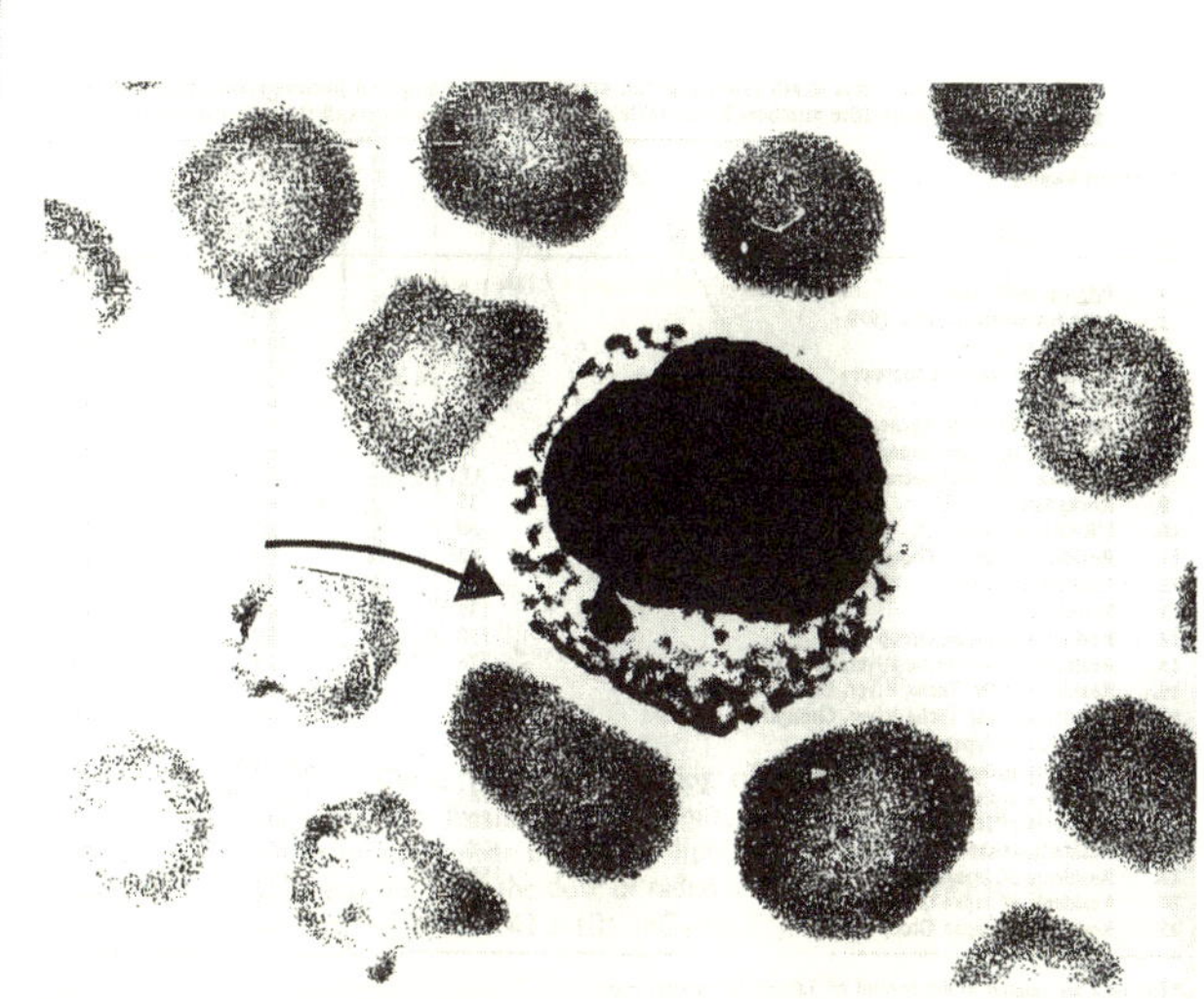

図表36　細胞分裂過程における尾付き小核のある細胞の形成図式

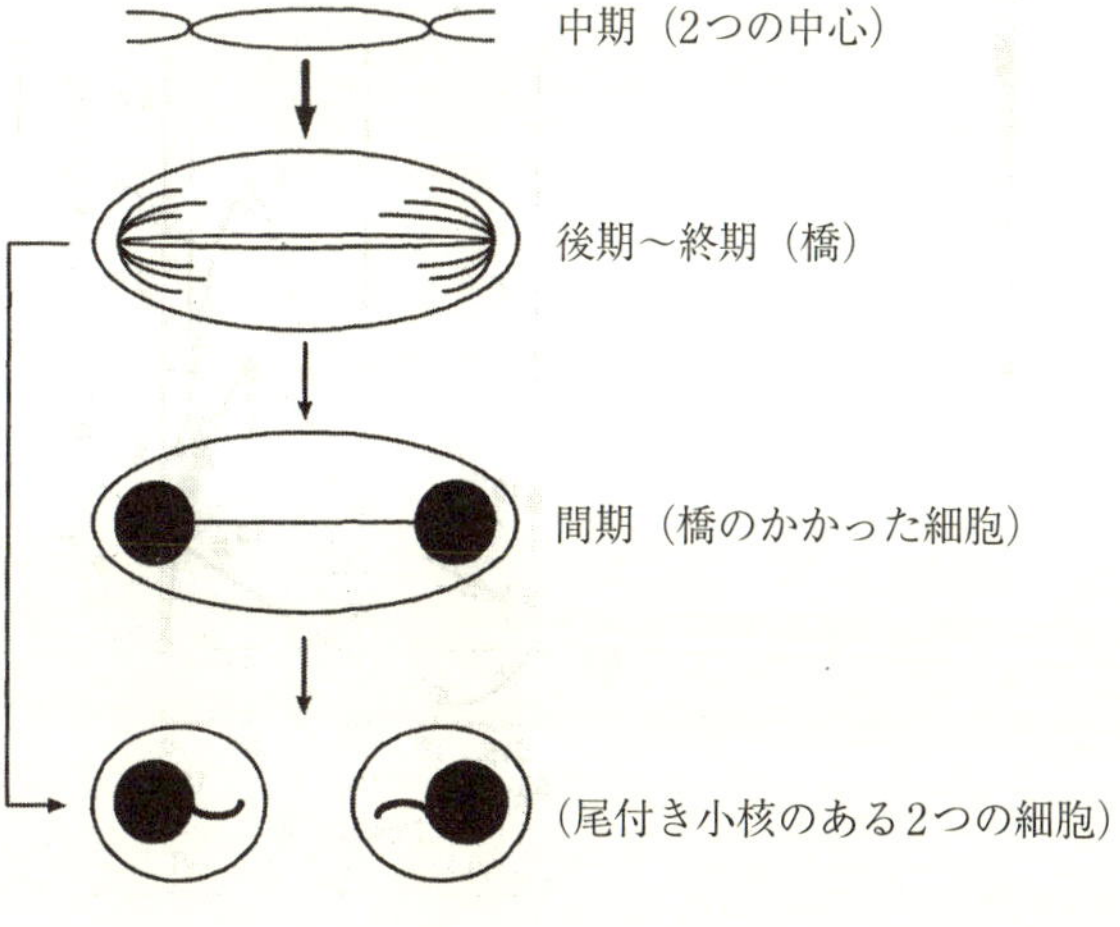

です。この地方全体で見た場合には、こうした適応反応は多少の差はあれ、もっと大きいのです。放射線感受性が高くなるとともに、適応反応のまったく消失した人々も見出されました。
極度に汚染されているある村のことですが、十数人いる子どもたちのうち、適応反応がまだ残っている子どもは五人しかいません。他の子どもたちには放射線感受性の上昇が見られます。汚染地域に生活することは、自然の防衛メカニズムの弱体化に行き着く結果になります。生体組織はそうしたメカニズムによって、腫瘍や伝染病を含む多くの病気から身を護っているのですが。
結論です。生態環境が、新たな特殊な状態になりますと、動物でも人間でも、今までとは違った特徴的な個体群が形成されます。放射能、農薬、或る種の化学物質、医薬品ほか多くの要素に対する、感受性の強くなった個体群です。

裁判長
ペレーヴィナ教授、ありがとうございました。

ロザリー・バーテル博士
ご参加の皆様のお手許にはご発表のレジュメをまとめた冊子がございますでしょうか。図版や表はその中に載っております。
ブルラコーヴァ教授はご編集になられました「チェルノブイリ大災害の人の健康への帰結」と

図表37　ハツカネズミ（白色）における、線量（Gy表示）増加にともなう、小核のあるリンパ球の出現頻度のカーブ

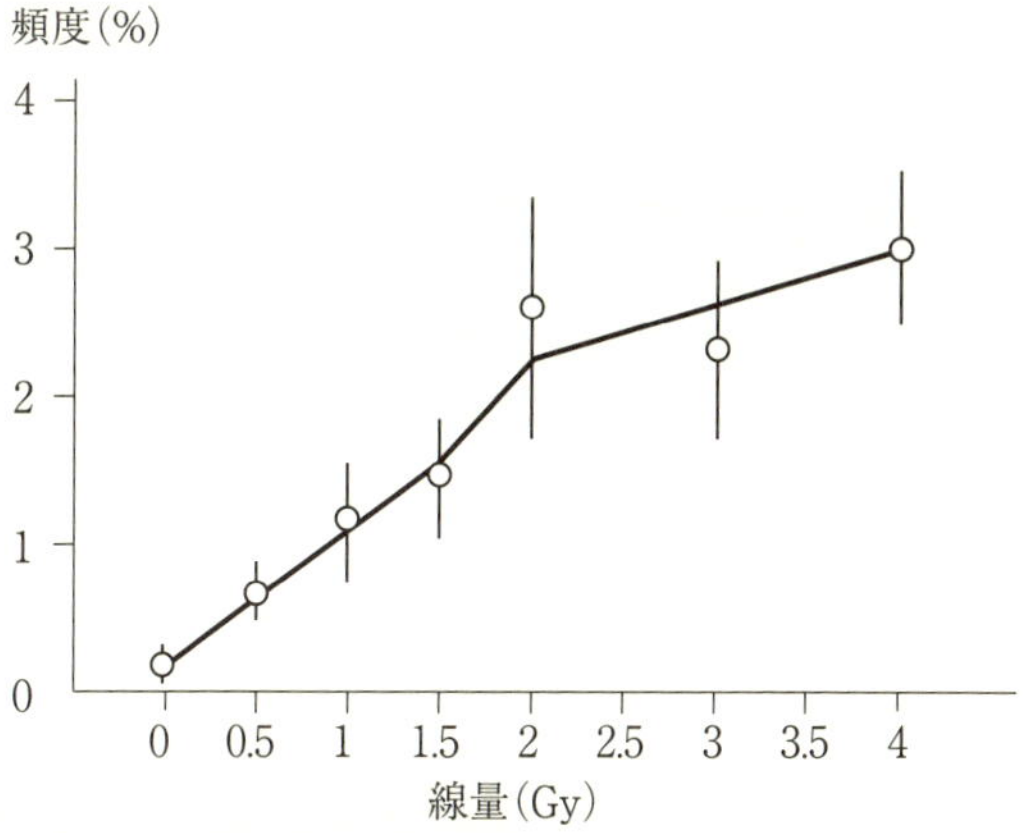

図表38　被曝した人々の集団での、小核の見える循環リンパ球の頻度。対照集団との比較。

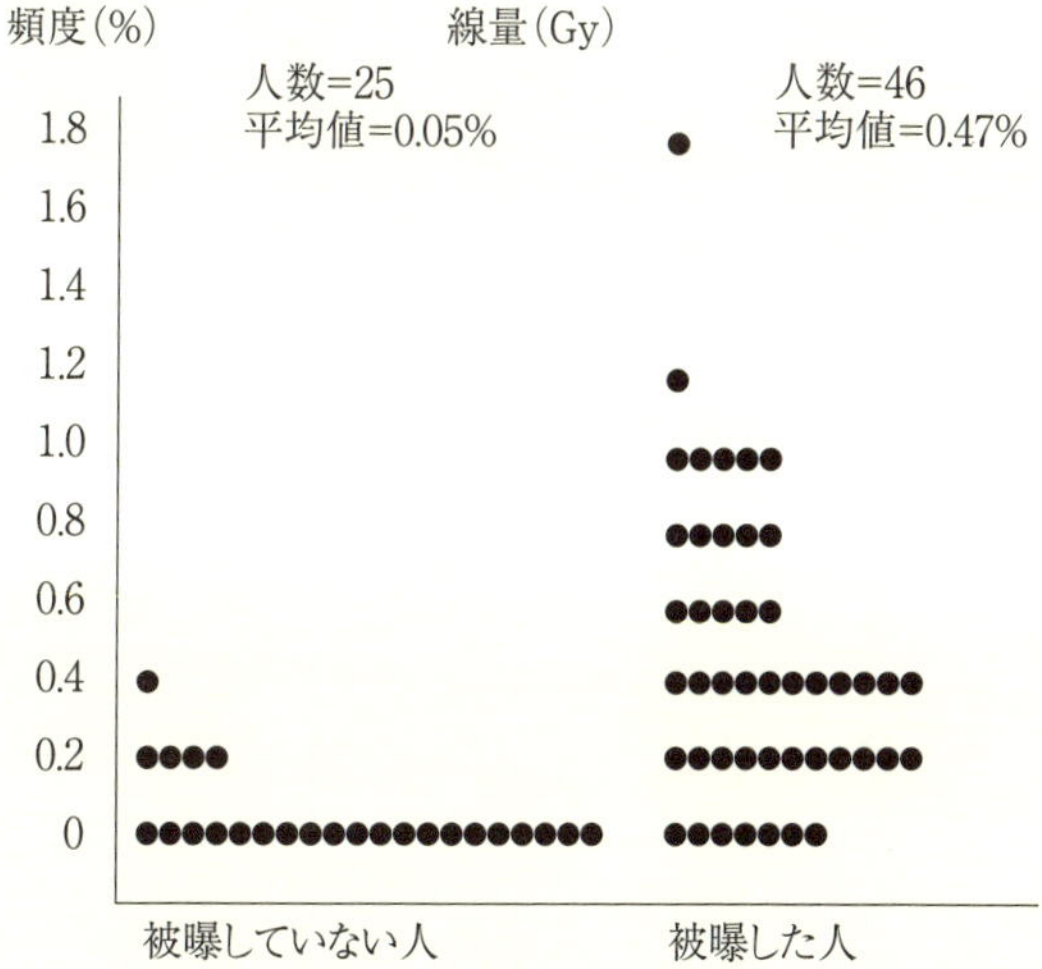

いう本を、法廷に提供して下さいました。その中で教授は科学者の方々一四人とともに、低線量の放射線への動物と人間の長期にわたる、被曝研究の結果を発表なさっておられます。放射線の影響下での次のような数々の生物学的現象を細部にわたって検証なさいました。

・リンパ球および肝細胞のＤＮＡのアルカリ抽出
・脾臓ＤＮＡの中性抽出と硝酸セルロースフィルタによる吸着
・脾臓ＤＮＡの制限酵素（EcoR1）による制限
・核、ミトコンドリア、シナプス、赤血球、白血球の膜の構造的諸特徴（電子スピン共鳴による）
・アルドラーゼ酵素と乳酸脱水素酵素の活動と各種の異形態
・真性コリン分解酵素、超酸化性酸素基酸化還元酵素、およびグルタチオンペルオキシダーゼ〔遊離過酸化水素の水への還元などを行なう酵素〕の活動
・マイナスイオン化された超酸化基類の形成比率
・膜に含まれる脂質の構成と抗酸化活動
・付随的な各種有害要素の活動への細胞、膜、ＤＮＡおよび組織の感受性

こうした検査指標のすべてにわたって、この方々は線量への二回上昇型の依存性を発見なさいました。つまり効果はたいへんに低い線量のもとで上昇をしていき、ある一つの最大値（低線量領域での最大値です）に達しますと、今度は低下に向います。そして次に再び線量増加に従って上昇するようになるのです。

ブルラコーヴァ教授は、研究でお使いになられた低線量の中でももっとも低い線量の領域内では、細胞の修復メカニズムが発動しないのであろうと考えておいでです。（低線量域での）「最大値」に到達した時に初めて、このメカニズムは動き出し、修復が次第に不可能になっていくまでの間は「改善」が行なわれるのですが、そのあたりから再び、放射線の効果が線量に従って増大していくことになります。納得のいくお考えでございます。

しかし、低線量放射能への慢性的被曝による予期せぬ結果は、低線量領域に特有の生物学的メカニズムによっている場合もございます。そうしたメカニズムのうち、科学者たちに特に注意されてきたものが、三つあります。「ペトカウ効果」、単球欠乏、赤血球の変形です。

「ペトカウ効果」：

ペトカウ効果は、カナダのマニトバ州にあるカナダ原子力公社（ＡＥＣＬ）のウィッシェル原子力研究所で、エイブラハム・ペトカウによって一九七二年に発見されました。毎分二六ラド［＝〇・二六グレイ］（高速流）では、細胞膜を破壊するのに必要な線量は総計三五〇〇ラドですが、毎分〇・〇〇一ラド（低速流）では、細胞膜の破壊には僅か〇・七ラドで十分です。低線量で発動するメカニズムは、放射線の電離効果による遊離酸素基（マイナスの電荷を帯びたO_2）の生成です。低線量の低速流が生み出す集中度の低い［多量・高密度に集まっているわけでない］遊離基群（フリーラディカル）は、高線量の高速流が生み出す集中度の高い遊離基群に比べて、細胞膜にまで到達して作用を加える可能性が高いのです。集中度が高ければ、互いどうしすぐに組み合わさってしまうからです。

ところで、形質膜の側にはプラスの弱い電荷がかかっていまして、（低線量の）反応の初期には、遊離基を引き寄せます。これによって、ブルラコーヴァ教授の一連の研究がうまく説明できます。教授はたいへんに低い線量の放射線によって膜に含まれるさまざまな脂質が変性する様子を研究されまして、膜の透過性の増大や細胞のミクロレベルの代謝や核の分裂などでの副次的な変性を明らかになさったのでした。コンピュータでシミュレーションをしますと、遊離基群の集中度が高まるに従いまして、引き寄せる力は弱まっていくことが分かります。けれども公の側の放射線生物学者たちは高線量の研究しかしておりませんし、放射線による膜の直接的な損傷以外はいっさい考慮しておりません。

単球［大型白血球］欠乏：

核分裂によって生み出される［放射性］同位体の中には、人間や動物の骨の組織内に蓄えられるものがあります。ストロンチウム九〇、プルトニウム、超ウラン元素群の特徴です。骨の内部、白血球の仲間を生む母細胞群の間近に蓄えられているこれらの放射性核種群は、ゆっくりとした流れで低線量の放射線を放ち、正常な血液細胞の製造に影響することがあります。好中球［白血球の一種。多核白血球］やリンパ球（白血球のうちで数が多いのはこうしたもので、放射線物理学者が数を数えるのもこうしたものですが）が僅かに減少しても、検出は不可能です。

正常な成人の場合ですが、百万分の一リットルの血液中に七七八〇個ほどの白血球があります。うち四三〇〇個が好中球、二七一〇個がリンパ球です。単球は五〇〇個しかありません。仮に骨髄中の母細胞が、骨髄に蓄えられた低線量の効果によって破壊され、一ミリリットルあたり四〇〇個の減少があったとしても、白血球全体としては五％だけの減少ですので、そう大したことではないのです。もしすべて好中球であれば、九・三％減ったことになりますが、それでもまだ正常のうちです。四〇〇個がすべてリンパ球であった場合でも一四・八％で、やはり正常のうちに入るわけです。ところが、これがもしすべて単球であったとすれば、八〇％になり、劇的な減少になります。ですので、低線量被曝では、単球を数えるのがもっとも大切です。よくやられていますように、好中球やリンパ球を数えて、どこがどう違うと申している場合ではございません。

単球の重大な減少があった場合に起るのは、こういうことです：

・鉄分不足による貧血症状。赤血球が死ぬと、その鉄分の三七から四〇％は、単球が回収して再利用する仕組みだからです。

・免疫系の機能低下。リンパによる免疫系を活性化する物質が、単球から分泌されるようになっているからです。

ニュージーランドのレシンプソン博士は、重い疲労から、一時的な記憶喪失を起こすほどの脳の機能不全に至るまでの、さまざまな症状の患者さんたちの赤血球を電子顕微鏡で調べ、変形があることを見付け出しました。博士はまた、慢性の無力症状に苦しむ患者さんたちに、こうした赤血球がさらにたくさん存在していることを見付け出したのでした。博士のお考えでは、膨れ上がっていたり不規則な形になっていたりすることが、毛細管内を流れにくくしているのですが、その結果、筋肉や脳に充分な酸素や栄養分が行き渡らないのです。慢性の疲労症状は広島や長崎でも観察されています（原爆ブラブラ病）し、チェルノブイリでも観察されています。

公の側の理論が「心配される」ものとして認定するのは、ＤＮＡの直接な損傷だけで、高線量放射線の急速な流れによる被曝の研究だけを認めています。「支配的意見」なるものによりまして、低線量や緩やかな流れによる被曝などは、検出されえないと断定されるわけで、高速な流れによる高線量被曝に対して行なわれた研究に基く結果のみに特化すべきだとも断定されています。

そういう公の側の学者たちのアプローチは、ブルラコーヴァ教授や、今私の引用させていただきました方々のご研究によって、論駁されています。

裁判長

ありがとうございました、バーテル博士

では、クルィシャノフスカ教授にお願いいたしたいと思います。

リュドムィラ・クルィシャノフスカ教授

判事の皆々様。

この法廷で証言をさせていただけますことをたいへん嬉しく思っております。参加をお許しくださいましたバーテル博士とニデカー博士にお礼申しあげます。私はキエフの神経医学研究所から参りましたが、この研究所は、旧ソ連内では二番目に重要だった施設です。

一九八六年にチェルノブイリで起きましたのは、原子力産業の歴史上、最悪の惨事で、今日に至るまで、もっとも重大な放射能汚染を環境にもたらしたのでした。事故が起こったのは金曜日の晩でした。私たちには公式な大惨事の連絡は一つもありませんでした。西欧諸国からのニュース（BBC、VOA）を聴いても、信じることができませんでした。私たちの国でこのような大惨事が起こること自体がありえないことだったのです。

今でこそ私たちには過去にも事故は色々あったことが分かっています。けれどもあの時代にはほんの些細な事故でさえ極秘にされていました。五月一日まで、当局は何も言わずにいました。メーデーの行進を中止にしたくなかったからです。

私たちの生活は、この大惨事によって、チェルノブイリ以前とチェルノブイリ以後とに二分されることになりました。

チェルノブイリはキエフから六五マイル（一一〇キロメートル）の距離です。チェルノブイリの原子炉の爆発は政治的にも社会的にも健康の上でも多大な反響を与えましたし、今でも与え続けています。事故の結果に、今なお多くの人々が苦しみ続けています。放射能によって生活は根底から覆えされました。生活の場が汚染されていますので、人々は放射能の奴隷であり続ける他ないのです。子どもたちがいつ病気に倒れるかと、気が気でない毎日なのです。

村々の住民たちは政治リーダーたちの言うことなど、もう信じなくなっています。自分たちのやり方で何とかしていこうと考えていますし、汚染の水準に対する考えにしましても、自分たちで決めたいと考えています。

ソヴィエト連邦の全域からやって来た八〇万人を超える後始末人たちは、三〇キロ圏内と、加えて発電所そのものの除染を任務にしていました。後始末人たちはまた、石棺も建造しました。自分たちがどの程度の汚染に曝されているのか知らされることもほとんどなく、大部分の人たちは発電所での仕事がそんなに危険だとは思っていませんでした。

ウクライナの保健省によりますと、一九九三年ですが、ウクライナの全領域の半分を超える面積がチェルノブイリの汚染を受けています。(キエフの住民は除いて)二八〇万人ほどが現在、汚染地域に住んでいます。一九九〇年から一九九三年までのこの地方の健康状態の統計によれば、健康なのは成人たちの二八～三二%、子どもたちの二七～三〇%にすぎませんでした。特定の種類に限らない、さまざまな慢性の病が増えていく傾向にあります(胃腸疾患、呼吸器疾患、循環器系疾患、癌など)。

私は精神的ないし心理的な諸問題についてお話しさせていただきます。一九九三年に急性の被曝による症候群や、甲状腺癌、後始末人たちに見られる心理的な問題などを扱った「チェルノブイリの教訓」という本がアメリカで出版されています。

被曝線量が四〇～五〇レム程度の時には、問題は多型的に現われ、あらゆるシステムを同時に冒していきます。

今日、後始末人の大半に下されている診断は精神病には分類されない種類のものです。問題になっている診断をどういう分類に入れるのが適切なのか、精神科医や神経科医や心理学者の間でも論争になっています。

一九九一年まではデータは全面的に秘密にされていました。病人たちは専門病院に回送されました。この時代には「自律神経失調症」という診断が頻繁に出されました。どなたもお聞きになられたことがおありのはずです。実にさまざまな症状や障害がこの診断名で一括りにされていました。しかし、こういう診断に抗議する医師たちもたくさんいました。

一九九一年以降、後始末人たちの精神障害を扱った論文が出されるようになりました。述べられている意見は大きく三つに分かれます。

・第一のものは、こうした症状や障害の大半は機能性のものであるとします。「自律神経失調症」、神経症、反応性障害、心的外傷後のストレスによる障害、放射線恐怖症、ストレス、不安。

・第二のものは、患者たちが器質性の精神障害に苦しんでいるとするものです。

・第三のものは、ある種の患者たちは外傷後のストレスによる障害、神経症型をとる器質性症状、心身症、身体化障害、不安による障害、抑鬱症、各種の鬱病症状、器質性精神病などに苦しんでいるといたしております。

こうした症状や障害の分類では、今でも意見が分かれています。精神科医の場合でも神経科医の場合でも、それぞれに属している学派の違いが大きいのです。

一九九〇年にキエフの社会精神医学&法精神医学研究所で、チェルノブイリ大惨事の帰結の研究が開始されました。

チェルノブイリ大惨事の後始末に参加した三八〇人の人たちが心理学的、精神医学的な観点から検査を受けました。大災害から検査が始まるまでに四年あるいはそれ以上経過していました。患者たちは皆、チェルノブイリ大惨事を受けて建てられた専門病院で治療を受けていました。内科や放射線科の医師たちから精神科の私たちのところへ診察に回されてきた患者さんたちがほとんどです。チェルノブイリ大惨事による精神障害のうち、精神病的でないものについて臨床的ないし心理学的な特徴をはっきりさせることが、私たちの分析の目的でした。

一連の質問と、幾つかの心理テストで、このような情報をえることができました。もっとも高い線量を浴びた患者たちに、いつ症状が現われたのか調べました。患者たちが曝された放射線量はいつから汚染地域で仕事を開始したのか、どれくらいの期間仕事をしたのかによって違ってきます。私たちの患者さんの五五%では一九八六年の末に既に、障害の徴候が出現しています。そうした症状は一～二年、時には二～三年かけて、進行していきます。

患者さんの年齢は三二歳から四五歳が中心でした。大部分の方々が訴えていらっしゃったのは、頭痛、目まい、慢性疲労、集中困難、注意喪失、記憶喪失、肉体的および精神的な枯渇、苛立ち易さ、キレ易さ、気分の激変、異常な昂揚、血圧異常、絶望感、自信喪失、性欲減退などです。騒音や強い光、高い気温などへの感受性の異常な強さも目立ちました。

こうした症候群の症状の数々には、多くの患者さんに共通している点が目立ちましたので、「チェルノブイリ後遺による脳性無力症候群」と名付けました。脳性無力症候群は、脳症型症候群へと進行する場合もあります。

そのような場合、病理的な変化は自己免疫的、神経免疫的な反応のように思われ、化学的変化とともに脳波グラフに変化が見られます。

患者さんたちの大半は同時に、さまざまな身体性の病気にも苦しんでおられます。こうした患者さんたちの心理テストからは、注意力散漫、集中力の不在、記憶の欠如、精神的活力喪失などが判明します。七〇%の患者さんが強い不安に苦しんでおられます。たった今読んだ新聞の記事が思い出せなかったり、歩いている途中で行く先が分らなくなったりする患者さんもいらっしゃいます。八〇%を超える患者さんが、性格に何らかの変化をきたし、九〇%の方々は自信を多かれ少かれ喪失しておられます。

症状すべてにわたって、一つ一つを細かく仕分けするのは実際問題として不可能でした。心理的＝器質的なこうした症候群は、三つの段階を経過して進行していきます。
・第一の段階は、まだそれほど重くない段階です。無力症、脳性無力症候群、精神能力と運動能力の減退、気分の激変、注意力の低下、記憶の障害などです。
・第二の段階は中度の重さです。性格が変る傾向と、苛だちやすさが現われてきます。
・第三の段階は深刻な状態です。前の二段階に生じていた症状が重い状態にまで進行していて、さらに心的、知的な能力の減退が付随してきます。
臨床検査と心理検査によって、私たちはチェルノブイリ後遺による脳性無力症候群を、器質性精神障害の早発性段階として記述することができます。脳性無力症候群はチェルノブイリ大惨事の後、出現したさまざまな病気のうちでも、典型的なものです。

今日、精神神経科の分野の障害の中でも、低線量に関連した症候群に関する診断、処置、予防は、神経科医や精神科医にとってはたいへんに重大な研究課題です。この研究は続けていかなければなりません。さまざまな国々の科学者の方々とご一緒に、こうした被曝の長期にわたる帰結につき、研究を続けていく必要があります。

神経医学的障害や精神障害の研究はたいへんに重要です。ストレスだけが問題なのではありません。放射能が脳に及ぼす影響が問題です。もう一度、繰り返させていただきます。心理学的問題や精神医学的問題について私たちは話をするわけですが、ストレスですとか、不安、心身症、といったことを議論しようというのではありません。私たちの目の前で起きている、心理的な異変の数々を問題にしています。

国際的な協力による共同研究プロジェクトを立ち上げなければ、こうした研究の継続は困難です。こうしたあらゆる変化が真に存在するということ、また私たちの研究が客観的なものであることを証明するのは、国際的な援助がなければたいへんに困難です。

ありがとうございました。

裁判長

ありがとうございました、クルィシャノフスカ教授

では、ミンスクのチトフ教授にお願いいたします。

レオニード・チトフ教授

私たちの施設ではベラルーシの子どもたちを一九八六年から今日まで、およそ一万人、検査しました。子どもの免疫系に関与するさまざまな種類の蛋白質を私たちは研究しました。

ご覧に入れますのは（図表38）その間の結果です。四三〇〇人の子どもたちを取り上げていますが、リンパ球の数量にかなりのバラつきがありました。強度汚染地域では、比較対照群と比べて障害の頻度はかなり高くなっています。B細胞［リンパ球の一種］でも結果は同様です。汚染地域では免疫グロブリンの数量が少ないことも分かりました。

四月二六日以降、B細胞、T細胞ともに数量の減少が記録されてきました。B細胞では大惨事の四〇日後に急激な減少があり、その後は正常な数量への復帰が記録されていますが、大惨事の九〇日前後にまた新たな急降下があり、その後、緩やかに正常に戻っています。しかし、当初の数値よりはやや低めになっています。T細胞の経過は多少、異なっています。

免疫グロブリン（図表40）では、カーブはほぼ同じです。集中度の低下があった後に、正常に向ってカーブが戻ってきますが、完全に元通りにはなりません。

被曝線量（低線量）と免疫系、わけても抗体の変質との間にはたいへんに興味深い関係があります。通常、低いとされている線量を出発点に増加させていくと、直線的でない関係になり、ブルラコーヴァ博士の結果を追認できます。

汚染地域に暮す子どもたちの免疫系で何が起こっているのかを知ることがたいへんに重要です。私たちは幾つもの地方に住む子どもたちを検査していますが、地方によってセシウムによる汚染の度合いはさまざまです。平方キロメートルあたり一九から二七キュリーまでの地方の子どもたちでは、T細胞の数量は減少に向う傾向があります。同じ子どもたちの唾液に含まれるA型の免疫グロブリンも、似たようなカーブになります（図表41）。

こうした検査指標（パラメータ）は、体内に入ったセシウム一三七の線量に依存した変化をします。子どもたちにC型免疫グロブリンが欠乏していれば、それは、免疫系の反応の鈍化の表われで、体内組織

図表39　（汚染の激しい）ブラギン地区に住む子どもの血液中のT細胞の割合の変化の様子（ダイナミクス）（年齢集団別。リンパ球の当初の減少は部分的にしか恢復していかない）

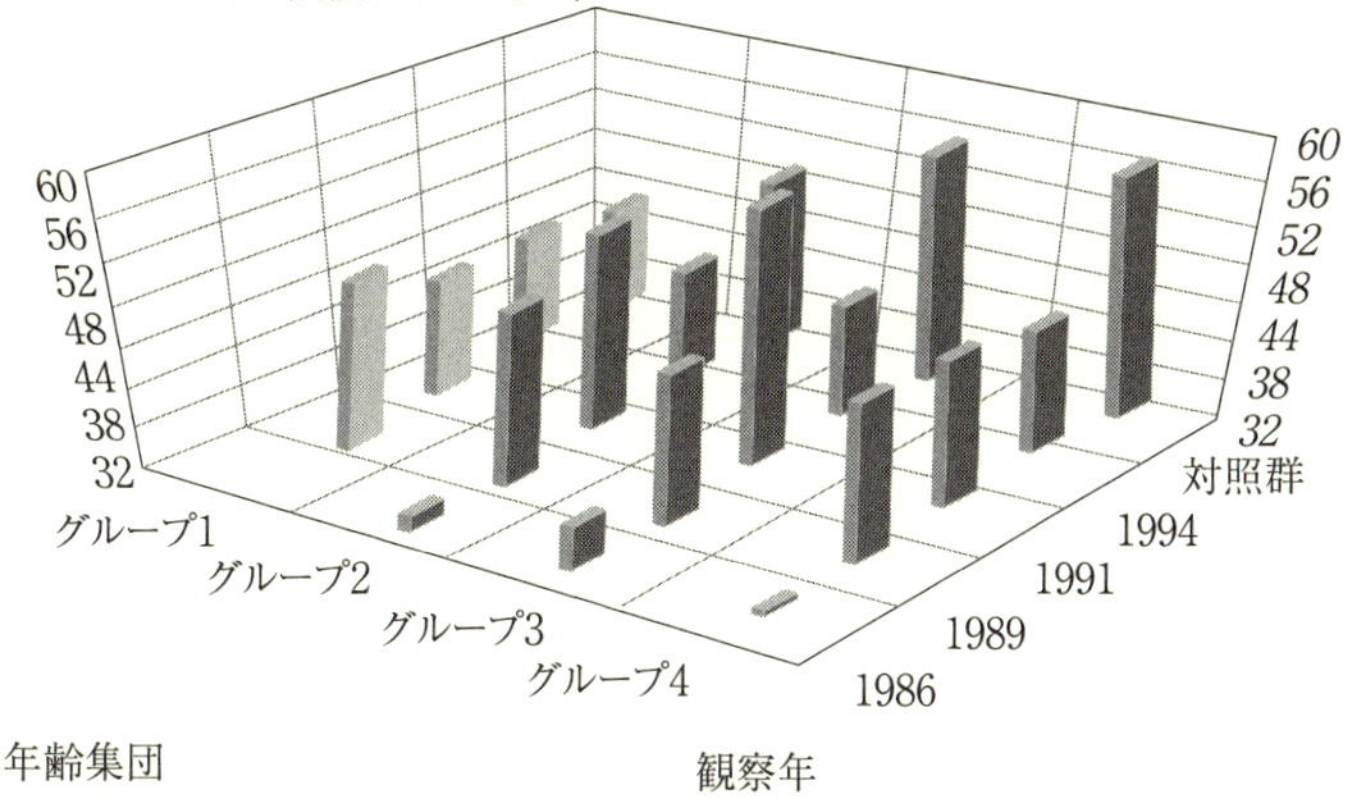

図表40　チェルノブイリ大災害後、子どもたちの4集団中、2集団でのA型免疫グロブリン集積度の重大な低下

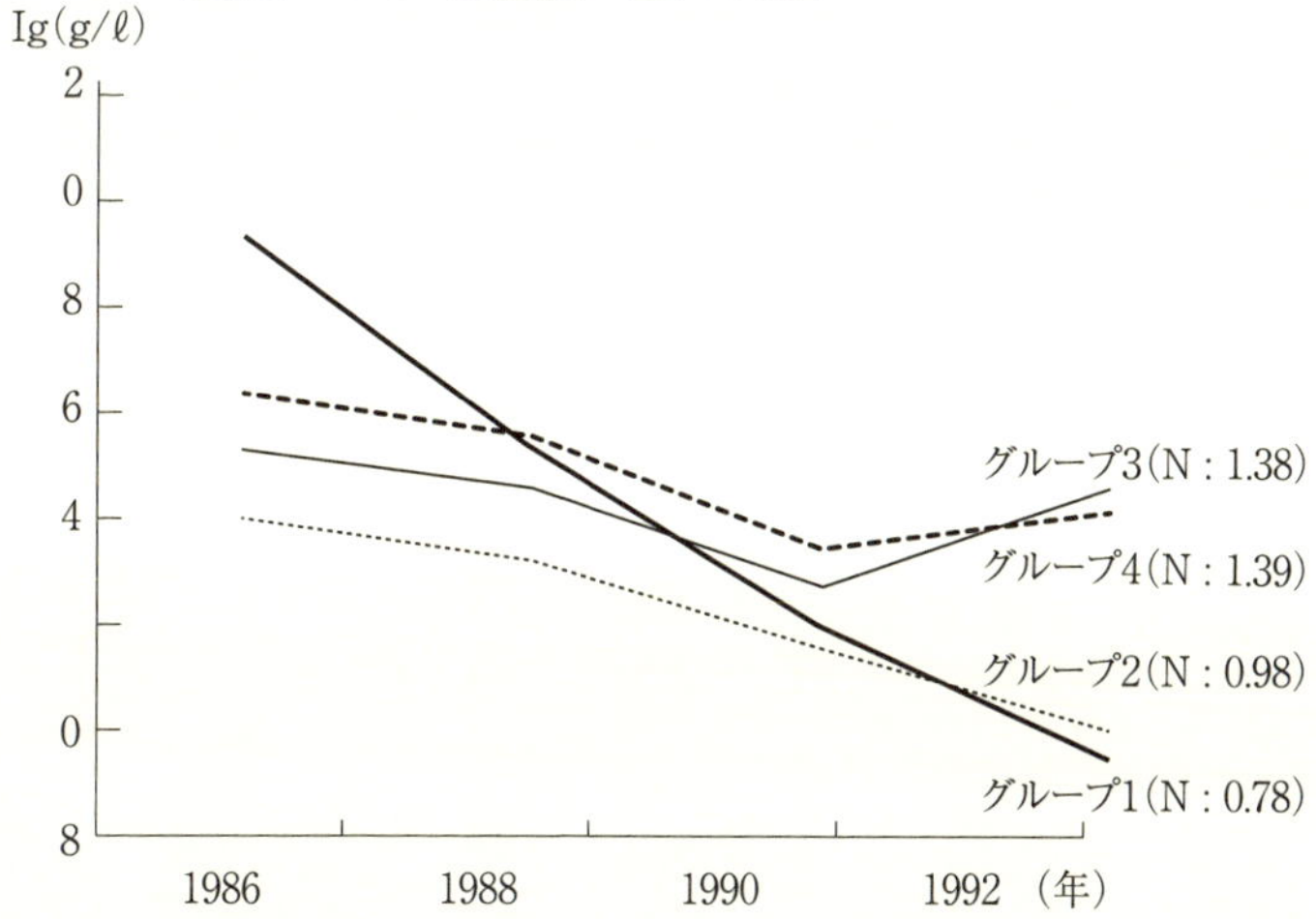

には大量のセシウム一三七が蓄積しています。組織の中にセシウムが入り込みますと、免疫系が変質いたしまして、C型免疫グロブリンは減少します。

長期間にわたる研究が大切です。私たちは一九八六年のデータを一九九四年のデータと比較できます。一九八六年には変質があり、次いで元に近い状態に戻りました。子どもたちにかなり高い比率でリンパ球の減少が見られます。対照群と比べて、同じような情況はT細胞でも存在します。反応抑制（サプレッサ）T細胞でも情況は似たようなものです。各種の感染に対抗して防衛のメカニズムを高める役目の補助（ヘルパ）T細胞が減少し、このメカニズムを低下させる役目の反応抑制（サプレッサ）T細胞が増加します。

強度の汚染地域の子どもたちの血液中の腫瘍性壊死因子（TNF）は、対照群に比べ、四倍ほどの増大が見られました。

子どもたちの血中を循環する自己抗体の比率の増加も、私たちは発見しました。たいへん複雑な、たいへん病原性の強い蛋白質で、さまざまな臓器にさまざまな異変を起こさせます。免疫病理として知られるあらゆる異変が出てきます。

汚染地域に生活する子どもたちの間では、自己免疫、自己抗体の増加と並んで、リューマチ性の病変でもたいへん良く似た情況があります。

セシウム一三七などの放射性核種を子どもたちが体内に取り入れますと、骨髄の［造血］幹細胞の成長に影響を生じます。これには、免疫系の重大な異変が伴います。私たちは今まで以上に

図表41　チェルノブイリ後の、汚染度合い（セシウム137）の異なる諸地方で生活する子どもたちの、唾液中の各種免疫グロブリンの集中度

子どもたちのグループ	免疫グロブリン（g/ℓ）			
	G型	A型	As型	M型
グループ1	0.16 ± 0.02	0.13 ± 0.01	0.61 ± 0.05	0.07 ± 0.009
グループ2	0.18 ± 0.04	0.20 ± 0.05	0.68 ± 0.22	0.08 ± 0.01
グループ3	0.36 ± 0.05	0.22 ± 0.05	0.64 ± 0.07	0.11 ± 0.01
グループ4	0.39 ± 0.04	0.32 ± 0.02	0.84 ± 0.04	0.08 ± 0.009
グループ5	0.21 ± 0.06	0.13 ± 0.02	0.97 ± 0.08	0.08 ± 0.007

免疫系に注意を払い、異変の様子を調べる必要があります。変化の種類を線量との関係で調べることも必要です。生じてくる免疫障害の総覧の作成も必要です。

結論です。子どもたちの免疫系はチェルノブイリの大惨事によって損傷しました。数多くの子どもや大人たちが免疫系に異変を示しています。大惨事から一〇年が流れましたが、その間に住民たちが体内に取り入れたセシウム一三七を初めとする放射性核種は組織内に蓄積しています。

この地球上のすべての住民の免疫系と精神とが、充全に機能いたしますことを私は願っております。

ありがとうございました。

裁判長

ありがとうございました。

では、フレス教授にお話しいただきます。

ニカ・フレス教授

親愛なるお仲間たち。

チェルノブイリの大惨事でベラルーシの南部、プリピャチの沼沢地帯の自然環境はたいへん特異な状態になっていますが、なかなか話題にはされない情況です。今から、そのお話をさせていただきます。

汚染地域には管理の規準が設けられ、今でも守られているのはご存知かと思います。この規準では平方キロメートルあたり五キュリーが上限です。

汚染の水準が平方キロメートルあたり五キュリーを下回っていても、場所によっては土地は特異な様子を見せていることを、私たちは発見しました。セシウム一三七による低度の表面汚染のある場合ですが、土壌が強度に酸性の場所（沼沢、泥炭地、湿原）では［核種の土壌から植物体への］移行がたいへんに急速で、酸性度の低い土壌に比べて、二から一五倍ほどの速度になります。そのために、土壌の汚染度そのものは比較的低いのに、そこで生産される食料はあらゆる種類の放射性核種によって強度に汚染されてしまうのです。吸収が急速なためです。

これらの地方では、子どもたちの［遺伝的］変異の発生率も高く、危機的な情況のグループとなっています。規準値（年間一ミリシーベルト）の三倍から五倍という線量を受けている一六五〇人の子どもたちを対照群と比較しました。この線量の九五％は内部被曝によるもので、被曝量は年々増加しています。子どもたち一人一人の臓器内に微小な原子炉があるかのような状態になっているのです。特に消化器です（図表42）。ネステレンコ教授が既にこの問題を論じています。体

図表42　チェルノブイリの子どもたちの、内部被曝と外部被曝との割合。実効総線量への換算表示。

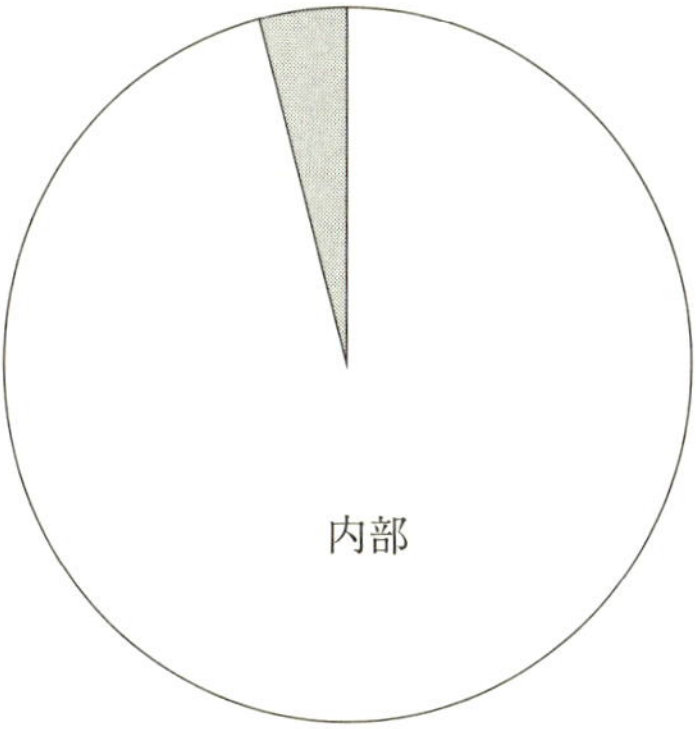

重一キロあたり一一九〇ベクレルの内部汚染になっている子どもさえいます。

悲劇はこれに停まりません。私たちはまた、検査した子どもたちの臓器内に、高い値で鉛が集積しているのを発見しました。対照群では、数値は〇・〇六ppm（基準値）以内に保たれているのですが、汚染地域内では、〇・一二から〇・一八ppmです。〇・二〇ppmという例さえございました。すべて小さな村落の子どもたちで、近隣には産業施設や工場は存在しません。この鉛はチェルノブイリに由来します。大災害の初めの数日間、処理チームがヘリコプターを使って、爆発した原子炉に鉛を投入して消火を図りました。温度が摂氏三〇〇〇度あり、鉛はセシウムと溶融し蒸散したのでした。

また、ごく最近ですが、私たちは子どもたちの健康を害する第三の要素を発見しました。硝酸塩です。水道水に基準値の二倍から三倍の硝酸塩が含まれています。

鉛に加えて硝酸塩、さらに加えてセシウム一三七が自然環境と食料を汚染しました。消化器系にはこの三種の汚染源が集積し、その分、高度な危険性に曝されています。

私たちの研究の詳細な部分には立ち入らず、臨床的方法や形態的異変の調査手順についても省かせていただきます。

この三つの汚染源に曝されている一〇〜一七歳の子どもたち二九八人を対照群一五三人と比べて研究しました。どちらの子どもたちも学校に通っていて、社会的経済的背景も共通しています。ただ、自然環境が置かれている情況のみに違いがございます（図表43）。

対照群の生活をしているのは汚染がさほど強くない場所で、鉛の問題もありません。ただ、水道水には僅かですが硝酸塩濃度の上昇があります。

結論：

汚染地域では、調査した二九八人の子どもたちの八〇％から、あらゆる種類の胃腸障害が合併症の状態で見出されました。

［Ⅰ］幽門螺旋細菌（ピロリ細菌）による感染を私たちは研究しました。この細菌が粘膜で増殖すると潰瘍や癌になることがあります。西欧の医学文献によれば胃痛に苦しむ人々の三五％はこの細菌に感染しています。私たちは胃の慢性障害に苦しむ子どもたちの八五％に感染を見つけました。胃に問題のない子どもたちでは、この細菌が検出されたのは僅か五％でした。けれども、

図表43　さまざまな汚染物質に曝された三つのグループの子どもたちの、消化器粘膜の収縮度合いの比較

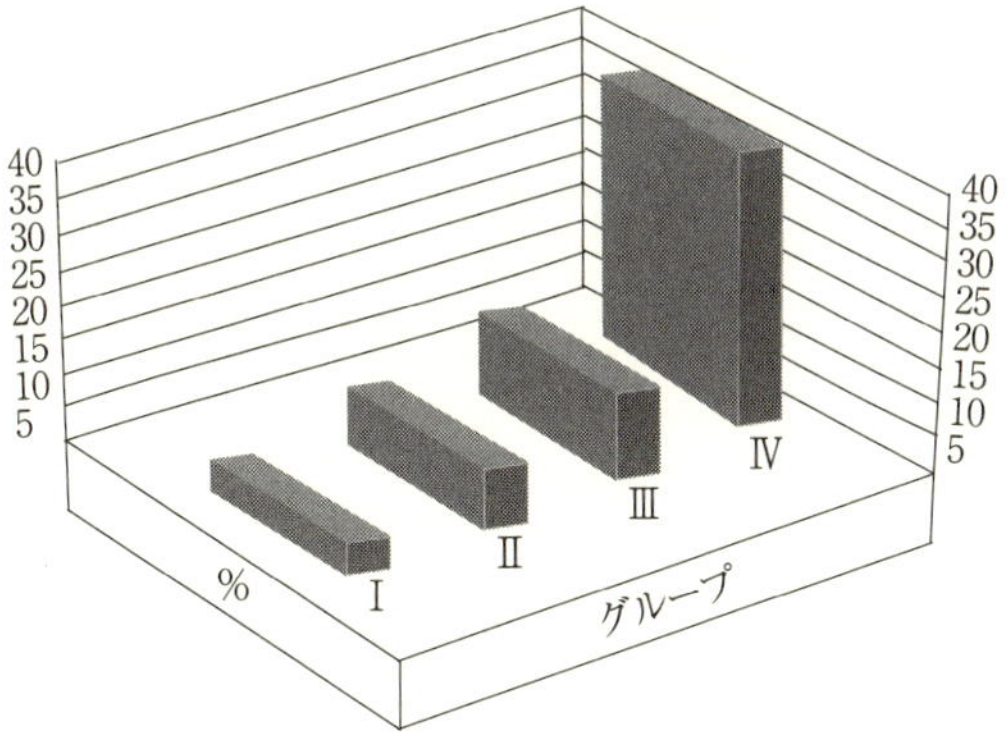

汚染源：硝酸塩（Ⅰ）、鉛（Ⅱ）、放射線（Ⅲ）、三物質複合（Ⅳ）

この感染症に苦しむ子どもたちの割合は、調べた子どもたち全体の四〇％にも及びます。

［Ⅱ］消化器粘膜の萎縮は、汚染地域の子どもたちの一六％に及びます。対照群では僅かに二％でした。

［Ⅲ］細胞群の異変を伴う腸管部の化生が、汚染地域の子どもに通常より多く見出されます。六％ですが、対照群では二％です。消化器系の栄養障害が見られる子どもたちの三六・八％で、鉛、硝酸塩、セシウム一三七の三要素の高度の集積が見られます（対照群では八％）。

高齢者では、消化器粘膜に多少萎縮があったり、胃粘膜に化生があったりするのはごく普通のことです。私たちの国の子どもたちには高齢者の特徴であるはずの異変が見られるのが現状です。（図表44）。

結論です。ピロリ細菌と（粘膜）萎縮と化生が揃いますと、消化器系の癌を発症する危険性がたいへん高くなります。私たちが得ることになりました、このように高い数値の数々はこの人々の中から消化器系の癌が今後発症してくることを予測させます。子どもたちの間でのチェルノブイリの晩発性の結果として、二〇歳になった頃に胃癌を発症する危険性があります。この人々にとっては、チェルノブイリの大惨事がもう一度襲ってきた、ということになるかも知れません。

ありがとうございました。

裁判長

ありがとうございました、フレス教授。

では、ニューヨークのジェイ・M・グールド教授にお願いいたします。

ジェイ・M・グールド教授

つい最近ですが私はマンガーノ教授との共著で「内部の敵」を出版しました。原子炉の間近での生活にどんな危険があるかを検討した本です。アメリカ合衆国で一九八六年五月に測定された放射能の水準は、ウクライナやベラルーシに比べればずっと低いものでした。それでも私たちの手許には放射能水準のたいへん正確なデータがあり、健康の詳しいデータもあります。両者間に相関が見出されるのです。コネチカット州には世界でももっとも古くから（一九三五年）癌の発症

図表44　消化器粘膜の収縮(II)、腸管内の化生(III)収縮と化生との複合(IV)の発生率。チェルノブイリの子どもたちと、対照群との比較。

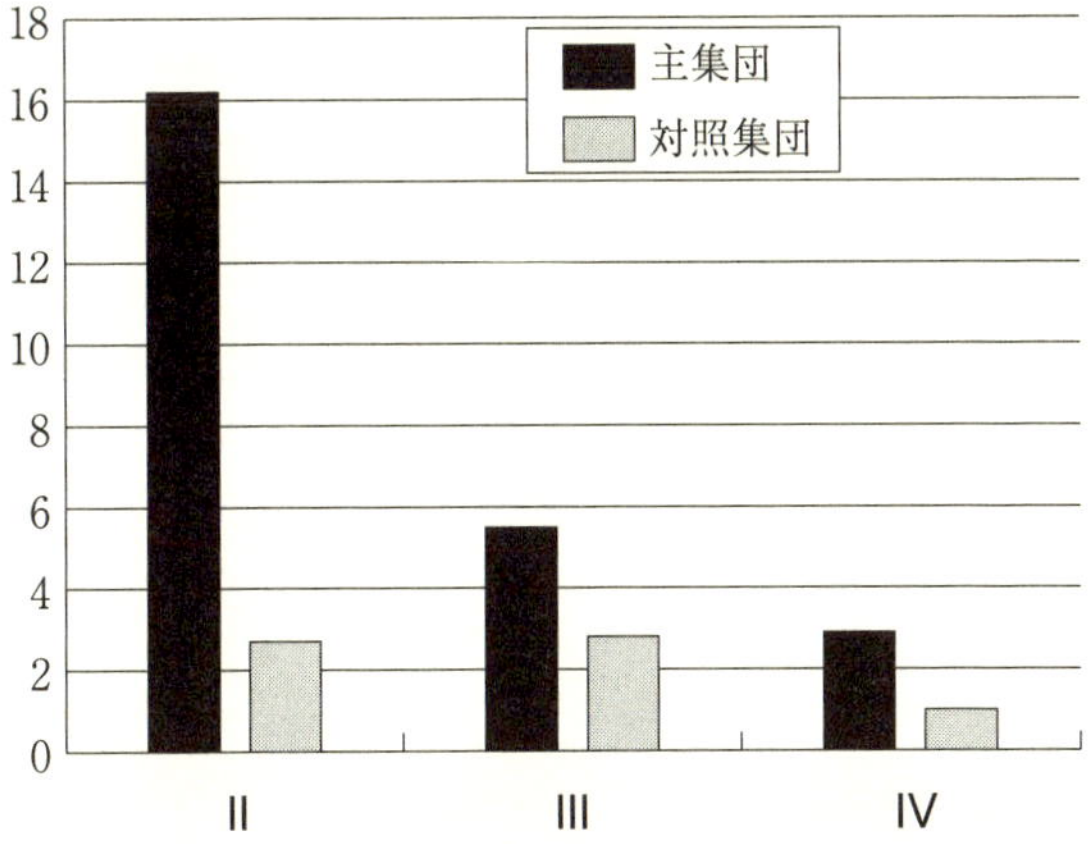

データがあり、世界でもっとも完璧なものでもあります。このお蔭で、合衆国での甲状腺癌の増加を検証できました。

原子力の時代に突入するより少し前、一九三五～一九四四年の時期には、甲状腺癌の発症率はたいへん低く、また低下傾向にありました。

原子力時代の開始は実際には一九四四年だということが、合衆国エネルギー省発行の文書から分かります。ハンフォードでは一九四四年から四五年、突貫作業でプルトニウムを生産し、その過程でハンフォード原子力工場からは膨大な量の放射性沃素が放出されました。チェルノブイリの爆発に匹敵する線量です。

正確な数値は一度も新聞に発表されていません。三年前に防衛省は、ハンフォードがお

図表45　年代別甲状腺癌罹患率（100000人あたり）。コネチカット州、アイオワ州、ユタ州。合衆国1970年規準による。

州	症例数		罹患率		
	1985-89	1990-93****	1985-89	1990-93*	増加率％
ユタ	412	393	5.36	6.07	13.1*
アイオワ	684	640	4.32	5.14	18.8**
コネチカット	642	666	3.45	4.35	26.21***
総計	1738	1699	4.13	4.93	19.41***

* p＜0.10、** p＜0.01、*** p＜0.0001、****4年間の数値

よそ五五万キュリーほどの放射性沃素を一九四五年に放出したと発表しています。

今日では、牛乳あるいは水から、ピコキュリー単位の沃素が検出されます。一ピコキュリーは一〇の一八乗分の一キュリーです。一九四五年に合衆国民は誰も知らぬ間に、一人あたり四百万ピコキュリーの被曝をしたわけです。

そして、私たちは甲状腺癌の罹患率上昇を記録することになるのですが、これが原因であることは疑いありません。一九五〇年以降、五倍になっていまして（図表46）、強い被曝の五年後にピークがあります。チェルノブイリの五年後の一九九一年にも、合衆国では同じようなピークがありました（図表45）。

癌のすぐれた統計データは幾つもの州にあります。環境省は月ごとにおよそ六〇の都市で牛乳中の放射性沃素の量を測定しています。一九八六年五月に強い降雨のあった州、あるいは地方では、牛乳中から高い線量で放射性沃素が検出されています（図表47）。

一九八六年の五月と六月には、チェルノブイリの雲が合衆国

図表46　甲状腺癌罹患数。両性、全年齢層合算。合衆国コネチカット州ミドルセクス郡&ヌーロンドン郡。

年	郡内罹患数	粗率			
		郡内		郡外の州内総計	
ミドルセクス郡					
1950-52	4	1.92	(−)	2.15	(−)
1953-57	9	2.30	(+ 19.8%)	1.92	(− 10.7%)
1958-62	10	2.25	(− 2.2%)	2.40	(+ 25.0%)
1963-67	13	2.55	(+ 13.3%)	2.46	(+ 2.5%)
ハデムネク原子炉稼動					
1968-72	14	2.44	(− 4.3%)	2.86	(+ 16.3%)
1973-77	23	3.77	(+ 54.7%)	3.38	(+ 18.7%)
1978-82	23	3.57	(− 5.3%)	3.47	(+ 2.7%)
1983-87	30	4.41	(+ 23.5%)	4.20	(+ 21.0%)
1988-92	26	3.63	(− 17.7%)	4.61	(+ 9.8%)
ヌーロンドン郡					
1951-55	15	1.91	(−)	2.06	(−)
1956-60	14	1.57	(− 17.8%)	1.97	(− 4.4%)
1961-65	17	1.71	(+ 8.9%)	2.39	(+ 21.3%)
1966-70	17	1.54	(− 9.9%)	2.75	(+ 15.0%)
マイルストーン原子炉稼動					
1971-75	20	1.72	(+ 11.7%)	3.04	(+ 10.5%)
1976-80	38	3.21	(+ 86.8%)	3.41	(+ 12.2%)
1981-85	42	3.45	(+ 7.4%)	4.04	(+ 18.5%)

上空を通過しました。北東部には強い降雨があり、一九八六年と八七年に甲状腺癌が増加したのみならず、新生児では、甲状腺の機能低下症状も増加しています。

スリーマイル島の事故以後、各州の保健省が新生児全体を対象に甲状腺機能低下症状の発生率を調査しています。ですので一九七九年以来のこうした症状の増加を、州保健省は把握していることになります。たいへん稀な症状なのですが、一九八五～六年以降、急速に増加し、一九九一年と九二年の間に高い水準に達し、以後、その水準を維持しています。こうした疾病増加によって、チェルノブイリの雲が効果を及ぼしたのだと分かります。

この現象はブルラコーヴァ教授の低線量被曝のご研究を裏付けるものです。表では降雨と放射性沃素の量の違いから、全土を五つの地方に等級分けしてあります。［この表から線量と効果との相関グラフを起こすと］カーブは直線的になりません。上向きに膨らんでいます。対数型の応答です。一番低い水準のあたりで危険性が最大になっています。

沃素一三一の半減期は八日です。ではなぜ、甲状腺の機能低下は増え続けているのか、考えてみました。ブルラコーヴァ教授の示唆なされた中に、この問いへの解答がございます。沃素とともに、ストロンチウム九〇も一緒にやって来たのだと私たちは考えるのですが、ウクライナやベラルーシでも同じことが確認できるはずです。私たちは牛乳から、一リットルあたり一～三ピコキュリーのストロンチウム九〇と沃素を検出しました。極端に低い線量ではありますが、低線量でもたいへん重大な効果があるのが現実なのです。

図表47　低温殺菌牛乳に集まった沃素131、セシウム137。リットルあたりベクレル。合衆国コネチカット州ハンフォード。1983～90年。

年	測定回数	平均放射線量（Bq/ℓ）	
		^{131}I	^{137}Cs
1983	12	0.01	0.05
1984	12	0.00	0.08
1985	11	0.03	0.10
1986			
1月～4月	4	0.08	0.07
5月5日～5月22日	6	0.30	0.13
5月27日～6月23日	5	0.63	0.49
7月～12月	6	0.08	0.25
1987	12	0.10	0.23
1988	11	0.10	0.18
1989	11	0.09	0.08
1990	8	0.18	0.17

ストロンチウム九〇は骨内に集積します。免疫系にはたいへん有害で、免疫系が充分に働かなくなり、この法廷で議論をしてきたあらゆる異変の元になります。ストロンチウム九〇は別の放射性元素［イットリウム九〇］を生み出します。この娘元素は脳下垂体に集まります。そのために、甲状腺機能低下に、さらに副次的な効果が付け加わることになるのです［脳下垂体からは甲状腺刺激ホルモンが分泌される］。妊娠した女性がストロンチウム九〇を摂取したとします。この核種は沃素一三一が減衰した後もずっと長いこと活動性を保ち続け、脳下垂体を損傷します。これが後発的な効果を生み、別の色々な免疫不全による病気を引き起こします。

甲状腺機能低下の増大という現象にはたいへん当惑いたしますが、ただ今のようなご説明で筋道がつくかと思います。これと並びまして、低体重児の出産が増加し続けているという、バーテル博士がお示しになられた問題がございますが、これも同じように説明が可能かと思います。異様に軽い赤児の出生比率は放射能起源の免疫不全のもっとも敏感な指標です。この比率も合衆国では増加の一途です。

未熟児の比率は低体重児と同様のカーブで推移していまして、やはり急速に増加しています。始まったのは一九九二年です。こうしたことから、合衆国と旧ソヴィエト連邦とは、チェルノブイリによって同じような健康被害を受けたことが分かります。が、それだけでなく、この二カ国はまさに原子力を発展させてきた国ですので、チェルノブイリより以前から、あらゆる放射能から被害を受けてきていることも分かるのです。放出された放射能がいったいどれだけ莫大な帰結をもたらしているかは、私の著書に詳しく書いてあります。

乳癌の年齢層別死亡率が一九五〇年以降、合衆国では選挙区ごとに公式統計になっているのですが、一度も出版されていませんでした。これを基に、私たちのコンピュータで私たちなりにカーブを出してみました。商用、軍用を問わず合衆国にある六〇の原子炉の周辺地図を、私たちの本に載せています。この六〇基のうち五五基の半径五〇から一〇〇マイル内の乳癌死亡率は、域外に比べて統計学的により高い危険性をもたらしているのが分かります。合衆国はたいへんに広い国で、こうして原子炉ごとにその周囲、五〇～一〇〇マイルとなりますとたいへんに広いゾーンになります。その中で女性たちは乳癌で死ぬ危険性の増大と背中合わせに生きているわけです。この乳癌について申し上げたことと、同じような議論を、新生児の体重不足や後天性の免疫障害であるエイズなどについてもすることが可能です。

旧ソヴィエト連邦を今揺がしているさまざまな健康問題の大多数につき、それが始まった年代を低線量被曝が出現した時点、つまり原子力時代の始まりの時点とすることができます。合衆国でもまったく同様です。そう私たちは信じていまして、判事の皆さまにもそう申し上げたいわけです。

私たちはグリーンピースおよびメソジスト教会と契約を交しておりまして、私たちの本の印税はこの両団体に入ることになっています。欧州でももしこの本を販売していただける団体があれば、同じような契約をすることもできるのではないかと思っています。核の時代が始まって以来、すべての国々を襲っている苦しみを、この本に書いた積りです。判事の皆様に本書を献呈させていただきます。

裁判長

ありがとうございました、グールド教授。あなたは原子力はすべて危険だとお考えですか？

ジェイ・M・グールド教授

日常的な放出が危険です。実際、低線量被曝の主要な源となっています。事故が起きた時には、大量の線量が放出されます。けれども低線量こそ危険なのです。長期にわたる影響があるからです。ペトカウはカナダの原子物理学者で、何年も前ですが、低線量の効果は対数凹関数のグラフのような形に上に向って膨れることを示しました。これは低線量こそが危険であるということを意味するのです。

低線量被曝による免疫系の加害は免疫系を刺激する方途、たとえばビタミンCあるいはEなどの抗酸化物によってある程度まで打ち負かすこともできます。免疫系への加害を引き起こす生化学的メカニズムは、もっと強い線量の被曝の場合にDNAを損傷するメカニズムとは違ったものです。

低線量の場合には遊離基が生み出されることが特に大きいですが、これはビタミンCやEなどの抗酸化物で無力にすることもできるわけです。低線量被曝の問題を解決するには、世界中のすべての原子炉を直ちに停止するしかありません。低線量による加害のもっとも敏感な指標を私たちは研究しました。二五〇〇グラム以下の体重の新生児の数の、出生全体に対する割合です。合衆国ではこの割合は一九四五年から増え始めます。たとえばニューヨーク州では六％でしたが、一九六五年には九％にまで上昇しています。その後、大気圏核実験の停止で多少、改善されましたが、七〇年代の末期、スリーマイル島事故の後に再び上昇に転じ、以後、今日に至るまで上昇し続けています。

低体重児の増加は低線量被曝による免疫系の加害の指標の一つです。たとえば一九四五年から六五年の間に二五〇〇グラム以下の赤児の生誕が四〇~五〇%増加しましたが、その後で私たちはベビーブーム世代［第二次大戦直後に生れた人々］の健康状態の悪化を目にしました。この世代は一九六三年に一八歳になったのですが、この年に合衆国では大学進学適性試験（SAT）の受験者たちの学力が謎の低下を記録しました。二〇年前に生誕時の低体重に関して描いたグラフを、二〇年たってもう一度なぞることになったのです。

こうした二つの現象の関係に最初に疑いを抱いたのは、私の同僚のスターングラス博士でした。私はそれにさらに、別の社会的経済的な異常が付随していることを示したのでした。たとえば一九七〇年以後、ベビーブーム世代からは多量の失業者が出ました。この人たちは二〇年間にわたって、社会的に非生産的であり続けました。この世代が三五歳になった時に、エイズをはじめ免疫不全による病気が色々と出現しました。若い女性の間では乳癌が増加しました。これもまた大気圏核実験に起因する加害の現われです。国家安全保障会議によれば、広島原爆四万発以上に匹敵する実験が行なわれたのです。

合衆国でもソヴィエト連邦でも、子どもたちはこういうタイプの放射能に曝されたのです。八〇年代には、核化されている国それぞれにつき、ベビーブーム世代の免疫系の劣化の度合いを、示すことが可能でした。死者数全体に占めるこの世代の死亡者数の比率を、一九八三年と一九八八年について示せば、核化されているすべての国で、この比率は上昇しています。逆に、死者全体に占める二五~四四歳の割合は一九〇〇年から一九八〇年の間、低下していたのです。

八〇年間にわたり、この年齢層の人たちは労働人口全体の中でもっとも健康に恵まれていました。健康状態は年々、良くなっていたのです。そして、一九八三年から一九八八年に、核化されたすべての国々で、この年齢層の死亡率の上昇が起こったのです。

唯一、日本とドイツでだけは、ベビーブーム世代の死亡率の上昇がありませんでした。歴史の皮肉でして、まさにこの二つの国は戦争に負けたからこそ、子どもたちを原子爆弾の製造と実験による分裂生成物に苦しませることにならずに済んだのでした。第二次世界大戦に敗北することによって彼らは第三次世界大戦に勝利したのだと申すこともできましょう。

裁判長

統計資料はどこからお取りになられたのですか?

ジェイ・M・グールド教授

統計データはすべて「国際連合世界人口年鑑」からです。死者数が年ごと、年齢階層別に載っています。一九八三年と一九八八年の死者総数のうちに占める二五～四四歳の年齢層集団(ちょうどベビーブーム世代にあたります)の割合をご覧になれば、合衆国ではこの割合は一八%、フランスでは一五%、イギリスでは八%上昇し、ドイツと日本では下降していることがお分かりいただけます。言い換えますと、国際連合の数字によれば、ドイツと日本のベビーブーム世代の死亡率は低下したのです。

多くの国がこの両者の中間に位置しています。ノルウェイのように原子力発電所のない場合でも、イギリスの原子炉、たとえばセラフィールドの余波を受けるということがあるからです。何年か前の報告会議でノルウェイからの研究発表がありました。南北の方向に走る山脈があり、西側に住む子どもたちは東側に住む子どもたちに比べて学校の成績が悪いのです。西側の子どもたちはセラフィールドの放射能に曝されているからなのですね。原子力発電所があるわけでもないのに、近隣の国の原子炉の悪影響を受けてしまっている国というのは幾らでもあります。オーストリアには原子力発電所はありませんが、スイスにはあります。さらに両国ともに、フランスの原子力発電所の作り出す放射能を蒙っています。まったく不当です。こうしたことからもまた、世界中の国々が何にも増してやるべきことは、商用軍用を問わず原子炉の廃止なのです。

裁判長

ありがとうございました、グールド教授。

さて、ここでさまざまな分野の専門家の方々に質問をぶつけても良いかと思います。法廷が今日聴聞しました証言は何れもたいへん専門的で、説明がないと理解できない部分もございます。そこで、シュミツ＝フォイアハケ教授、振津博士、そしてまたニデカー博士をお呼びしたいと思います。

インゲ・シュミッ＝フォイアハケ教授

私は物理学者で、ドイツのブレーメン大学で長いこと放射線測定と低線量の効果の分野で仕事をしてきました。

現在はドイツのクリュンメルにある原子力発電所の近隣で、白血病の増加を調査しています。公の側の言い分は周知のものです。正常に運転されている原子力発電所から出されている低線量の放射能が、何か大きな効果を及ぼすことなどありえないと言うわけです。けれども、私たちには証拠があります。近隣の住民の間に白血病があることがはっきりしたのです。何らかの汚染事故が繰返しあったことは、敷地内の測定結果から明らかです。そこから、半減期の短い放射性核種の漏出が何度かあり、許される限度を超えた被曝をもたらしたことが分かります。ただ、監視当局はこれをあくまでも否定していますが。

原子力発電所の事業者は監察を受け入れるべきはずですが、公でない立場で介入しようとしますと、巨大な圧力に曝されます。個人の立場での調査を援助してくれる研究者仲間をドイツの大学で捜しても、ほとんど見つかりません。

国民の半数以上が原子力産業には反対していますのに、研究の主流は推進の方向にのっとったものです。連邦政府も地方当局も原子力の側に立った研究に財政援助をしています。「客観的でない」というレッテルを貼られた研究者たちには、助成金も連邦政府の研究基金もいっさい下りません。反核の立場の研究者は客観的でないというのが彼らの言い分です。

そういう風ですので、データがあっても国際的な専門誌に発表させてはもらえません。まじめな研究とは思えませんという返事が返ってまいります。今に始まったことではありません。ずっと以前から多くの仲間が経験してきたことです。バーテル先生がよくご存知でいらっしゃいます。だからこそ私たちは批判的な立場の科学専門誌を創刊したのです。

モスクワやミンスクやキエフにいる研究仲間たちが、低線量への長期にわたる被曝は主流派の主張の中で認められているより遥かに有害なことを、今日では明らかにしてくれています。被曝の中で一番危険の高いのは広島や長崎でのように、一回だけ大きな爆発があった時のもので、そうでない長期的な被曝は何の効果も及ぼさないと、かつては言われていました。公の立場の専門家たちも、低線量に持続して被曝すれば癌になることを認めてはいます。それでも彼らが言うには、日本の原爆から分かったことは、線量の数値は実に低いもので、無視して構わない程度である、というのです。

今こそ私たちは、低線量被曝の効果を研究するべきです。主流派の理論を根拠にして批判を受けたり傍流に押しやられてきた科学者の方々のおっしゃられることにも耳を傾けるべきなのです。この法廷では私たちのような者にとってさえ極めて新しい事実のご発表が色々とございました。お話をうかがいまして、チェルノブイリで起ったことの結果を私たちは随分と過小評価していたのだということが良く分かりました。
合衆国のスリーマイル島の事故ですとか、核実験についてもその生み出した帰結は充分に物理量としての研究がされていません。以上、本日お聴かせいただいた証言から思いついたことをコメントさせていただきました。

裁判長
ありがとうございました、シュミツ＝フォイアハケ教授。
ではニデカー先生、お願いいたします。

アンドレアス・ニデカー博士
医師の団体を代表してお話をさせていただきます。核戦争防止医師会議（ＩＰＰＮＷ）と申します。わりと古くからある団体です。六〇年代に合衆国で創立された時には社会的責任をとる医師の会という名称でした。八〇年代の初めに国際的な組織になりました。
核兵器の拡散や核戦争を憂慮して活動してきた団体です。そのうち幾つかの支部では、特に欧州、中心はドイツとスイスですが、原子力産業全般を相手に努力を集中してきました。
スイスでは原子力を巡る議論は二〇あるいは二五年ほど前から、人々の間で続いています。議論はとても活発で、私たちの団体も発言を続けてきました。スイスは現在、一〇年の一時停止(モラトリアム)になっていまして、原子力側の都合に合わせた決定はこの期間中はすることができません。スイス支部の会員はおよそ一二〇〇人の医師たちです。私たちの職業は社会的に重みもあり、信頼も得ていますので、私たちの国の原子力の未来をどうしていくのか、その決定のプロセスにそうした重みと信頼とが重要な役割を演じることもあると思っています。それを活用していくことが大切です。

このような時代に、政府に常に信頼を寄せる、というわけにはまいりません。人々はバラバラで、受け身で、必要な知識がない場合も少くありません。政党はどこも想像力がなく、人々の熱意を掻き立てることはできません。

自立したさまざまな非政府組織（ＮＧＯ）にはいろいろな新しい考えの旗振り役になることもできますし、行動も迅速です。今日この部屋に集っている私たちのような小さな集団が、この法廷が次の月曜日に出す判決を、特別に強いインパクトのあるものにしていくことが非常に重要です。

それでもなお、原子力の推進派との間に話し合いの回路は維持していくのが大切だと私は思います。仲間うちだけの小さな輪の中でなら、推進派の人たちをギャング扱いすることだって、多分できるでしょう。本当にギャングだったといたしましても、公の場でギャング呼ばわりをするのはマズいです。話し合いの可能性が丸ごと失われてしまうからです。情報が欠けていたり、その他いろいろな理由から、原子力に未来があると信じている人たちとの間に話し合いの道を閉ざさないことが大切です。

時間は私たちの味方です。今週のＩＡＥＡの会合を聴いていて分かったのですが、推進派の人たちの間にこのところ、対立が生まれているようです。会議に出ていた人たちが揃いも揃って狂信的な推進派、ということはありません。ベラルーシやロシアやウクライナの代表団は抗議をしていましたし、中には首尾よく批判に耳を傾けさせた人たちもいます。

安全性を強化しようとしますと、追加策一つ一つに莫大な費用がかかります。原子力発電所からは利益が上らなくなってきています。もっと別のより良いエネルギー手段に投資をする方が安上りになってきました。

アモリー・ロヴィンスとＥ・Ｕ・［フォン・］ヴァイツゼカーの出した「四という因数」という本をつい最近読みました。エネルギーの未来への新しい考えをいっぱい与えてくれる本です。こういうメッセージが載っていましたので、そのままお伝えしましょう：私たちは原子力から蒙った害悪を一つ一つ数え上げるだけでは足りません。解決策になる別の選択肢を一つ一つ話題に乗せていく必要があります。

この法廷の出す判決では、原子力を停めても代りになるエネルギーは存在するのだということを、強調することが大切で、原子力による損害がどれだけ莫大であれ、それを裁くだけでは不十分です。それがあってはじめて、政治家たちの関心も引き付けられますし、東欧の学者たちの興味も引けます。そうした人たちは代替エネルギーがあることを知らないことも多いからです。ドイツやスイスでは、代替エネルギーへの道がはっきりと見えるようになってきました。「四という因数」のような本を読むと、新しいパースペクティブが開けてきます。

世界銀行など、世界的な財政機構の投資政策にも影響を与えるよう試みていく必要があります。世界銀行は古くなった原子炉の更新に金を貸すだけではなくて、原子力への代替になるものへの融資に合意すべきではないでしょうか。こうした金融機関に、こういう方向で圧力をかけるべきです。私は放射線科の医師です。診断や治療にX線を使っている私が、どうして原子力の批判などするのか、それをお話しいたします。患者さんの体内に放射性物質を注入しますが、その方はご自身の病気によって危険な状態と向き合っておられます。だからこそ、ごく少量の放射能を診断に使うことが、正当化されるのです。国全体に放射能を浴びせ、何の防護手段もない何百万という人たちを汚染する、というようなことを私はしていません。それは全然、別の情況の話ではないでしょうか。

放射線科の人間には原子力に批判を浴びせる資格などない、というのは誤りです。

そろそろ結論になります。ヘンクストの「放射性時限爆弾」という本から孫引きさせていただきますが、数年前に亡くなりましたオーストリアの哲学者ギュンター・アンデルスからのものです。「万国の死に行く者たちよ、団結せよ！」このまま原子力が継続していくとしますと、人類にとってはまさに死刑判決です。

もう一つ、原子力調整委員会（NRC）のヘセルシュタインから引用します。「チェルノブイリの結果」という本からです。「この国の原子力発電所の運転員たちの手で守られている安全性の水準からして、二〇年以内に炉心溶融が起こり、チェルノブイリで判明している数値と同等かあるいはそれを上回る放射能が放出される結果になるのを、私たちは覚悟しておくべきである」。つまり、これが私たちの置かれている現状です。私たちには広めるべき一つのメッセージがあり、多大な責任を負っています。

ありがとうございました。

裁判長

ニデカー先生、ありがとうございました。

ではアクィラ先生をお呼びします。

スシマ・アクィラ博士

皆様方の前で証言をさせていただきますことを、お礼申し上げます。

私は公衆衛生が専門の疫病学者で、ヌーカスル大学にいます。学科で同僚たちと久しく取り組んでまいりましたのは、環境の異変が人間の健康に及ぼす帰結の研究です。私はボパール国際医師会議の一員でもあります。

私がここで申し上げたいのは、お聴かせいただきました数々の効果のうちで、科学者たちにとってもっとも重大な問題は、観察されている効果と放射線被曝との間に存在する関係を、政治家たちと世論に納得させることだということです。

大爆発の結果を示すのならずっと簡単です。線量も膨大ですし、結果は直後に現われます。おおぜいの人たちが害を受け、おおぜいが死にます。

汚染のもとが放射線であってもなくても、低い線量による汚染の話では、統計学的に有意な諸結果をようやく手に入れた時には、既に一〇年、一五年、場合によっては三〇年、四〇年がたってしまっていたりします。科学者たちの世界で充分な了解が得られるのを待っていたのでは遅過ぎます。

何人もの証人の方がおっしゃっておられましたが、発表の場がないのも、もう一つ、大きな問題です。かくかくしかじかの汚染がこれこれの病気の原因であります、と名指しの論文を発表しようとでもするならば、その論文はボツになります。そんなものを掲載するのは政策上マズいということです。

次に第三の問題ですが、被曝している人々の間での病気の増加を明るみに出したといたしまして、結び付きの存在の証明はまた、それから先の作業になります。ほとんどの場合、原子力発電所のすぐ周囲に暮している人のは貧しい人たちです。生きるギリギリのお金しかありません。そして、わりとどこにでもあるような病気が問題になることが多いのです。貧しいために病気になったのか、汚染に曝されたせいなのか、区別は簡単につきません。銘々が線量計を身に着けて、どれだけ汚染を受けているか示せれば、あるいは、病気の出現と被曝の重度とが関係づけられれば、ことはずっと簡単なはずです。でも、そんなことは不可能なのです。

チェルノブイリの近隣に暮している人たちのこと、大災害の犠牲者の方々のことですが、そういう方々を前にしても研究に耽るばかりと言うような印象があります。いつも同じような研究ばかりの繰り返しです。科学者たちの集団が次から次、決まりきった研究をしにやって来ては右往左往いたします。当事者たちはそういう研究の結果は絶対教えてなんかもらえません。結果は活字にできないことがほとんどですし、たまに一般向けに出されることがあったにせよ、犠牲者本人の手には届きません。

結果が判明したら即刻、検査を受けたご本人に通知することです。それがとても大切です。そうすれば、そうした方々が圧力団体や非政府組織（ＮＧＯ）を立ち上げて、行動に移れます。ＮＧＯについては既にお話も出ておりましたね。

セラフィールドのあたりにまで出掛けていったとすれば、その時はセラフィールドの労働者たちに真実を知らせなければなりません。また別の原子力発電所に行った時でも同じです。失業して、一文無しになるほうがいいか、原子力施設で働くほうがいいか、労働者にたずねれば、答は決まっています。危険性には目を瞑って、働き口の方を取ることでしょう。

汚染源となる産業群を人の住む場から遠くに隔離し、環境も守るけれども、しかし雇用も守る、というようなことは可能なのかどうか、考えてみなければなりません。あるいは、居住区域をこうした産業のある場所からどこか余所へ移すかです。まあ、不可能ではない場合もあるというあたりでしょうか。

そろそろ締め括りますが、原子力産業は発展途上国や第三世界にとっては魅力です。安上がりなエネルギー源ということです。先進国で今、とられているような安全策はないがしろになることでしょう。それが大きな問題になってきます。先進国で三〇年か四〇年に一度、大事故があるとしますと、発展途上国では一〇年もたてば事故が起ることでしょう。お手盛りの安全規準で、それさえ誰一人きちんとは守らないでしょうから、結果は第二のボパール、第二のチェルノブイリです。名前も分からない、現場にいるわけでもない所長とか、あるいは安全規則を守らなかった現場の労働者が責任者でございということです。

最後になりますが、こういうタイプの産業が存在する時、その近隣の人々は、そこで生活を続けることがどういう危険に曝されることになっていくのか、本質的なことを知らされなくてはいけません。大惨事が実際に起こるまでポカンとしていては絶対になりません。いったん大事故が起これば、住んでいた人たちは烙印を押され、移住もままなりません。実際問題、移住しようにも、今の住居には買い手がつかないわけです。だからこそ、立ち退きと汚染のない地区への再居住は、当局がやらなければならない仕事なのです。

ありがとうございました。

裁判長

アクィラ先生、ありがとうございました。
では、只今からは判事の方々にご質問をお願いいたします。

フレダ・マイスナ＝ブラウ判事

ニデカー先生に一つ、質問がございます。代替エネルギーの存在を常に強調していく必要があるというお考えには賛成です。ただ、私たちのすぐ近隣の、チェコ共和国とかスロヴァキアの友人たちに向って代替エネルギーへと踏み出すよう、説得しようとしますと、ここのところ抵抗が大きくなってきています。太陽エネルギーや風力など、国家が大規模なプログラムにどうやったら乗り出せるだろうか、私たちが先に手本を見せたらどうなんだ、というわけなんです。もっともな要求かな、と私は思っていますが。原子力を発達させている国の側から、そうでないあなた方のような国に、代替エネルギーを使うよう要求したとすれば、ちょっと受け入れられません、ということになりますか？
二つ目の質問です。アクィラ先生のように、原子力の雇用先としての魅力にこれ以上、屈し続けるべきだと私は思いません。ロベルト・ユンクが亡くなられたのは残念です。原子力の本はご存知かと思いますが、何年も前にこう提案をしています。原子力の分野で働いている技師たち、科学者たち、専門家たちの中には、良いと思っているわけではない人たちもいます。そういう人たちのために世界基金を設立するのです。そういう方たちが何か興味のもてる新しい科学、または技術の分野を見つけ出せるよう、手助けが必要ではないでしょうか。一度もなかった取り組みです。原子力の仕事から足抜けできるよう、人々を助けることは必要なのではありませんか。

アンドレアス・ニデカー博士

私たちの置かれている情況には、悲観的な見方も色々ありまして、時として同感もいたします。この病は一朝一夕に治癒するものではありません。ただ、私たちの小さな国の国民は、こうした代替エネルギーに興味を引かれる傾向が目立っています。スイスは小さいですが、とても豊かな国です。代替エネルギーへと乗り出す、たいへん興味深い例になります。東欧の国々の指導者たちにインパクトを与えるでしょうし、なぜスイスは代替エネルギーを選んだのかと、考えてもらうことにもなるでしょう。スイスとオーストリアとドイツが同じ経過を辿ることにでもなれば、全世界に巨大なインパクトがあると思います。

ロヴィンスの本を読み終った時には、原子力への投資はこれで減るだろうという印象でした。省エネルギーや、代替エネルギーへの転換は市場として原子力より有望だという意見の人たちはおおぜいいます。西欧のこういう意識変革が東欧に拡がっていかないのはなぜでしょうか。独立国家共同体の国々から今ここに来ておられる方々は、こうした情報の数々をさまざまな人脈を通して拡散していただけますでしょうか。私たちは楽観主義を捨てるべきではありません。先程も言いましたが、時は原子力の敵、私たちの味方でございます。

スシマ・アクィラ博士
私は中期的にはお考えにまったく賛成です。お話の科学者や労働者たちに仕事を見つけるということですと、原子力の放棄に先立って、代替エネルギーが実施に移されている必要があります。太陽光や風力が現実になった時に、私たちは原子力発電所を閉鎖できるのです。

裁判長
法廷のメンバーからのご質問を何でもお受けいたします。専門家の方々には後でまとめてお答えいただきます。

エルマー・アルトファァタ判事
私もニデカー先生に質問があります。
社会的経済的発展に否定的な影響を与えないままで原子力を代替エネルギーに置き換えていけると、本当にお考えになれらますか？　エネルギーの節約は日進月歩です。けれども、ＩＡＥＡの結論を見ますと、温室効果の犯人たる化石燃料に比べれば、原子力は進歩であると断言しています。原子力は必要だ、けれどももっと安全性を高めなければ、とＩＡＥＡは考えています。フォン・ヴァイツゼカー氏の研究所［環境政策のための欧州研究所］が、代替エネルギーに頼るのでは不十分だ、足りるはずもない、ということを明示しています。

私たちには、新しい生き方のスタイルが必要です。生命の方向を向いた、持続の可能な生き方です。生産と消費の様式も、そのためには変っていかなければなりません。代替エネルギーというようなところで停まらずに、より根底的なところに踏み出す必要はありませんか？

私の二番目の質問は、シュミツ＝フォイアハケ教授へのものです。科学者の世界のこうした問題は私にも馴染のものです。まさに、私自身の属している場で起きている問題です。ここ最近、情況に多少の変化があったようには思われませんでしょうか？　変化をさらに要求するべきではありませんか？　世論を動かし、科学者たちの世界に影響力を行使するのもまた、この法廷の役割であってもよろしいのではないでしょうか。ご専門の分野では、原子力の結果についての議論のし方に最近、何か変化が読み取れる、ということはございませんでしたでしょうか？　あるいは出版のされ方ですとか？

岡本三夫判事

シュミツ＝フォイアハケ先生に、チェルノブイリ大災害の後にドイツで行なわれた疫学的研究についてお聴きいたします。一九八六年のチェルノブイリの直後、六月と七月に私はドイツにいたのです。ベルリンの一部にたいへん汚染の激しい地区があると知り、西部地区で粘土を採取し、ハイデルベルク〔ドイツ中南西部の都市〕の墓地の試料と一緒に合衆国のある研究所に送りました。ベルリンのものと南ドイツのものと、この二つの試料からは同じ量の放射性核種が検出されたと研究所は言ってきました。西欧全域で、汚染は比較的一様だったように思います。メディアではそういう報道はありませんでした。スウェーデンやイタリアやスイスの話ばかりでした。
私が南ドイツで経験いたしましたことは、低線量による汚染はずっと広範な地域に達していることの現われかと思います。

コリン・クマル判事
質問は三つございます。
第一に、今朝お話をおうかがいしました科学者の方々への質問です。この中にどなたか、あるいはそのお仲間でもけっこうですが、女性への放射能の効果を研究なされた方はおられますか？私はこの問題にメディアの注意を引き寄せられないものかと思っているのです。
第二は、「内部の敵」の著者としてのジェイ・グールド先生へのご質問です。私は、原子力が南側をどういう形で巻き込んでいるのか知りたいと思っています。先生は北側の各地の原子炉を、西側、東側の双方で調査なさいました。太平洋での核実験を通じて、合衆国とソヴィエト連邦が海洋に撒き散らした核廃棄物やアフリカへの放射性降下物など、どう考えればよろしいのか、ということです。

第三に戦略的な面からの充実したお話をしてくださいました、ニデカー先生におうかがいいたします。南側の世界で代替エネルギーをどう使っていけるのか、お話し願えればと思います。

成長の主流派モデルにある、国民総生産や消費優先、モノ優先の考えに基いたひたすら量的な進歩の観念を変えていかなければと私は思っています。そうした枠組みでは、エネルギーの分野ではどんな代替モデルが描けますでしょうか？

スレンドラ・ガデカル判事

リュドムィラ・クルィシャノフスカ教授に、チェルノブイリ大惨事の心理学的、精神的な帰結について、一つ質問があります。広島と長崎の原爆の後のブラブラ病と呼ばれているものと、結びつけてお考えになられたことはございますか？　実際、ご説明になられました数々の症状はブラブラ病について述べられていることと、たいへんよく似ています。私たちもラジャスタニで、同じような症状を観察しています。

ニデカー先生にも質問が一つございます。太陽エネルギーあるいは風力への転換をお話しになられました。第三世界ではどうやってそれを広めていけばよいでしょう？　北では許容されなくなったさまざまな汚染産業が南に入り込む姿を何度も私たちは見ています。原子力でも、同じことになるのではないでしょうか？

最後に、スシマ・アクィラ先生に質問があります。原子力発電所の近隣に生活する人たちには、それによる危険性について、事故が起きる前に情報を与えるべきだ、というお話でした。しかし、その情報に誰が責任をもつのですか？　産業自体に任せておけば、危険なんかありません、という話になります。そういう断言なら、これまでに何度も聴きました。どうやって、また誰によって、そうした情報は実現するのでしょうか？

裁判長
まず、三人の判事の方々のご質問について、証人の方々にお答えいただきます。残りの判事の皆様へのご質問につきましては、私たちの手で集約させていただきます。

インゲ・シュミツ＝ホイアハケ教授
岡本判事から、チェルノブイリ事故後のドイツの汚染についてご質問をいただきました。重大な汚染を私たちが受けたのは本当です。人体組織に集積した線量は〇・五ミリシーベルト程度だと、公機関は明言していました。南部、とくにバヴァリア地方の一部では線量はもっと高くなっていました。
こうした汚染の帰結については、何人もの科学者たちによって明らかにされています。バヴァリアでは染色体の異変が見られ、大量の降下物を裏付けています。こうしたデータはきちんと公表されることなく、報告会の内容要約書などの「灰色」文書として配られただけです。

事故の翌年には出生直後、死亡率の上昇の話が何度も出て、汚染が原因だと考えられました。実際、出生直後、死亡率を北ドイツと南ドイツとで比較しますと、北は南より遥かに低いことが分かりました。出生直後死亡率は放射能汚染と比例していました。

遺伝学のスペアリンク教授はベルリンでダウン症を見つけました。これを初めて発表した時には不真面目な研究だと、集中攻撃の的になりました。けれども教授は再度、調査を行ない詳しい資料付きの論文をまとめています。どんな批判も跳ね返せる質のものだと思います。ここ数年は国際的な専門誌にも記事がつくようになりました。

ドイツの科学界で、ものの見方に変化があるのでは、というご質問もございました。チェルノブイリの事故後に、自分でものを考えよう、という医師たちが増加し、原子力に反対して闘いました。

けれども、がっかりさせられることも多いです。どこまでいっても少数派でありまして、本当の影響力を持つには至っていません。一方で、自己規制の問題などもありますが、もっと明ら様な腐敗があります。実際に計測した数値ではなく、別の数値を発表するわけで、見え透いていようが平気です。身近にもそういう人たちがいます。本当に悲しいことです。けれども私はこうした情況を変えていけるよう、働き続けます。

アンドレアス・ニデカー博士

代替エネルギーの話をいたしますと、この法廷の基本主題から逸れていくことに気付きました。ですが私は、月曜日の判決文の中に、代替エネルギーが存在すること、また代替エネルギーが希望を与えてくれるというメッセージを、ぜひ挿入していただきたいと思って、触れさせていただきました。アルトファタ判事は「因数四(ファクター)」という本のお話をされました。たいへん重要な本だと私も思います。読後に私は、これ以外に解決の道はないとの思いをいっそう強くしたのでした。人類にはここ四〇年より前には原子力なんかありませんでした。なくたって、やっていけるのです。私の信念です。理由ですか?

太陽の力はまことに強大で、私たちの地球の表面に振り注ぐ光線こそは私たちにとっての重要なエネルギーの源です。ちょっと計算してみました。スイスにある建物の屋根の南に向いた三分の一を太陽光パネルまたは光電池で覆えば、原子力発電所をすべて閉鎖できます。あるいは、低消費電力型の電球がわが国に広く普及すれば、それだけの電力節約で、「ブルガリアの」コズロデュイ原子力発電所［当時、世界一危険な原発と話題になっていた］を閉鎖できます。エネルギー節約による革命とはこうしたものです。

スシマ・アクィラ博士

予想していた通りのたいへんデリケートな質問が出ました。大惨事が続いたのを受けて、多くの国々で規則や法律が変わりました。合衆国でも、イギリスでもです。危険な工場は大気中や水中への廃棄を地方当局に通報する義務があります。この情報は一般の人も閲覧資格があります。けれども、施設の近隣に住む人々は問題の地方当局からどうやって情報を得ればいいのか、分からないでいます。これが問題です。

責任の所在は、私の考えでは幾つものグループにあります。

まず第一に、そうした産業の労働者たちとその組合とが、自分たちの労働の枠組み内で直面する危険性について、自ら評価を行ないます。彼らはこうした情報を地域の共同体に、分かりやすい言葉に翻訳して伝える必要があるでしょう。労働者たちはその共同体の中で生きているのです。

私が責任があると考える第二のグループは、NGOです。NGOならば地方当局がもっている情報も手に入れられることが多く、また地域の人たちに情報を配布する際に必要となる信頼性もNGOなら得られることが多いようです。

第三のグループは公衆衛生に携わる行政所属の専門的職業人たちです。私たちが研究で結果を得た場合、私たちが真っ先に果たすべき責任は、私たちの研究に関係のある公衆に情報を広めることです。私たちは研究に関する責任を、公衆に対して負っているのです。汚染の危険性の直面している公衆は、その危険性について漏れなく情報を受けられるべきです。

裁判長　では、ここで今朝お話になられた方々の中から、判事から質問の出ています三人の方を順にお喚びいたします。

グールド博士、お願いいたします。

ジェイ・M・グールド博士　南のことで私に質問がありましたのでお答えしますが、あともう一つ、昨日から何度か繰り返し話題になっている質問、つまり、ある種の科学者の政府との共犯性についても、お答をさせていただきます。最後に、現在、合衆国で原子力産業を襲っております、深刻な危機についてもお話しできればと思います。

合衆国には軍用の原子炉が一七基あります。三基は停まっています。この停止は冷戦が終結したからではありません。私の国は原子爆弾を手放そうとはしていません。建物の放射線量が余りにも高くなり、科学スタッフも技術スタッフも、もう中で働けなくなったので、閉鎖されたのです。この分野は危険性が高すぎる仕事ばかりになってきたので、何十万人という労働者たちが失業しています。商用原子炉も五基が停止していまして、これは冷却プールが使用済み燃料棒で満杯になってしまったせいです。

対策決定の討議集会に私も要請を受けて参加をしたことがあります。原子力安全委員会（ＮＲ

C）の人たちと、コネチカット州内の原子力発電所のおおぜいの専門家たちが、一般の人たちに支持を訴えていました。冷却プールにこれ以上空きがないので、使用済み燃料棒の置き場がなく、発電所は閉鎖するしかないというのです。役人たちはこの燃料棒をネヴァダ州のユカ山中にある、放射能の国営墓地と呼ぶ場所へと運び出すつもりでいたのです。けれども、移送が必要な物質は何十万トンもあり、それが合衆国中を通り抜け、ロッキー山脈を超えて、ネヴァダにある未来の居住場所へと落ち着くまでの間に事故に合う危険度は年に一六回ほどにもなり、その一回一回がスリーマイル島程度の重大事故になる可能性もあるようです。絶対解決不能の問題で、この産業が死に瀕しているという、究極の真実を受き彫りにするものです。

原子炉の問題で出ている数々の判決をご覧いただいても、同様です。廃棄物という、解決不能の問題がどの判決にも出てきます。原子炉を動かしても、もう利益は出なくなりました。合衆国には現在、脱原子力に向けた大きな圧力が存在します。もっぱら、経済的な理由によるものです。北でいちばん金持ちの国の一つで、こんな有様なのですから、こんな技術をどうやって南の国々に提案しようというのでしょう。この解決不能の現状に関する情報を、どんどん出していかなければなりません。

南の国々に関する問題に移ります。南の国々には原子力発電所はほとんどありません。それでもこの国々には五〇年代から六〇年代の初めにかけて、大気圏核実験の時に膨大な放射性降下物を蒙っています。かなりの部分が、アフリカまでも到達しているのです。新生児死亡率についてのスターングラス博士の研究などがありまして、チェルノブイリ後のバヴァリアの情況はお話にも出ましたが、五〇年代の終りに強い熱帯性の降雨により、ザイールには大量の放射性核種、特にストロンチウム九〇が残留しています。

何年もたってから、この時代に生まれた子どもたちには免疫系の機能低下が見られるようになり、この状態は免疫不全症候群(エイズ)の出現で極まりました。たいへんな事態ですが、原子力の側に立つ人々は完璧に無視いたしました。健康へ及ぼす効果を考えれば、核実験を続けるのは無責任極まることだと、最初に明言したのはアンドレイ・サハロフでした。一九五八年に回想録でサハロフは、体内に入ったストロンチウム九〇の短期と長期、それぞれの免疫系に及ぼす効果に触れています。彼がそこで取り上げていたのはベビーブーム世代で、放射性降下物が広島原爆四万発分を超えた頃に生まれた人たちです。サハロフはまた、こんな恐ろしい考察もしています。ありとあらゆる微生物の変異が放射線によって加速されるというのです。その頃には既に、ベビーブーム世代は大人になり、弱体化した免疫系を頼りに、変異した微生物と闘わなければならなくなると、予言することもできたのでした。

エイズその他の後天性の免疫低下の症候群は中央アフリカの湿潤地域で誕生したと考えられています。原子力発電所など一基もありませんが、それでもなお人々は、放射能の帰結で苦しんでいるのです。

女性には放射能はどんな結果を及ぼすかということですが、これはたいへんに重大な問題だと思います。チェルノブイリより以前に私は既に、この分野の研究では、女性の研究者たちが男性たちよりもずっと数多くの研究をされていることに気付いていました。オークリッジ［合衆国テネシー州。エネルギー省の研究施設がある］の加速器の近隣では多くの人々が癌で苦しんでいますが、その地域での放射能の帰結に関する講演会に私は招かれました。癌の罹患率は、ベラルーシから報じられている率に匹敵します。こうした癌があることを否認する人がかなりいますが、たいてい男性です。こういう人たちにとっては真実は財布の中、雇用の中にしかありません。反対に女性たちは、こうした技術の重みを現実の中で背負わされています。それを私たちは理解するべきです。女性たちはまた、私たちが原子力の悪夢から脱出する助けにもなってくれるのです。

裁判長

ありがとうございました、グールド博士

では、クルィシャノフスカ教授にお願いいたします

リュドムィラ・クルィシャノフスカ教授

先刻、私はチェルノブイリ大惨事の後始末人たちについてお話しいたしました。一九八六年当時、この方々の大半は二五～三五歳でした。若くて健康な人たちだったのです。その時代のこの方たちの健康調査票などが、私たちの手許にございます。高線量な（ホット）ゾーンで働いていて被曝をし

ていますが、線量はさまざまです。役人たちや政府の代弁者たちが、この人たちは大量の放射線など浴びていないと決めてしまい、私たちの手で本当の線量を復元することはできませんでした。私たちが行ないましたのは、臨床検査と心理検査です。その結果をご報告したわけです。数々の症状も、症候群も、患者さんの訴えも、私の考えでは、後始末人たちの場合も日本の犠牲者たちの場合も、すべて同一の原因によるものです。

ご存知のように、役人たちは病気と放射能との関係を、決して認めようとしません。何でもかでもストレスのせいにしようとしました。私といたしましては、日本の科学者の方々、精神科医の方々、心理学者の方々と共同研究をさせていただいて、データが比較できればと思います。たいへん興味深いデータだからです。

ロシアとベラルーシの精神科医たちも、同じような結果を明らかにしています。

エレーナ・ブルラコーヴァ教授

クマル判事にお答えいたします。私たちの研究所の実験的研究の結果を今朝、お見せいたしました。文献を調べますと、大半の論文が同じ統計データを使っています。公衆衛生の統計類は公の冊子から引いたものです。ロシアの公衆衛生省のものです。しかし、その同じところから役人たちが引き出す結論は、私たちのものとは真っ向から違います。

面白いのは、こういう点です。私たちの冊子では、低線量放射能のたいへん危険な効果を明らかにしています。逆の例はですね、ＩＡＥＡでラムサエフ教授の放射能の健康への効果に関するご発言がありましたが、私たちにとりましては、セシウムとストロンチウムは年に一センチグレイ以下の線量のときに、癌の原因になります。ラムサエフ教授によりますと、一〇〇センチグレイという線量は危険ではありません。この結論を、教授は私たちと同じ素材から引き出したのです。

もう一つのご質問は遺伝子に及ぼす効果とそれによる障害でございました。動物に低線量の放射能を浴びせる実験が日本で行なわれていて、いつも興味深く参照してまいりました。私たちと同じ結果が出ているのです。私たちのデータを相互に突き合わせてみるのですが、いつも決まって低線量で障害が現われます。上げていきますと、修復プロセスが働きますが、これは二五ミリシーベルトくらいまでです。一センチグレイ以下なら効果は不在だ、などという結果になったことは一度もありません。

裁判長

ありがとうございました。このセッションでお話しいただき、質問にお答えいただきました専門家と証人の皆様にお礼申し上げます。

第五部　日本の体験。広島、長崎

証人

振津（ふりつ）かつみ：医師、原爆犠牲者研究委員会、阪南中央病院、大阪
山科和子：長崎被爆者、チェルノブイリ救援・関西
定森和枝：薬剤師、原爆犠牲者研究委員会、阪南中央病院、大阪

裁判長
では、振津博士にお話しいただきます。

振津かつみ博士
今から私がお話しさせていただく主題につきまして、研究の詳細をまとめたものを、まずは法廷に提出させていただきます。
本法廷での証言をお許しいただき、感謝いたします。私は広島と長崎の原子爆弾犠牲者の方々と接してきました。そのお話をさせていただきます。私は医師です。また原子爆弾犠牲者の被爆者とのかかわりに向けて一九八五年に設立された委員会の一員です。
これらの戦争犠牲者に対し、日本政府が責任を明確にし、被爆者保障に向けた国営基金を即刻設立するよう、私たちは政府に要求しています。

今日、ＩＡＥＡなど原子力側の諸団体は原子力推進の動きを強化し、チェルノブイリの結果を極端に小さく見せかけようとしています。こうした諸団体の拠って立つ哲学は広島と長崎でＡＢＣＣ（原爆傷害調査委員会）やＲＥＲＦ（放射線影響研究所）［一九七五年にＡＢＣＣが改編されてＲＥＲＦになった］が拠って立っていたものと同じです。

広島と長崎に落とされた原子爆弾はアメリカ合衆国が兵器開発の目的で実施した、原爆実験でした。日米合作組織のＡＢＣＣは一九七五年に至るまで研究を一手に統制していました。組織の目的は放射能被害者の救済ではありませんでした。原子力の推進だったのです。これらの機関は国家の公式機関になっていて、放射線防護の基準値の設定などに権限をもっていたのですが、じつは原子力側の団体に過ぎません。

チェルノブイリ大災害の犠牲者たちの研究から、数々の有益な情報が引き出せます。甲状腺癌でも白血病でもない、別の病気の増加について、まず最初にお話しさせていただきます。被爆者たちはさまざまな病気に長いこと苦しみ続けていますが、そうした病気が爆弾の結果であることは、公式には認められていません。

チェルノブイリ事故の後、住民たちが苦しめられてきた症状や障害の数々は広島長崎の被爆者の間にも、同じように見られるものです。一九八五年から九〇年にかけて私たちは一二三二人の被爆者を研究いたしました。平均年齢は五九・五歳（男性五五四人・女性六七八人）です。私たちの調査によりますと、被爆者たちのうち五〇％を超える方々が何度も繰り返して入院をなさっておられたり、日常的に通院を余儀なくされておられます。九〇％の方々が調査の時点で何らかの治療を受けておいでてでした。同じ年齢層の人々の一九八六年の全国平均（日本の厚生省のデータバンク「国民生活基礎調査」による）と比べて、二・五倍も高い数値です。腰痛の発症頻度で三・六倍、高血圧で一・七倍、目の病気では五倍、神経痛や筋肉痛では四・七倍、貧血と白血球減少とが一三・四倍、胃痛や胃炎も同じような水準です（図表48）。

ＡＢＣＣとＲＥＲＦは、そうした一般的な病気は放射能とは何の関係もありません、彼らの研究によってそれは証明されています、と一貫して断言し続けています。癌の一部と、白血病、貧血、血液病の一部と白内障だけが例外的に認められています（「成人の健康の研究」および「寿命研究」）。

これは大いに批判の余地があります。彼らの統計的研究では、被曝していない人々であるはずの対照群に、ある距離以上で被曝した人たちが混ぜ込まれていることが多いのです。こうしたことがあるにもかかわらず、日本政府はＡＢＣＣやＲＥＲＦの出してくる数値に拠って、放射線の規準値や賠償が受けられる被爆者の選別規準などを定めているのです。それだけではありません。数値は全世界に配布されていて、原子力の側に立っている諸集団は、各地でのさまざまな放射線被害や原水爆実験の、あるいはチェルノブイリの被害者たちが苦しんでいる一般的な病気への賠償を拒否する目的で、こうした数値を広めているのです。

チェルノブイリの犠牲者たちの間で数多くの「一般的な病気」が増加しているのに、原子力の

図表48　広島、長崎の被爆者の主な病気への罹患率。全国平均との比較。

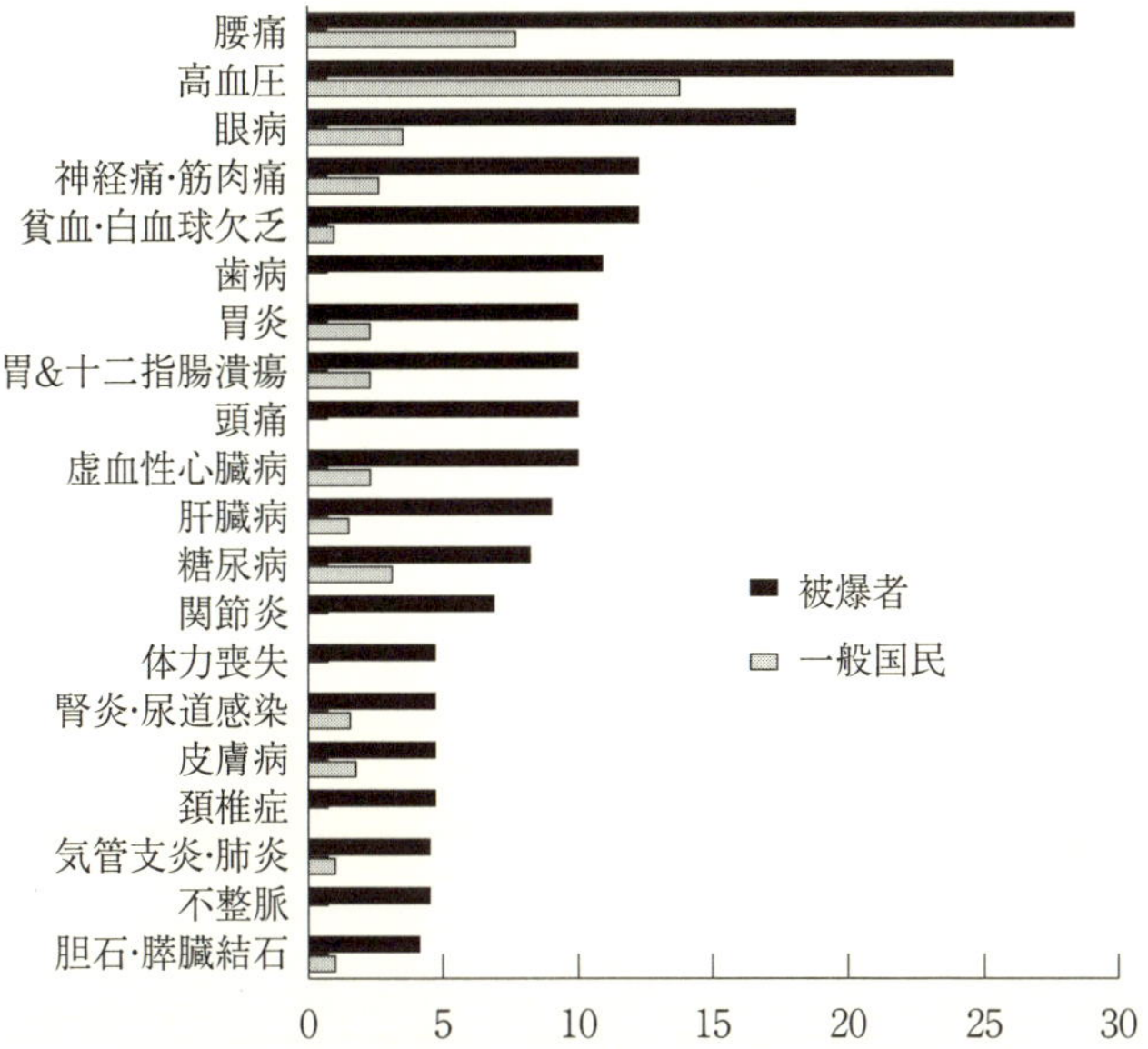

歯病、頭痛、関節炎、体力喪失、頚椎症、不整脈については、「国民生活基礎調査」に該当項目がなかった

側に立つ諸集団はこうして、認めるのを拒んできました。増加と、放射能との関係を全面的に否認しています。すべてはソ連崩壊後の経済的＝社会的な混乱の結果であると言うのです。放射能の結果そのものは、経済的＝社会的危機の重大さに比べれば、たいしたことはないとさえ言っているのです。原子力の発展にともなって生み出された惨禍に対して一切の責任を否認し、こうしたあらゆる病気に苦しんでいるチェルノブ

イリの被害者たちへの賠償を拒んでいるのです。広島や長崎の犠牲者たちの苦しみから教えられた私たちは、原子力の側に立つこうした人々のこうした姿勢を断じて許すことができません。

私が二番目にお話しさせていただきたく思いますのは、被爆生存者の間に高い頻度で観察される、主観的な症状のことです。「原爆ブラブラ病」です。多くの被爆者の方々が、こんな風な症状を訴えておられます。疲れる、目まいがする、動悸がする、背中が痛い、肩が凝る、首が痛い、といったことでありまして、こうした症状の総体を正確な名称で現わすのは不可能です。そんなわけで、「原爆ブラブラ病」というようなことで、大きく一まとめにされています。私たちはこれを、放射線被曝によって引き起こされる、重要な症候の一つであると捉えております。

健康のこのような悪化は無視され、爆弾の犠牲者たちの健康上の問題の数々を極端に軽視する人たちによって「心因性の障害」だという扱いをされてきました。けれども、似たような症状は日本の原子力発電所で放射線に曝されてきた労働者たちの間でも、観察されていますし、ハンフォードの原子力施設の風下に住んでいる人たちの間でも、チェルノブイリの子どもたち、汚染地域に暮している人たちの間でも観察されています。こうした被害者たちの全員にわたりまして、この症候群は放射能に帰因すべき症状なのだと、私たちは考えておりまして、ストレスのせいだ、心因的なものだという扱いは止めるべきであると、考える次第です。

実際、私たちは、爆心地に近い線量のより高い地域では、ブラブラ病に苦しむ人々の数も多く、症状も重いことを、示すことになりました。

私たちの考えでは、「原爆ブラブラ病」こそは、爆弾犠牲者たちの生活の質や労働能力をもっとも重く変質させた要素のひとつです。ですが、ＡＢＣＣはこの病気と放射線被曝とのいっさいの関係を否認したのです。

チェルノブイリで被曝した子どもたちや、そして大人たちの間では、疲労、頭痛、目まいといった症状はよくあることです。これについては今日、クルィシャノフスカヤ教授もお話しになられました。けれども原子力側に立つ科学者たちはチェルノブイリ犠牲者たちのこうした数々の症状を、社会的、あるいは心理的な危機、あるいはストレスに関連付け続けているわけです。

結論といたしまして、一方の広島と長崎、もう一方のチェルノブイリはそれぞれに特殊性を持っております。けれども、放射能による健康への加害という点から見ますと、たくさんの類似点がございます。原子力の側に立つ人たちは放射能の結果であるという認識を拒むのですが、そうして犠牲者への賠償をなしで済まそうとしているのです。

原子力の側に立ったＩＡＥＡのような諸集団のこうした姿勢に関しては、私たちは批判を強めていかなければなりません。また特に、こうした惨禍の根源であります、原子力政策に終止符を打つ必要があります。チェルノブイリ大災害が二度と繰り返されないようにするためです。原子力の側に立つ諸集団に抗して、科学者たちと犠牲者たちとがそして地球上のすべての住民たちを巻き込み、手を携え合った運動で、対抗しなければなりません。

ありがとうございました。

裁判長
振津先生、ありがとうございました。
では、山科さんにお話しいただきます。

山科和子氏
皆様方の法廷での証言をお許しいただきまして、感謝を述べさせていただきます。私は被爆者でございます。長崎の原子爆弾を生き延びた人間です。その地で私は、両親と兄弟姉妹を失いました。私の人生に深い刻印を与えました、放射能による苦しみ、そして冷酷さにつきまして、かいつまんだお話しをさせていただきます。
ご覧に入れますのは、折り鶴でございますが、原子爆弾を生き延びた、被爆者たちのシンボルです。私はどこへ参ります時も、この折り鶴を持ってまいります。私にとりましては、この鶴たちは両親、そして兄弟姉妹に代わるものです。私は指の骨が変形していて、痛みます。私の両眼には人工の水晶体が嵌っています。
長崎に爆弾が投下された時に、私は爆心地から二キロのあたりで仕事をしていました。家に帰ろうとしましたが、地区一帯が火の海で、どうすることもできません。その晩は自宅から九〇〇メートルほどの橋の下で眠りました。両親や兄弟姉妹から離れて夜を過ごすのは、始めてのことでした。病と貧困の生涯が待ち受けていようとは、つゆほども疑ったことのなかった私でした。ヒバクシャというような言葉も、その時にはなかったわけでございます。

私たちの住まいは爆心地から三五〇メートルほどでした。火事が鎮まるとすぐに、私は家に帰り、両親を見つけました。四〇〇〇度の熱ですっかり炭化した姿でした。周囲にはあちこち遺体が山になっていましたが、兄弟姉妹は見つけだせませんでした。見渡す限り、瓦礫や溶けた煉瓦、そして遺体ばかりで……。

親類や近しい人は長崎には他にいませんでした。私の父は駅長として長崎に赴任していたのです。幾晩も幾晩も、私は両親の遺体の間近で眠りました。昼の間は兄弟姉妹を虚しく捜し続けました。食べる物もなく、遺体の漂う川の水を飲んでおりました。

八月一五日に、日本は無条件降伏をいたしました。私は粘膜という粘膜から血を流し、全身に深い火傷を負い、震えと高熱とで歩くのも困難な状態で、その報せを聞きました。八月一七日に私は、両親の遺骨を胸に抱き、長崎を後にして、生れ故郷の大阪の病院に収容されました。

九月一九日にマッカーサー元帥のＧＨＱは日本の報道に対し、原子爆弾への言及を禁ずる通達を出しました。原子爆弾に関する資料は一切合財合衆国に移送しましたが、その際、爆弾によって死ぬ人間が出るとすれば、一九四五年一二月までに全員が死亡するはずであり、それまでに死ななかった人たちは放射線から免れた人たちなのだと断定したのでした。こうしたことが元となって、放射能の効果は長いこと世界中の人たちの目から隠されることになりました。日本の人たちにさえ隠されることになったのでした。私がかかった医師たちのうちのある一人などは、私を梅毒か淋病の患者として扱おうとしました。私の異常な疲労や、出血、皮下出血による紫斑、下痢などから、そう診断されると言うのでした。

一九五七年に原子爆弾犠牲者に関する法律がわが国の政府の手で成立し、私は犠牲者の一人として認定されました。それでも私は安心できませんでした。と申しますのは、ヒバクシャであることが人に知れわたってしまいますと、私にはもう、仕事を見つけることもできなければ、結婚することも生涯できなくなるに違いないと思ったのです。私は嫌われ者になるに違いないと思い、ヒバクシャであることをずっと隠して生きなければなりませんでした。

一九六三年に、突然、高熱に見舞われました。被曝から一八年が経過していましたが、私の身体は硬く、黒くなり、長崎の焼け跡で出会った遺体と同じになったかのようでした。皮膚が正常な色を取り戻すのに三年かかりました。夜毎、私は悪夢にうなされ、死者たちの声を聞いておりました。

こうした体験から私は放射能の冷酷さ、危険性に思い至り、反核の運動にかかわるようになりました。ニューヨークとベルリンで開かれた核犠牲者の大会で、私は証言しました。

親もなく子もない私は、身軽な状態で運動に参加ができますし、ヒバクシャであることを大っぴらにもできます。もし子どもがいたといたしましたら、間違いなく私は、ヒバクシャであることを隠し続けていたでありましょう。被曝二世、三世といわれる方々も、未だに結婚差別を受けておられるのが、現実なのでございます。

ご存知かと思いますが、一九九五年一月一七日に、日本で大きな地震災害がございました。私の故郷の大阪も神戸から二五キロほどでございまして、激しい振動を受けました。テレビで神戸の街が燃え、黒煙が上り、家々が崩れ落ちていく様子を見ていました。こうした映像から五〇年前の情景を思い出したのです。私は再び高熱を出して苦しみ、夜毎、死者たちの声を聞くようになりました。立っていることさえ困難になってしまいました。

原子爆弾による放射能の効果は、こうして長い年月を経ても、私の体から離れて行ってくれてはいないのだと、私はこうした体験から思い知るのでした。ＡＢＣＣは原子爆弾がヒバクシャに与えた効果の研究を始めていました。けれども、ヒバクシャをただただ検査するばかりで、治療はしないのです。私のある友人は、大阪から広島まで、ずっと通わされ続けていました。長いこと、ＡＢＣＣに従うために広島行きを続けていたのでしたが、歳を取り、疲れ果てて、ついに行くのをやめたのでした。

戦争を体験し、その破局の結末に苦しみ、原子爆弾による病にも苦しみました私たちは、日本が戦争をしてしまったことを悔みます。私たちのこの苦しみの数々は、天が私たちに下されました罰かとさえ思うのでございました。

私たちは、人体と自然を破壊する原子力を拒否いたします。原子力を発展させることは、国際法違反であると私は思います。許容線量を下げるために、核によるすべての犠牲者たちが、そしてまた世界のすべての人々が、恐れることなく生きることのできる新しい世界を築くために、皆様のお力をお尽くしくださるよう、お願いいたします。
ご静聴、ありがとうございました。

裁判長
山科さん、ありがとうございました。
ガデカル博士が、ラジャスタニで調査をなされました際の方法につきまして、ここで補足をなされたいそうでございますので、お願いすることにいたします。どうぞお話しください。

サンガミトラ・ガデカル教授
私たちの研究は、原子力発電所の近隣で生活する人々の健康状態を知る狙いでした。計画では、戸別調査を中心に進めることになっていました。健康状態を質問し、統計数値、教育水準、生活水準などのデータで補完しました。次に医師たちが各家庭の成員一人ひとりの健康を診断しました。統計データのあらゆる側面についてここで詳しくお伝えしかねますが、ただ、村々を大きく二つのグループに分けたのですが、伝染病、年齢、心臓病といった点で、ほとんど違いはありません。原子力発電所から間近な村々の住民たちと、その対照群となる、より遠い村々の住民たちとでは、しかし健康状態に大きな違いがあることが判明しました。

いちばん大きな違いが見られたのは、生殖系です。月経不順、性欲減退などです。また子のない母を見かけました。不妊症による場合もありますが、何度妊娠しても流産や死産になってしまうという場合もあります。慢性の眼病や各種の腫瘍でも、大きな違いが出ました。原子力発電所の間近の住民たちの腫瘍の発症数は対照群村落の七倍に達していました。眼病では五倍です。消化器系の障害や皮膚の病気も、同程度でした。原子爆弾の犠牲者に関してお話のありましたブラブラ病に類似の症状も、私たちは観察しております。

政府の見解によれば、原子力発電所が外部に排出している放射線量はたいへん低いということです。けれども私たちの観察では、この法廷に提示されています通り、長期にわたる低線量被曝は健康に害を及ぼすという事実が、確認できました。

不妊、堕胎、死産、あるいは出産直後ないし数日以内の死亡事例を、私は特に強調させていただきます。原子力発電所の近隣でのみ極めて頻度が高くなる病理です。この現象を生活水準の低さや母親の年齢などに帰することはできません。双方の集団間に、こうした条件の違いはありません。

私たちが研究結果を公表しますと、政府は、教育水準が低いからだ、衛生が不備だからだ、不安定な生活のためだ、母親が非常に高齢なせいだ、などと申しました。政府なりの統計調査をしたわけでもないのに、こういうことを言うのです。これまで、原子力発電所は健康への影響はいっさいありませんと明言してきた当局に、私たちの発表は衝撃を与えました。けれども、当局が私たちに加えてきた批判には、客観的な根拠が完璧に欠如していました。これと対照的に私たちは、発電所の近隣の村々と対照群の村々は、家族構成も生活水準もほぼ同じであることをデータで示しています。

私たちはまた、若すぎる老化が非常に目立つことに気付きました。高齢者特有の色々な病気が、発電所近隣の村々では、対照群の村々に比べておよそ一〇歳ほど早期に発症しています。この現象は、バーテル博士も明らかにされていらっしゃいました。放射能は生体組織の平衡状態調整メカニズムの変質を、少しずつ引き起こしていくのです。

チェルノブイリは恐るべき大惨事でございました。しかし、判事の皆様は、商用原子力産業の危険性につき、さまざまな形で発表された証拠の数々を、チェルノブイリ大災害に限定することなく、ご考慮いただきますよう、強くお願いをいたします。

放射能はことごとく危険であり、人体を深く傷つけるのは科学界には分かっていることですし、また私たちの知ってのとおりです。放射能が猛威を奮って既に久しく、人類への有害性のデータも充分に集積しています。生化学的加害、細胞への加害を、私たちは知っているのです。今、私たちが手を拱（こまぬ）いていれば、すべては手遅れになるでしょう。

裁判長
ガデカル博士、ありがとうございました。

では、定森博士にお話しをいただきます。

定森和枝博士

私は薬剤師で、大阪南部の病院で働いています。私はまず、放射能による害一般をどう考えているか、というあたりから話を始めさせていただきます。

放射能の害は一地方の問題でも、一国の問題でもないことを、私たちは広島と長崎、そしてチェルノブイリの諸経験から教えられました。これは生死を賭けた全地球的な問題です。この天体の生命界の存続を望むのなら、解決しないわけにはいきません。私は、広島、長崎、そしてチェルノブイリの放射能による害は世界全体の環境の防護にとって、根本的な問題の一つであると、認識しています。

続いて、私たちの病院では、先程、振津先生からもお話のありましたように、原子爆弾の犠牲者の研究を私たちのチームでやってまいりましたので、ご紹介させていただきます。その後で、放射線被曝へ対抗する私自身の活動と、そこから私が引き出すことになりました幾つかの教訓についても、お話をさせていただきます。

私たちの阪南中央病院は病床数三〇〇の総合病院で、日本社会で伝統的に差別されてきた方々の住んでおられる地域内に、一九七三年に設立されました。この病院の設立は、民主主義的な医療政策を要求してきた医師たちその他の医療スタッフ、そして差別の標的となりつつ廃絶を要求してこられた方々の、一致した努力の成果でした。

現在、私たちの病院は松原市の中核医療施設になっています。患者さんは被差別部落の方々に限定されてはいません。原子爆弾を生き延びられた方々、原子力発電所で被曝をされた日雇い労働者の方々や、水俣病の患者さんなども診療させていただいています。こうした方々は差別をされ、適切な医療を受けることができずにきたのです。私共の医療チームはこうした方々の情況を考えながら治療にあたってきました。

阪南中央病院の原子爆弾犠牲者調査委員会のメンバーは、放射線被曝の結果に苦しんできた日雇い労働者たちの医療の改善にも務めてきました。

こうした方々の健康上の諸問題だけではなく、生活条件や労働条件についても、私たちは研究してきました。この方々の被曝の実態の把握に務めてまいりました。この研究は一九七九年から八二年にかけて、地域の労働組合や科学者のグループのご協力もいただいて実現したものです。この研究は対象人数が限定されてはいますが、中身のある結論が出せたと思っています。

原子爆弾投下の四〇年後にあたる一九八五年に私たちは、広島と長崎の原子爆弾生存者を対象に、類似の研究をしました。一九九五年にも、重ねて実施しています。五〇周年にあたっていまして、幾つかの被爆者団体とともに私たちは、犠牲者への賠償を定めた国の法律（「国家賠償法」）の速やかな適用を要求しました。

チェルノブイリの一〇周年にあたり、私たちの団体はこの大災害の犠牲者に関する一大調査を提案しました。私たちの考えを叩き台に活動家の方々や医師たち、教育関係者、汚染地域の住民の方々と話し合いを重ね、調査手順を練り上げましたが、現在ベラルーシで実施されている他、ウクライナとロシアでも準備が進められています。放射能の効果を巡りＩＡＥＡに対抗するのがこの研究の目的です。犠牲者たちの諸団体と視点を分かち合いながら、健康データを協働で収集しています。「チェルノブイリを繰り返すな」と主張し続けています。私は、甲状腺癌だけでなく、数々の一般的な病気がチェルノブイリの放射能に起因すると、認定すべきことを強く主張いたします。原爆ブラブラ病など、放射線被曝の結果としてぜひとも認定されるべきです。

私はこの法廷の判事の方々に、次の諸点を深くお考えいただき、判決に反映していただきたく思っています。

［１］国際連合とＷＨＯは甲状腺癌をチェルノブイリの後遺症であると公式に認定しました。しかし、それ以外の癌については今日に至るまで認定を拒んでいます。事故後の放射能汚染の持続時間も実態も、たいへん低く見積られています。広島や長崎とチェルノブイリとでは、被曝の続いた時間にも、関係する放射性元素の種類にも、大きな違いがあります。ですが広島や長崎では事故後五〇年を経た今日でもなお、癌の罹患の増加を観察していますし、そうした経験から私たちは、教訓を引き出さなくてはなりません。線量評価システムの見直し（ＤＳ八六）の結果ＩＣＲＰそのものは、癌と白血病との数値を実際の五分の一に過少評価していたことを認めました。しかし、最近の諸研究によれば、死亡率ではなく罹患率で統計を

取れば、本当の数値はICRPの提示している数値の少なくとも一五倍の高さになります。

［2］チェルノブイリの事故後にICRPは放射線量一シーベルト（ICRP六三、一九九二年）を超えて住民たちが被曝した場合に限って強制避難を行なうよう勧告しました。これは以前、一九八四年に勧告された五〇〇ミリシーベルト（ICRP四〇）という限度線量を上向きに修正するものでした。一シーベルトの線量に曝された人々は、ほどなく重い症状の数々に苦しむようになります。ですからこのような勧告は受け入れられません。汚染地域の大部分から、人々を退去させる必要をなくすのが狙いです。許容放射線量の規準を高い方向に修正し、避難した人々の帰還政策を正当化しようとします。このようなことではなく、原子力事故や被曝の原因の廃絶こそ、ICRPがやるべきことのはずです。原子力発電所を停止するべきなのです。ですから私たちはすべての原子力発電所の閉鎖を要求しますし、原子力を必要としないよう、エネルギー政策の転換を要求いたします。

［3］「原爆ブラブラ病」は、放射線被曝によって起こる、頻発性の障害です。原子爆弾の犠牲者の間にも、原子力発電所で被曝した労働者たちの間にも、ハンフォード原子力発電所の周辺住民の間にも、ウラニウム採掘従事者の間にも、また、そうした鉱山のある地域のアメリカ先住民たちの間にも、チェルノブイリ犠牲者たちの間にも同様に観察されています。チェルノブイリの犠牲者たちを襲っている数々の症状が、チェルノブイリ大災害による放射線の結果として取り扱われるべきことが、こうしたことからも証明されます。これを心理的な

効果、不安の効果に帰因させるなど許されることではありません。ウクライナ、ベラルーシ、そしてロシアの政府は、こうした症状に苦しむ病人たちに補償をするべきです。

［4］原子爆弾の際の放射線量の見直しと、広島と長崎の爆弾の生存者に見られる癌の数の最近の見直しに合わせて、ICRPは、住民や原子力労働者に許容されている最大限線量を劇的に縮小するべきでしょう。少なくとも、現行の勧告数値の一〇分の一以下にしなければなりません。

［5］IAEAが一九九六年の報告会議の議論のベースとして発行したレジュメを検討すれば、甲状腺癌以外の癌をいっさい無視していることが分かります。白血病も出生直後の死亡も、「ブラブラ病」のような諸症状も、チェルノブイリ事故の放射能の効果にはいっさい含められていません。住民たちの長期にわたる診断は「何一つ確実でない」と言って議論さえしません。IAEAはまた、被曝線量も癌の発症可能性も過少に見積っていますし、被災者数さえそうで、後始末人が三〇万人、汚染地域に住む人々が三七〇万人などとしています。さらに、甲状腺癌をIAEAは唯一、放射能の帰結に含めているわけですが、それさえIAEAはたいしたものではないと強調し、「適切な治療さえ受ければ、甲状腺癌による死亡率は低い」等の主張を行なっています。

IAEAは将来の否定的な結果について観察と予測ができるよう、研究を継続するべきだと強調しています。しかしこうした研究は犠牲者たちの健康を守ろうとするものでも、負担を軽減しようというものでもありません。将来、またさまざまな苛酷事故が起きようが、さらなる犠牲者が出ようが出まいが、あくまでも原子力を推進しようというのです。原子力政策の継続を願うこの人たちにとって、チェルノブイリの犠牲者たちはまさに「モルモット」なのです。

私たちはもうこれ以上、このようなことには耐えられません。

ご静聴、ありがとうございました。

裁判長

定森先生、ありがとうございました。また、資料を色々とご提出いただきましたことにも、お礼申し上げます。それでは、専門家の方々のご意見をたまわりたいと存じます。では、バーテル先生、お願いいいたします。

ロザリー・バーテル博士

先刻、裁判長は正常に運転されている原子力発電所からの放射能の漏洩について、またそうした漏出が止められるかどうかご質問になりました。放射性核種は放射能を出す元素で、原子力反応の過程で生成されることを、まずご理解ください。核種の状態は固体、液体、気体と色々です。

正常な状態の原子炉で生成される放射性の気体のすべて、液体のすべてが放出されます。内に留められる放射性核種は固体のものだけです。放射性廃棄物の話が出る時には、固体だけの話をしているのです。原子力発電所は絶え間なく生成する気体・液体の廃物を溜めておいたり、分離しておくようになっていません。そういう技術的考えに立ったものではないのです。そういうことは不可能なのです。

原子力産業は規準を定めようとします。液体、気体の核種の放出が、ある一定の基準値以内の間は、住民は受け入れられます、それを超えれば受け入れられません、という考え方をします。この論理に従って、技術者たちに規準を課し、技術者たちは技術をこの規準に合わせます。合法的です、安全です、と考えてそうするわけです。

原子力産業と化学工業との、安全規則を比較してみます。癌の罹患率を指標にとりましょう。双方ともに、癌の原因になっていますので。随分と違う点の多い産業どうしですが、癌の原因という点ではよく似ているわけです。

放射性核種には三〇〇ないし五〇〇種類ありますが、ただ一つだけを取って考えましょう。

トリチウムは水素の放射性同位体です。これは放射性の超重水として蒸気とともに、あるいは水とともに川や湖や海に放出されます。最初の規準は一九五二年に、原子力爆弾の仕事をしていた原子物理学者たちの手で定められ、一九五四年から九二年まで、適用されていました。この規準では、オンタリオ［カナダ最大の州］の場合で、飲料水一リットルあたり四万ベクレルまで許容されていました。原子力発電所を運営する人たちは、この基準値以下に留まるよう務めていたわけです。

一九九〇年に、強い国際的な圧力に続いて、また原子力爆弾のデータの評価見直しに続いて、物理学者たちは一般人の許容線量を下げました。それに応じて原子力産業からは四万ベクレルを七〇〇〇ベクレルにまで下げるという発言が出てきました。安全と環境規準委員会は限界値をさらに下げることを求めました。これは汚染物質の総体を監視する「カナダ政府の」委員会です。委員会は他の汚染物質と同一の規準をトリチウムにも用いました。原子力産業自身がはじき出した癌の罹患可能性の数値に基くものでした。委員会は緊急一時措置としてリットル当り一〇〇ベクレル、そして五年以内に二〇ベクレルまで下げる要求をしました。

四万と二〇ではたいへんな違いです。こうした例から、物理学者たちがいったいどれほど産業寄りかをご理解いただけます。彼らが規準を決め、「規準」以下ですとのたまうのです。医師たちと話してご覧になられれば、規準によって誰も守られる人はいないこと、規準内だからと言って働く人たち、住民たちの健康が大丈夫とは限らないことに頷(うなず)くはずです。

ここに問題の根源があります。人々は互いに違った言語を話しているのです。そこに分かりあえる道を開き、合法性を安全性に少しでも近づけることができれば、たいへん有益な仕事になるのではないでしょうか。

現場で働く人たちも、公衆と同様に、しばしば規準には騙されます。規準は自分たちを守ってくれると考えるのです。身に受ける放射線量が許容されている基準値以下でさえあれば、病気になったりするはずがない、病は気のせいだと思い込むのです。

裁判長

バーテル先生、たいへん有益なご説明をいただきました。ありがとう存じます。判事の方々からは何か他にご質問がございますでしょうか？

コリン・クマル判事

何よりもまず、爆弾の犠牲者のお立場からお話になられました方に、感謝の意を捧げさせていただきます。あなたの苦しみが姿を変えて、私たちに力を与えてくださいます。ありがとうございました。

犠牲者の方々のお話になられますことはすべて、一つ一つが掛け替えのないものです。爆弾が投下された後の広島と長崎は科学者たちのための一大実験場となりました。合理的な科学が犠牲者たちの研究の任を背負ったわけです。犠牲者の方々は研究の対象にされただけで、犠牲者の方々を助けようというものではなく、原子力産業の推進が目的でした。

犠牲者の方々ご自身が闘い続けてようやく賠償金を獲得なさいました。それもまるで不十分な額のままです。一生残る後遺症に、賠償金という言葉も適切ではありません。しかし、私は思うのですが、爆弾の犠牲者の方々のこの闘いを理解し、チェルノブイリの犠牲者の方々に降り掛かった運命との共通点を見ていくことはたいへんに重要です。公機関による苦しみの否認による賠償逃れ、原子力産業の真の危険性認識の拒否などです。

岡本三夫判事

私は振津先生に一つ、ご質問がございます。広島や長崎の放射能の被害を受けられた方々と、チェルノブイリで被害を受けられた方々との間には、幾つもの違いがございます。日本の場合、被曝は基本的には外部からで、一方、チェルノブイリでは一〇年にわたって放射能を体内に吸収しています。それでも先生のお考えでは、ブラブラ病とチェルノブイリで観察される症状や障害との間には、色々と共通点があるのでしょうか?

裁判長

では、振津先生、お願いいたします

振津かつみ博士

放射線に被曝した様態に違いは確かにありますが、観察される症状には多くの共通の特徴があります。広島や長崎でも、ある程度、内部被曝はあったということ、またチェルノブイリでは、外部被曝と内部被曝が組み合わさっているということを指摘する必要があります。

チェルノブイリでは人々は長いこと継続して被曝していて、これから先も続いていくわけです。

日本の場合の放射能は、それに比べれば短い挿話的なものです。

岡本三夫判事

賠償の問題につきまして、法廷にご説明願えるでしょうか？

振津かつみ博士

ご存知のように、爆弾犠牲者の方々は「国家賠償法」の制定を要求していました。戦後、日本は広島や長崎に爆弾を投下した合衆国に対して賠償を請求しました。日本は一つの基金を獲得し、アメリカと共同で運用しています。

犠牲者の方々と私たちの要求は、日本政府からの直接の賠償です。犠牲者の方々は四〇年、あるいは五〇年という年月、闘ってきたのですが、日本政府はこの問題の話し合いを拒んでいます。

定森和枝博士

犠牲者の方々は賠償金風のものを受け取れてはいます。全員ではありません。癌、白血病といった病気の方々で、爆心地の近隣におられた方々だけが、月々、一〇〇〇ドルを受け取っておられます。こうした賠償金の受給資格は認定を受けるのが容易ではありません。

多くの犠牲者の方々は別の給付金を受け取っておられます。「健康管理手当」という名称で、月に三万円ほどです。

サンガミトラ・ガデカル教授

ラジャスタニの賠償の情況は、日本に見られるのとはかなり異っています。政府は被害者の仲間入りをしそうな人たちの名前を私たちから手に入れようとします。そういう人たちに僅かなお金を与えて黙らせ、近隣に問題を起こさないようにしたいのです。受け取った人たちもいますし、受け取らなかった人たちもいます。原子力発電所の周辺住民や放射性の排出物を受けている地域の人々はそうした放射能の結果によって長期間、苦しみ続けることになるのです。

賠償の問題はきわめて明瞭に提起される必要があります。苦しんでいる人々がお金を受け取ってはならないと言うつもりはありません。しかし、たいへん複雑な問題ですので、賠償金を請求する前に、よくよく研究を重ねる必要があります。

すべての人類のこれからの世代を、原子力産業は脅かしているのではないかと、私は心配でなりません。子孫たちに償いをするのは誰でしょうか？　私たちにどうやったら償えますか？　今、提起するべきただ一つ重要な問いは、どうやったらこの狂気を止めることができるかです。放射性廃棄物が生産され続け、捨てられ続けているのを止めるために、環境の中の放射能をこれ以上ふやし続けないためにも。

賠償の最良の形態は、原子力産業の廃絶です。お金を与えることは必要ではありません。しかし問題を本当に解決するものではありません。

裁判長

では、午前中の聴聞はこれにて終了いたします。

第六部　国家機関および国際機関の対応

証人

ヴラディーミル・ヤキメツ博士：ロシア科学アカデミー、システム分析研究所、ネヴァダ＝セミパラチンスク運動運営委員会メンバー
振津かつみ博士：医師、原爆犠牲者研究委員会、阪南中央病院、大阪
ミシェル・フェルネクス教授：医師　バーゼル大学（スイス）、チェルノブイリ国際医療委員会

裁判長
聴聞を始めます。ヤキメツ博士にお話しいただきます。

ヴラディーミル・ヤキメツ博士
このたいへん重要な部会での発言をお許しいただきまして、法廷に対し、まずはお礼を申し上げます。
私はノルウェイの同僚の皆さんのお力添えで、ＩＡＥＡの報告会議の結論を読むことができました。そのお話から始めさせていただきます。レジュメ集の中から、アトランタ州のジョージア大学のピータ・フォンという方が近頃発表された「大発見」を見つけました。この方によりますと、私たちがここで議論していることはすべて迷妄です。グールド教授にブルラコーヴァ教授、

ここにいる私たち全員です。私たちは誤っているのですね。

こう書いてあります。「最近の研究が示しているように、低線量被曝は、癌の罹患可能性を低下させる。実際、我々はロッキー山脈に沿った八州の癌の死亡率を全国平均と比較した。これらの八州の最近四〇年の癌の死亡率は全国平均の〇・七五二でしかない。ロッキー山脈地方では自然放射線量は全国平均の二倍である。このように自然放射線量が二倍になっているという事実が、癌の死亡率を二五％押し下げたのである。」

ジェイ・グールド教授ならば三〇年間に一二万人ほどの方が放射線によって癌に罹患しました、とおっしゃるところですが、この方によれば、放射線の増加によって、三〇〇万人ほどの生命が助かることになる模様です。結論としまして、原子力には何の危険性もございません。

断言の内容がここまで違いますと、どうも世の中には二種類のまるで異なった種類の人間がいるものらしいという教訓を、引き出さないわけにはいきません。向こう側の方々と私たちとの間に真の対話を組織していくことが欠かせません。さもなければ、こうした不健康な状態はさらに拡大していくことでしょう。放射能が真実、それほど体に良いということであれば、どうして、原子力発電所の廃止など要求するでしょうか？

さて、本来の話題である、ロシア放射線防護委員会の研究結果の話に戻ります。作業部会は最近では一九九六年二月九日に開かれ、私も参加しました。そこでは新しいコンセプトが明らかにされ、そのコンセプトをチェルノブイリの大惨事で汚染された地域のゾーン分けに適用する方法も明らかにされました。

また、国家安全委員会の中核で仕事をしている環境保安委員会が、私がたいへんに尊敬するヤブロコフ教授を中心に進めてきた仕事についても、触れさせていただきます。

最後に、幾つかの非政府組織の活動についてもお話しさせていただくつもりです。

ここ三、四年、住民たちの健康と環境の不適切な状態を正していくために国家レベルで導入するべき変革を主題に、ロシア放射線防護委員会では作業部会の会合が何度も開かれています。この時期ずっと、この委員会ではすぐれた提案を幾つもしたと思いますが、例えば、汚染地域に暮す人々の名簿を作成するというものもありました。委員会はデータ・バンクを樹立しました。データの一部は、ブルラコーヴァ教授がご提示なされたものです。

本年、ロシア放射線防護委員会は汚染地域の新しい定義を導入しました。今後、汚染地域には人の住む村や街だけが含まれます。その周辺に拡がる田舎の森や農地は含まれないことになりました。また委員会は「事故の後で許容される平均線量」という概念を導入しました。年間、〇・一シーベルトです。この定義に基き、二つのタイプのゾーンを定義できることになりました。第一のゾーンは放射能管理ゾーン、他方のゾーンは立入禁止ゾーンです。

この概念が領域内の汚染度合い（平方キロメートル当たりのキュリー数値）に基いた現行の定義から、新たな定義への移行を可能にするはずです。ただこの定義の使用には幾つか重大な問題もあります。汚染地域に生活する国民の中には、かなり不確かな状態に置かれるままの人たちも出てきます。過去のデータが揃っているわけでもありませんので。

セシウム一三七、ストロンチウム九〇、プルトニウムによる実効的な汚染水準に基いたゾーン区分から移行するには、住民の間の大きなグループに与えられている特権と補償金の廃止に伴う芳しくない効果を低減するために、幾つか対策が取られるようです。

言い換えれば、たいへん多くの住民の方々が社会防衛の連邦法規に基いて、今日、受け取っておられる、特典と補償金の廃止に向けて邁進しているのです。そのための下地作りなのは明瞭です。連邦放射線防護法も、同じ哲学に基いていて、社会的防護のプログラムの適用を、五万七〇〇〇平方キロメートルの一大ゾーンから、住民たちの受ける平均線量が年間〇・一シーベルトを超える、たいへん限られた領域へと縮小するための、科学的および法的な土台作りなのです。

こうしたプロジェクトの背後に、どんな理論が身を潜めているのでしょう？　ここに日本の今中［哲二］博士がお書きになられた論文があります。博士は、年月の間に日本では線量規準がどのように展開していったのかという点を述べておられます。まず、日本の科学者の方々が最初の規準を作ったのが一九五七年です。六～八年を経て、日本の科学者たちは新しい規準を作りました。その後、データ群や観察事実の分析を重ね、そこから得られた情報に基いて一九八六年にはまた新しい線量システムを作り出したということです。つまり、日本の現行の放射線量のシステムは、三〇年かかって作り上げたものなのです。

ところがロシアでは僅か五年でシステムの改定に成功しています。この新たなシステムが本当に科学的な観点から有効なものなのかどうか、さまざまに疑問の余地があります。私はこういう問いを立てていますが、ロシアの委員会は問うてみようとはしません。ここに巨大災害担当大臣の執筆になる論文があります。チェルノブイリ大災害の後の「人々の健康と環境とのリハビリテーション」のための統一プログラムの中の三つの主要項目にどれだけ支出したのかが示されています。現在とられている諸手段、投資、社会防衛の三項目です。社会防護にはほんの僅かな額しか支出していません。年々、減額の一途です。復興のために具体的な働きをしているさまざまな組織も、ほとんど配分を受けられなくなっているようです。

そのうえ、環境安全委員会は先月、次のような結果を発表しました。人口がおよそ四万人の七五〇〇平方キロメートルの地域がありまして、経済活動はたいへん限定されていますし、病気の罹患率がたいへんに高く、汚染されていない食料の生産も不可能です。一番の心配はこの最後の要素です。その結果、外部被曝の緩やかな低下傾向はありますが、それでもなお、内部被曝は継続して上昇しています。ベラルーシで同じような研究をされておられる方々からも、こうした不安な要素を裏付ける証言をいただいています。

食品の汚染に直面した時、どのような方策があるでしょうか? 第一には、言うまでもありませんが、品質管理です。次に、土壌への石灰の鋤き込みがあり、またカリウム肥料の投入がありますが、これは野菜によるセシウム一三七の吸収を低減する効果があります。

こうしたタイプの方策はブリヤンスク地方の汚染の激しいセクターの三つの村々で実施されました。が、資金が続かず、規模を縮小するしかありませんでした。この三つの村々では今でも内部被曝線量は増加の一途です。こうしたことが住民の健康にたいへん否定的な結果を生むことになるのは明白です。

結論としまして、チェルノブイリ大災害はまことに恐しい大災害であると私は考えています。しかし一方で、私たちがこの事態から教訓を学び、莫大な数にのぼる人々が放射線に曝される危険性の問題に、こうした情報を役立て、私たちのこの世界をより安全な方向へと導き、環境をより健康に、エネルギー選択をより適切なものへと導くことができるのですが、そのためには、データが適切であり、研究が正しく進められること、そして責任性と倫理の最高度の基準を遵守することがぜひとも必要です。

ありがとうございました。

裁判長

ヤキメッツ博士、ありがとうございました。では、振津先生にお願いをいたします。

振津かつみ博士

ＩＡＥＡの過去と現在の諸政策をチェルノブイリとの関係で分析しました。それを今からお話しさせていただきます。IAEAはチェルノブイリの帰結を否認し、隠蔽しています。原子力発電所をさらに開発しようとしているからです。

チェルノブイリ大災害が健康と環境にもたらした結果は破局的なものでした。それでもアメリカ、欧州連合、日本など原子力の側に立った政府は事実を執拗に否認し、隠蔽してきました。そのためIAEAを、経済大国相互の国際的協調の枠組みの中で利用してきました。

ですから私たちは「チェルノブイリ国際プロジェクト：健康と環境への影響と防護策の分析」と題したIAEAの一九九一年の委員会報告書を容認することができません。一九九一年五月のウィーンの会議で発表されたものです。これを放ってはおけません。

広島でRERFの理事長を務めてきた重松〔逸三〕博士が、IAEAのこの委員会で委員長に就任したことには打ちのめされる思いです。博士は報告書の編集で重要な役割を演じました。再居住にあたっての許容線量の最大基準値を緩いものに変えよう、汚染された食品に許容された放射能の最大規準値もそうしよう、というのです。

IAEAはさらに、ソ連のとってきた防護策は放射能の効果の「過大評価」に基いていると、宣言するにさえ至っています。この報告書の結論は、今以上の新たな防護策の必要性を、「科学に基いて」、あるいは「国際的権威に従って」否定させるお墨付です。例えば一平方キロメートルあたり一五〜四九キュリーのセシウム一三七に汚染されたゾーンからの強制避難策などは否定しなさいということです。この報告書の諸勧告は立派な犯罪行為です。

人々の強制避難に関して報告書はICRP規準値の適用を要求しています。事故後の緊急事態の局面では、個々人の受ける放射線量が五〇〇ミリシーベルトを超えなければ避難させなくてよい（ICRP四〇、一九八四年[註8]）というものです。年間五〇〇ミリシーベルトの被曝は、広島で言えば爆心地から一・七キロメートルで受けた線量に相当します。このような線量に曝されますと、ほとんどの人々が間も無く被曝のさまざまな重い症状に苦しむようになり、一〇人に一人は放射能による癌で死亡するのです。一九九二年一一月にICRPは住民の強制避難の線量をさらに引き上げ、一シーベルトにしました。これは、広島で言えば爆心地から一・三キロメートルで受けた線量に当たります。

ICRPのこの基準値は「公衆の健康と安全の防護策」などではおよそありえません。ひとえに原子力政策の継続を許し、大きな事故で多くの人々が生命を落そうがかまうことはない、ということです。手前勝手に人の生命に「値」を付け、犠牲の上に経済的な利益を確保しようと、介入規準を定めたのです。

コストと利益、という考え方、あるいは「合理的に受け入れ可能な限り低く」というALARA原則は、それぞれの国によって、経済水準に応じてさまざまに解釈されています。発展途上国では、先進国の三倍もの高い水準になっていたりもするのです。IAEAは発展途上国で原子力

註8　ICRP：「放射能大事故時の公衆防護～原則と計画策定」ICRP文書四〇、ICRP年報一四、一九八四年第二号

を推進したがっています。どれだけの犠牲者が出るかなんて考えません。

一九九二年の報告書でICRPはまた、緊急事態発生時の労働者たちに〇・五シーベルトという線量を勧告しています。ここでもまた、チェルノブイリの教訓をいっさい無視して原子力を推進し続けようとしていることが分かります。このような勧告は何があろうと受け入れるわけにいきません。ICRPにこれを変更させる必要があります。

IAEAもWHOも、こういう哲学を支持しているのです。私はIAEAの今週の報告会には参加できませんでしたが、文書類は注意深く読みました。まさに商用原子力への支持を確証する文書です。結論の部分では彼らが発展させようとしている「安全性の文化」が格別に強調されています。この「安全性の文化」こそは私に言わせれば、荒唐無稽な言説です。

健康への帰結については、甲状腺癌だけしか言及されていません。白血病の存在さえ否定されています。安全性なるものを勝手な流儀で「改善」しようというわけですが、実に困ったことです。彼らはまたICRPに対して、「具体的に適用可能な」放射線防護という観点を発展させるよう勧告しています。私には何のことだか正確には理解できませんが、再居住や避難に向けた許容最大限線量の規制をいっそう緩やかにしようということなのでしょう。

今まさに、IAEAはその原子力政策をいっそう攻撃的に推し進めています。例えば、WHOのような国際機関に影響力を行使し、WHOの報告会、あるいは欧州連合のミンスクでの会議や彼ら自身のウィーンでの会議、あるいは数日後にモスクワで開かれる原子力の安全性に関するG

７の会合などを活用しようとしています。

私はこの法廷がこのG７に抗議文を送り、いったん強制避難になった一平方キロメートル当たり一五キュリーを超えるゾーンへの、看過できない再居住許可の撤回に向けた、最大限の尽力を要求することを提案させていただきます。

裁判長

ありがとうございました、振津先生。

では、フェルネクス教授にお話しいただきます。

ミシェル・フェルネクス教授

合衆国エネルギー省（ＤＯＥ）と欧州委員会とが報告会を開いた時、私はミンスクにいました。プログラムの表紙にショックを受けました。表題の冒頭に「これから起る事故」と書かれているのですが、それが単数形でなく複数形になっているのです。

それぞれの当局は、これから起こる事故に備えておくのが重要だと考えているわけです。ＩＡＥＡの報告会では、戦争に備えるように事故に備えよ、とさえ述べられたのでした。いつ勃発してもよいようにぬかりなく、という訳です。

ミンスクでは、一九九六年三月の二二日、二三日のことでしたが、別の報告会に出席したこともあります。そちらは非政府組織の主催で、中心になっていたのは先程フルシェヴァヤさんがお話しになられた「チェルノブイリ子ども財団」です。そこで聴いたことを先にお話しします。

放射性降下物によって汚染された地域では、重篤な畸形のある子どもの出生数が劇的に増加していました。チェルノブイリ事故後の発生率を一九八二～八六年の期間と比べてみると、国全体としてほぼ二倍です。一平方キロメートルあたり、一～五キュリーの汚染のある地域に見られる増加率の高さが、低線量被曝の悪影響に関するブルラコーヴァ教授のチームのデータを裏付けています。こんな地域に人を再び住まわせようとでも言うのなら、犯罪です。そこで産まれてくる子どもたちのことを考えてみてください。

そこで教えられた話をもう一つ。被曝の程度がもっとも激しかった人々、中でも、動員され、三〇日以上にわたって、チェルノブイリを取り囲む無人になった地帯で働いた人々を、もっと期間の短かった人々と比べてみると、癌や白血病の罹患率が、統計上有意に増加していることが分かりました。こういう研究をするには、汚染を受けていない人々との比較が必要なのですが、そういう人々が、ベラルーシからはもうじき、いなくなってしまいます。特にストロンチウムですが、汚染された食品が広範囲にバラ撒かれてしまったのです。ネステレンコ教授が明らかにされた通りです。

ミンスクのこの報告会では、様々な決議が投票にかけられました。何十万人という人々の苦しみに重きを置いている決議は、支持しなくてはなりません。チェルノブイリの惨事は終っていません。私たちがこれから進んでいく先にあるのです。状況は日に日に深刻化しています。癌をはじめとする潜伏期間のある病が、今、増加に向かっていますし、これから先、二〇年、三〇年、さらには五〇年にわたって増え続けていくのです。

ミンスクでのＮＧＯの報告会に提出された決議では、代替エネルギー、代替経済の研究推進の必要性を訴え、原子力施設の建設や開発の終結を求めていました。

報告会ではまた、惨事の結果を正面から受けざるをえなかった国々に対する、国際支援の呼びかけもありました。健康被害も、環境破壊も、多くの人たちにとって取り返しがつきません。遺伝子の損傷は、人々を、子どもたちを、あるいは動物であれ植物であれ、幾世代にもわたって蝕み続けるものです。

公式な方の報告会に戻ります。こちらでは色々な研究の報告がありました。おおぜいのスタッフを使った研究です。同じ主題が幾つものチームによって重複して扱われていました。例をあげましょう。チェルノブイリ事故の結果、子どもの甲状腺癌が増えました。ＩＡＥＡによればこれが事故の明らかな影響と認知できるただ一つの癌なのですが、このただ一つの病気のために何百億ドルかが使われたわけです。膨大な資金を使い、同じことを何度も繰り返して研究したところで、犠牲になった人たちの健康を取り戻すにはまったく役にたちません。けれど、センセイ方の出世の種にはなるわけです。私は今日ここでムィルヌィイさんの証言を聞いて、悲しい気持に襲われました。爆発し炎上している原子炉のすぐ近くに、ある一つの研究を可能にするために、動員された人々がいるのです。志願したのではないのです。この人たちは一カ月、あるいはそれ以上の間、この被曝環境の中に滞っていなければなりませんでした。召集されたこの人々は、作業のため、というのではなく、実験目的で、毎日毎日、凄まじい放射線を浴び続けました。そして日に何回も静脈から採血されたのです。何の説明もなしにです。

ニュルンベルク裁判やヘルシンキ合意以来、人体実験をやるには、医学的かつ科学的な観点から、正当性をはっきりさせなければならないことになっています。検体になる人には、どんな強制もしてはいけないし、その上で、「明示的な同意」が必要です。そう合意され、各国が署名もしたわけです。

ところが、チェルノブイリに動員されたこの人たちには、何一つ説明もされず、同意も求められませんでした。研究の結果がこの人たちに知らされたという形跡もありません。許すべきでない作業条件のもとで彼らは働かされました。自分たちの作業の番が来るまで、発電所に面した屋外で、防護もなく何時間も待たされたのですが、それも、研究に好都合な被曝量にもってゆくためだったのです。

今週、ウィーンで開かれたＩＡＥＡの報告会に私は出席しました。学術的な報告会でないことは一見して明らかでした。商用原子力発電所の推進者たちのプロパガンダに、新たなネタを提供するのが目的の集会です。出席するために私は外務省と産業省からヴィザを出してもらわなければなりませんでしたし、それらのコピーをスイス原子力会社に提出する必要もありました。私は核戦争防止国際医師会議の会員ですし、以前はスイス支部長も務めました。そういう資格でやっと、スイス代表団の一員になることができたのです。この報告会は、環境相にも、スイスでは公衆衛生は内務省の管轄なのですが、その内務相にも、何の相談もなしに準備が進められていました。

一九九六年の時点でＩＡＥＡが、チェルノブイリ事故による健康被害として認めているのは、基本的には三種類だけです。急性放射線障害は一四〇ほどの症例があり、うち三一ないしは三二の症例では、患者は被曝の直後に死亡した、としています。月日を経て、あるいは何年かたって亡くなった方々は、ＩＡＥＡの専門家によれば「自然死」だということになる模様です。心筋梗塞による死が頻繁だと、言及されていることはいるのですが、それまで健康そのものだった若者が心筋梗塞で亡くなっても、ＩＡＥＡの専門家たちにとっては、自然なことに過ぎないというわけです。敗血症や結核で亡くなった方々もいます。私は立ち上がって言いました。「感染症の専門家として私は、そうした感染症が若い人たちに襲いかかっている様は、まるでエイズのようだと考えています」と。

糖尿病もまた、患者の被曝とも、事故とも無関係な死因の一つに数え上げられていました。しかし、一九九五年一一月にジュネーブで開かれたＷＨＯの報告会で、ウクライナの保健相は、この病気の罹患率が二五％上昇したと報告していました。ベラルーシでも二八％の上昇が見られるらしいのです。ホミェリ州では、小児の糖尿病罹患率が、事故前の二倍になったのです。

これまでに知られていたのとは実際、違うタイプの小児病なのです。悪性の病気で、件の地域では疫病のように広がっています。意識を失なった状態で病院に担ぎ込まれるのですが、血糖値を安定させるのはたいへんに困難なことです。インシュリンに依存した体になります。毎日の注射が欠かせません。それが一生、続くのです。苦難の人生が待ち受けていることになります。血糖値を調べるのもインシュリンもお金がかかります。失明、足先などの壊疽、腎不全、高血圧などに複合的に襲われる可能性があります。私は報告者に質問をしました。被曝と糖尿病との関係についてです。

分科会の座長が、自ら解答することを選びました。「私にはご質問にお答えはできません。でも、この会場には世界中から放射線被曝の専門家の皆さんがお集まりなのですから、そういう関係が存在する余地があるのかどうか、伺ってみようではありませんか」。会場が一瞬、静まりかえった後、座長はこう言いました。「手をお挙げになる方はいらっしゃいませんでした。ということはつまり、そういう関係はないということですよ」。ＩＡＥＡの報告会というのは、こういう具合に議論が進んでいく場所なのです。

チェルノブイリの大事故の後、若い人たちの間に橋本病が出現しました。この病気は日本で、原爆の後に観察されています。一種の自己免疫疾患で、その点でインシュリン依存型の糖尿病に似ています。

患者を守るのが役目のはずのリンパ球が、甲状腺を破壊するようになるのが橋本病で、インシユリン製造細胞を破壊するのが糖尿病です。ブルラコーヴァ教授とチトフ教授そしてペレーヴィナ教授が、被曝によって免疫系に障害が起こることを明らかにしています。

また汚染地域では、感染症が重くなる傾向が見られます。風邪に副鼻腔炎が複合し、脳に膿瘍ができたりします。通常はまず見られない経過例です。気管支炎でも同じようなことがおきます。子どもの場合ですが、肺炎から壊死性肺炎へと進行します。例外的な病気なのですが、ミンスクの大学病院の小児科では頻繁に見られるものになったのです。この病気では、傷ついた器官は元に戻りません。気管支喘息やアレルギー症などの経過からは、子どもたちの免疫系がやられていることが分かります。

ＩＡＥＡの報告会で私は、事故と病気との繋りを求めるのを避けるために、科学を用いることができることを知りました。Ｊ・Ｆ・ヴィエル教授が、こうした「否定的」研究に使われる技法を解説してくれています。まず始めに、不適切な指標をあれこれ選び出して、研究の標準仕様指示に入れ込みます。

研究しているのが癌だとしましょう。癌にかかったからと言って、すぐに死ぬわけではありませんね。それが分かっているので、発病率のことは言わないで、死亡率を取り上げて議論をするのです。次に、色々な病理の中から、不適切なものを選びます。糖尿病のことは研究せずに、肝硬変を研究するのです。研究期間の設定を不適切にしておくことも重要です。悪性腫瘍の潜伏期間より前に研究が終了するようにすれば、放射線による癌は存在しません、という結論を導き出せるわけです。危険の大きな集団、つまり子どもや妊婦は、研究の標準仕様指示からは取り除いてしまいましょう、ということになるのです。

こういう具合にベースを設定しておけば、統計的に有意な差異は見つかりませんでした、ということになります。望み通りになったわけです。珍しい病と事故との間に因果関係を見出すことはできないと言うのなら、それをきちんと示すべきなのですが、そうしなくとも、研究が対象とする病理と、チェルノブイリとの間の関係の不在は証明済みだと言い張れるわけです。危険はないと、彼らは結論します。こうして彼らは、安心して商用原子力発電所を引き続き推進するのです。

ヴィエルはテオドール・アドルノを引用しています。「証明されなかったことを前にしての懐疑は、思考の禁止へと迅速に変化する」。ウィーンでのＩＡＥＡの報告会の間じゅうずっと私に感じられたのは、当局が押し付けてくる以外の結論を目指すことは、ここでは許されていないのだ、ということでした。

甲状腺の癌は、始めの数年間、ずっと否認されていました。けれども余りにも明白になってきてしまったので、存在を認めるしかなくなりました。「ランセット」にはこの話題を扱った論文が何本も寄稿されていたのですが、すべて刎ねられていました。が、とうとう、この癌と、様々な地域での汚染の度合いとの相関関係を示す研究を、何本か掲載することになりました。ケンブリッジ大学のウィリアムズ教授という絶大な権威ある研究者が、ＩＡＥＡの専門家たちの中でも、この問題に関してはスポークスマンだったのですが、甲状腺癌の存在をついに認めました。

小児の病気ですが、以前には存在しなかったと言ってよいものです。西ヨーロッパで普通に見られる甲状腺癌とはまるで反対で、たいへん悪性のものです。八〇％の症例では、最初の診断の時に、既に転移があるんです。リンパ節とか、肺とかにです。ところがＩＡＥＡの報告者は「善良な癌です」と言って締め括るんです。まあ、推進派の専門家たちというのは、私が聞いた限り、同じようなことを言いますね。手術が適切で、薬も適切なら、患者の命は助かる確率が高いというわけです。私の隣には、代表団に正規に選ばれた女性がいたんですが、私にこう言いました。「私の二人の娘たちには、その善良の癌とやらに罹って欲しくないわね」と。

実際には、この癌はとても悪性のもので、患者本人にも家族にも実に大変なことになっていくわけです。それが、診断を受けたその日から始まるのです。どれだけ手術がうまくいき、処置が適切だったとしても、子どもは健康にはなりません。この腫瘍に関しては手術や沃素一三一の投与が、どういう予後になっていくのかということは、本当には分からないですよね。まだ検証ができるほどの時間がたっていないですから。内分泌に関して言えば、何らかの代替物質を注入する処置を、一生続けていくしかありません。患者たちが子どもだからといって、自分たちの将来が分からずにいるわけではありません。

ベラルーシの色々な病院で調査をして、ミンスクの小児科専門病院で分析したものによりますと、「私たち、大人になっても、子どもを作ることってできるの？」というのが、子どもたちの一番の心配事です。患者の三人に二人は女の子です。彼女たちのこの質問に「正しく」答えるなんてできやしません。

ＩＡＥＡの報告会で話を聴き続けるのは苦痛でした。傲慢な態度が目につく大会です。ある発表者によれば「汚染地域に住む人たちとそうでない人たちとの間の、統計的に意味のあるただ一つの差として見出されたのは、汚染地域の人たちの方がずっと多くウォッカを飲んでいる点である」そうです。

彼がこれを見出したのですが、他のお歴々もきっと同じことを見出すのでしょう。こんなことも言われました。この人たちを移住させるのに何百万ドルもかかりました、癌の発生率の多少の上昇などには目を瞑って、もっと他のことにお金を使う方が良かったのではないでしょうか、と言うのですが、これも途方もない傲慢さの例と言えます。スウェーデンの人たちがラップ人たちに対して、トナカイの肉を食べるのを禁止しましたが、あの時スウェーデン人たちは同じようにして責められたわけです。「許容可能な被曝の水準」と称するものを議論する時には、つまりは目の前の事故の処理にかかる費用、それ以上に、これから起こる事故にかかる費用を抑えたいということなのです。放射性降下物に曝されている人々を避難させるのは、なるべく避けるべきだということになっているんですね。線量がどれだけ高くてもです。チェルノブイリのすぐ側の汚染地域に人々を再び住まわせようかという議論さえしているのです。賛意を示した専門家たちもいました。再居住にかかる費用を研究するのが先決だということでしたが。

ＩＡＥＡの事務局次長のＭ・ローゼンは、今、世界にこれから癌になるかも知れない人間は何百万人もいて、チェルノブイリ事故による癌がそれに多少付け加わったとしても、まるで取るに足らないことだと、私に何度も言いました。そういう言い方に対する私の解答はこうです。まず、チェルノブイリによって一万人から二万人が将来、癌になるかもしれないという彼らの楽天的な予測があるのですが、私はそんな数字は信じません。その一〇倍かそれ以上です。二〇万人を越えるということです。次に、根本的に違う状況のものを対比するのは虚偽の議論です。四歳の子どもや若い青年の癌は、人生の終りかけた八〇歳の人のと同じに考えることはできないのです。

ブリクス氏は一九八六年の夏に「原子力産業の重要性を考えれば、チェルノブイリ規模の事故が年に一度くらいあっても、それで良しということだ」と発言しました。どうしてブリクス氏はそういうことを言ったのかと、ローゼン次長に質問したジャーナリストがいました。一九八六年の夏の時点ではまだ、ブリクス氏は事故の結果について充分な情報を得ていなかったからにきまっているじゃないですか、と次長は答えました。一〇年たった今もなお、責任ある人々は充分な情報を得ていないとみえます。

例えば、今日、この会場で発表された日本の研究のことなど、ＩＡＥＡはまるで視野に入れていませんね。この発表では、放射線被曝による病気が長いリストになっていました。高血圧から、神経痛まで含まれていましたが、貧血、白血球減少、消化性潰瘍と言ったものも含まれていましたし、糖尿病、肝臓の病気、膵臓の病気と色々でした。ＩＡＥＡではこうした病は話題にもなりませんし、関係があると認めることなど、さらにないわけです。

欺瞞こそが問題だったのです。専門家たちが嘘をついていると断言するには、常に難しい問題がつきまといますが、畸形が主題になった時にＩＡＥＡに指名されて発表した人は、畸形や遺伝子異常の発生に関する、事故以前の記録が何もないのだから、当然の帰結として、チェルノブイリ周辺で先天性の畸形発生率が増加したと結論することはできない、と断言したのでした。これこそまさに、偏った結論に導くための嘘の典型です。

ベラルーシでは出生率が三〇％も減少しています。これには、畸形の問題もありますが、それと並んで、社会の危機、生活困難があります。放射線に曝された若い男女に頻繁に見られる、不妊症が原因の場合もあります。ベラルーシで飼育されている鯉の研究が今日、紹介されましたが、受精卵の七〇％が。致死性の突然変異によって孵化しなくなります。産まれた稚魚には七〇％に及ぶ先祖返り型の変異が見られます。

裁判長

たいへん完璧なご発表をいただきありがとうございます、フェルネクス教授。

ここで判事の方々から証人および専門家の方々へのご質問をお受けいたします。

岡本三夫判事

私はヤキメッツ博士に一点質問がございます。二つのタイプの言語活動ということをおっしゃられました。この法廷で話されている私たちの言語があり、一方には公式筋の言語があります。そうした現状から脱出するには、対話の場を設けなければ、というお考えでございました。そうした対話が本当に有用だとお思いですか？　むしろ、まだ意見が固まっていない大多数のたちに話しかけたらどうなのでしょう？　直接の当事者でなかったり、情報が充分でなかった人たちのことです。まず、その人たちが先ではないでしょうか？　そういう人たちが私たちの話を聞き、推進派の意見も聞き、そのうえで、自分で考えてもらうことになります。もちろん、原子力の推進派と反対派が対話するのとはまったく違います。

ヴラディーミル・ヤキメッツ博士

ご質問ありがとうございます。こういうお答えをさせていただきましょう。六年前から私はネヴァダ＝セミパラチンスクという反核団体のボランティアスタッフをしています。この運動は核実験の停止を目指して始められ、成果も上げています。セミパラチンスクの実験場は閉鎖になりました。

ロシアでは核兵器の関係で私たちは多くの問題をかかえています。私たちの行き着いた結論は、対話の場を設定し、敵と同じテーブルで議論をしない限りは、何事も進んでいかないということなのです。彼らが見ることを拒んでいるものを、彼らに見せなければいけません。チェルノブイリに連れていって、そこでいったい何が起こっているのか、彼ら自身の目で見るようにすることです。

フレダ・マイスナ＝ブラウ判事

フェルネクス先生におうかがいします。ＩＡＥＡの報告会議が、原子力産業の都合に合わせたプロパガンダ戦だったと仰いました。抵抗した人たちはいなかったんですか。代表団の人たちは抵抗できなかったんでしょうか。ロシアとベラルーシとウクライナの代表団の人たちは、そうしたことをすべて受け入れたのですか。

エルマ・アルトファァタ判事

同じ方向の質問になります。国連の報告会議にはふつう、ＮＧＯの報告会議が付随しています。例えば、リオやベルリンでの、気候変動を巡る報告会議の時がそうでした。ＩＡＥＡの報告会議の時には、そういうＮＧＯの会議は付随していたでしょうか。国際的な拡がりをもった、私たち一人一人に大きなかかわりのある、こういう問題の全体にわたって、こうした公式機関と、国際的な市民社会との仲立になる方向で、そうしたＮＧＯの会議の開催の要求が出された、ということはなかったのですか。私たち一人一人、皆に関係のあることですし、そういう場所で言われたことは、皆に知る権利があります。そして議論や決定に参加する権利があります。

スレンドラ・ガデカル判事

出生率の低下についてお話しになられましたが、それについて質問いたします。ラジャスタニでは、子どものない夫婦が増えていまして、妊娠すると行く末に不安を抱く人も増えているのですが、それでも生れる子どもの数は増え続けています。幼い死や流産の分を埋め合わせようとするからです。出生率が上昇しているのです。で、ベラルーシでの出生率の低下は、不妊症の増加によるのだろうとは思いますが、また同時に、人々が生きる希望を失くしていて、子どもを作ろうという動機も弱くなっているからではないでしょうか。

コリン・クマル判事

フェルネクス先生に一つ、質問があります。研究や調査が倫理との関係で問題がある、ということを仰いました。そうした研究のあり方の問題は、現行の科学に内在的なものです。今日の科学の中にある「知」という概念のあり方の問題です。研究の主体と客体との間の距離、観察者と観察されるものとの間の距離、強者と弱者との間の距離が、考え方として確立されていたはずなのに、失われてしまったのです。科学の言説が再度、倫理によって支えられるようになるためには、私たちは何をすればよろしいのでしょうか。

岡本三夫判事

一九九五年の五月に無限定なままに延長された、核拡散防止条約に署名したすべての国にある、原子炉と核分裂性物質とを監視するという公式任務を、ＩＡＥＡは与えられています。そこで、ＩＡＥＡが取り組んでいる民生用と軍用の双方にわたる原子力技術というものについて、質問をさせていただきます。ＩＡＥＡはこの任務をたいへん真面目に受け止めているのではないでしょうか。民生用の原子力技術が軍用に転用されるのを防止するということです。が、そうは言っても、民生用、軍用、この双方の原子力技術は結局は同じものです。その点をどう捉えていらっしゃいますか。

裁判長

では、ここまでの幾つかのご質問に対して、ご解答をお願いできますか。どうぞお願いいたします。

ミシェル・フェルネクス教授

プロパガンダか、開かれた議論か、ということに関してご質問がありました。世界保健機関はＩＡＥＡと同じく国連の機関ですが、もっとずっと開かれた報告会議を一九九五年の一一月に開催しています。そこには医師たちが参加できましたし、研究成果を発表できました。ウィーンの会議のように厳しい選別を受けなければならないということはありませんでした。

ＩＡＥＡが会議を開いた目的は、「事故の結果の総決算」をすることでした。一〇年経ちました。急性の被曝による症状で、三一人か三二人が亡くなりました、六六〇人の子どもが甲状腺の癌になりましたが、治療は簡単です、後始末人については観察を続ける必要があります、そのうち何人かは被曝が原因で癌になることが予想されます、ということで、この問題はもうこれで終りですという宣言を、ＩＡＥＡは出したかったのです。そしてまたＩＡＥＡは、たいへん多くの人たちがストレスに苛（さいな）まれてきたし、今もなお日々苛まれている、ということに注意を向けたいのですね。ストレスの原因は、避難させられたことと、歪んだ情報を掴まされたことにあるというのです。ですから、諸々の当局は次回の事故にあたっては、ストレスを避けなさいということになります。人々は避難させてはいけません、メディアが流す情報はきちんと統制されたものだけにしなさい、ということです。

ＩＡＥＡは参加者を厳選したはずですが、それでも参加者を納得させるのは不首尾に終りました。第一日目は、誰も何も言いませんでした。けれども、インシュリン依存型の糖尿病や、その他の免疫障害の発病率を彼らが否定した時には、この共通了解のようなものは維持できませんでした。畸形やその他の先天性障害に誰かが少しでも言及すると、原子力エネルギー計画の継続にとってそういう問題関心は危険だという考えからなのでしょう、説明もなしに却下するのですが、そこでも共通了解はやはり維持されませんでした。

で、ＮＧＯは何をしていたのかというお話ですが、私の考えでは、今、私たちがここでこうして開催している法廷が、そのＮＧＯの報告会議ですよ。ＩＡＥＡの会議と平行して開かれているわけです。私たちはＩＡＥＡの会議で、この法廷にお出でなさいと、何千枚もの招待状をばら撒きました。で、組織者たちは、そこで打ち切りを決めたわけです。

さて、不妊の問題です。いちばん可能性が高そうな答は、あなたもお触れになられました。子どもをもつことへの恐れを生む社会的状況は、間違いなく原因の一つです。しかし、被曝の結果としての不妊ということについては、既にお話も出ていたと思います。チェルノブイリに関連して、男性の精液に精子が無かったり極端に少なかったり、という症状は度々報告されています。

放射線の催畸形作用ですが、これについては一九三三年から一九三五年に、ストラスブール大学のヴォルフ教授が研究して以来、既知のことです。私の年代の人間はサリドマイド裁判をよく覚えていまして、あの時には一〇〇本を越える論文を読みました。医学のエキスパートあるいは業界のエキスパートたちによれば、薬を服用する以前に母親がどういう状態にあったかという記録はない、だから、畸形がサリドマイド錠剤の服用の影響だということは証明できないはずだ、という説明になります。

ベラルーシに関しては、原発事故以前の畸形発生の記録がちゃんとあるのですね。サリドマイドの有罪証明に問題があったとしても、チェルノブイリの事故はそうではないわけです。チェルノブイリだけが問題ではないのだ、というのは悲しいことです。ラジャスタニのデータと、ヘセ＝ホネガー夫人のお話には驚愕いたしました。正常に運転されている原子力発電所でも催畸形性があるということなのです。これは、原子力産業を停止させなければならないという、大きな理由になる事柄です。薬や殺虫剤で同じような影響が明らかになれば、直ちに製品回収になります。原子力エネルギーには同じ規則は適用されないのでしょうか。

研究にかかる費用は年々上昇しています。スルクヴィン博士は畸形学と鯉の先天性障害との研究を研究室から二〇〇キロメートル離れたところでしていたのですが、もうお金がなくなってしまいました。私たちには新しい資金の出所が必要になってもいます。NGO界はこういう研究を援助しなければなりませんし、実際にしてもいます。それでも、必要な額にはほど遠いという実情があります。倫理に関してですが、IAEAは科学的でないだけでなく、倫理もありません。事実として、IAEAは原子力発電所の安全にはたいして力を注いでいません。これは基本的には原子力産業の推進役でありまして、拡散防止のことも、片隅のあたりで少しやってはいます。その場合も、原子爆弾を所有し、開発する権利を手にしている国々については、手を触れません。五、六の国が核兵器を新たに手にしましたが、IAEAには防ぐことはできませんでした。

ロス・ヘスケス教授

IAEAと核分裂性物質の軍事目的への転用の問題について、お答えさせていただきますが、裁判長、お認めいただきありがとうございます。四年ほど前にＩＡＥＡ事務局長のハンス・ブリクス博士は公の場でこう言いました。核を既にたくさん持っている国々、核の五大国のことですが、そうした国々にある核分裂性物質に関しては、ＩＡＥＡが管理統制を行なったことはない、と言うのです。ＩＡＥＡの保障措置(セーフガード)なるものはそれ以外の国々に核が拡散するのを防ぐというだけのことなのです。核の五大国が核分裂性物質を軍事目的に使うのを、ＩＡＥＡとして阻止するつもりはないと、彼ははっきり言いました。この根本的な違いが一般の人に理解されているとは限りません。

裁判長

専門家の皆様、発言者の皆々様、お礼申し上げます。ではビゲルト博士、お話しください。

クラウス・ビゲルト博士

私はミュンヘン在住のジャーナリストです。一九九二年にザルツブルクでウラニウムの世界会議を主宰しました。チェルノブイリなんか存在しなかったとします。それでも、当法廷のような法廷は必要なのです。それが、ウラニウムの会議ではっきり示されました。すべての原子力発電所が安全だったとします。それでも、ウラニウム鉱山がある限り、世界中で人は亡くなり続けます。世界中のウラニウム鉱山の犠牲者の方々の圧倒的多数は先住民の方々です。

原子力の推進者たちとの対話を、というお話もございました。法廷に提出させていただきますが、合衆国エネルギー省という原子力の側に立ったところがお金を出している出版物です。世界核写真家ギルドを創立したロバート・デル・トレディチという写真家からいただいたものです。この団体は日本、ロシア、ドイツ、アメリカなどの写真家の集まりで、原子力産業のあらゆる部門に関する資料を収集しています。

合衆国の除染作業を撮影する仕事が、エネルギー省からロバート・デル・トレディチに発注されたのです。「核分裂サイクルを閉じよ」という題のこの本は、大惨事の視覚資料集ですが、そもそも、大惨事でなければ除染も必要ありません。推進者たちが除染の必要性を告白する姿には、たいへん興味深いものがあります。まさか「敵さん」から注文がくるなんて夢にも思わなかったよと、ロバート・デル・トレディチは私に言いました。これは対話への第一歩でありましょう。ここにこの重要な資料集を三部、提出させていただきます。

裁判長　ありがとうございました。当法廷は深い関心を持ちまして、この資料集を検分させていただきます。

ＩＡＥＡの報告会議の結尾の部分に出席なさっておられましたクロンプ教授がお見えになって

おられると、たった今、うかがいました。お話しをうかがうことにいたしたいと思います。

ヘルガ・クロンプ教授

既にどなたかお話しになられましたが、核の推進側の人たちの、さまざまな質問への解答はよくよく、注意して聞く必要があります。質問も理解しにくく、何が対立点なのか、とらえにくいです。

けれども［ロシア、ウクライナ、ベラルーシという］関係国の政権の代表たちと、その同じ国からIAEAの招待で来ている学術専門家たちとでは、発言に明白な食い違いがあることに誰でも気がつきます。当惑いたしました。実際、ほとんど何も起ってはいません、とか、健康への害はほとんどございませんでした、とか断言する役目を引き受ける研究者たちは、いったい何が目的なのでしょうか。私にはよく理解できません。

忘れてはいけない一つの側面としては、一人の研究者にとってIAEAないしは各国レベルの原子力機関に認められれば神輿（みこし）に乗れるわけで、一方、こういう集りの場で立ち上がり、一生、IAEAのプロジェクトからはお呼びがかからなくなるような物言いをすることは、簡単ではないわけです。科学者たちのこうしたハンディキャップは政治家たちには無縁です。こうしたことも、双方の言説が違ってくる理由の一つではあるでしょう。どの研究者にしても、単刀直入な質問に遠回しにしか解答しません。会場からは矢継ぎ早に質問が出ているのですが、そんな具合で、解答が終了しないうちに閉会になりました。
対話（ディアローグ）などありませんでした。独白（モノローグ）ですね、あれは。一つの方向を向いていて。時に極端にシニカルで。チェルノブイリやその周辺の写真が幾つも提示されまして、ほら、地獄なんかではございませんよ、天国でございますよ。何もかもが上出来の極みでございます。鳥たちは歌い、牝牛たちは反芻をし、人々は健康そのものでございまして。ゾーンに住む六〇歳くらいのお婆さんたちのところに一八歳かそこらの娘さんたちが一五日間の予定で戻ってきています。幸福に溢れた再会のシーンです。これこそが、ＩＡＥＡが私たちに残そうとしているチェルノブイリの印象なのです。

裁判長
クロンプ教授、どうもありがとうございます。
では、シャルマ教授、どうぞ。

ハリ・シャルマ教授
数点、コメントさせていただくことをお許しいただきまして、ありがとうございます。覚えていらっしゃるでしょうか。ベクレルがラジウムを発見してからもう間もなく一〇〇周年の記念日になります。その一八九六年二月二四日よりこのかた、原子爆弾からチェルノブイリに至るまで、放射能の被害者はたいへんな数に上っています。

ベクレルやキュリー夫人はラジウムの危険性を知りませんでした。ラジウムをポケットに入れたままにしておいて、放射線で火傷を負ったりしています。キュリー夫人は格別の才能を持った科学者で、ノーベル賞を二度も受賞しています。彼女は両手の放射性の火傷、放射性皮膚炎に苦しみ、皮膚の移植手術まで受けています。結局のところ彼女は、放射線への被曝によって生命を落としたのでした。ここからごく近い場所にも、チェコスロヴァキア内ですが、ウラニウムの鉱山があり、鉱夫たちは肺癌に苦しんでいます。放射性の塗料を扱ってきた労働者たちのこと、X線被曝の結果に苦しんできた放射線科技師たちのことなど、どれ一つとして私たちは忘れるわけにはいきません。

私はまた、ALARA（合理的に受容可能な限り低く）の原則に立ち戻りたいと思います。私たちは犠牲者たちに情報を伝え、どれだけの線量の被曝をしたのか、知らせなければなりません。化学物質の場合のようにです。労働者たちは、化学物質の健康への効果を知る権利があります。放射能でも、同じようになっているのが当然でしょう。公衆も、労働者と同じ権利があるはずです。ALARAの原則は、推進者たちによって処方され、現に被害を受けている人たちや、今後被害を受ける可能性のある人たちに対して情報の提供もないという現状の続く限り、適用することはできないのです。

最後になりますが、ごく一部の人にしか知られておりません、もう一つの放射線源があることを申し上げます。欧州からインドへ飛ぶ飛行機のクルーは一フライト毎におよそ八ミリレムの線量で被曝します。一時間あたりで一ミリレム〔＝一〇マイクロシーベルト〕です。月に一〇〇時間乗務すれば、それだけで一〇〇ミリレムになります。宇宙線による被曝は二〇〇ミリレムです。居住地域や建築材料によっては、私たち一人一人もまた、放射線に曝されていることになるのです。商用原子炉のことだけを話題にするのでは不十分です。中でも食品への照射は問題で、コバルト六〇による何百万キュリーといったことがあります。

ありがとうございました。

ジェイ・M・グールド教授

自然放射能と核時代の幕開け以後に起ったことの間には、根本的な違いがございます。沃素やストロンチウムなど体内に吸収されてしまう放射性の同位体は、核時代になる前は自然界には存在しませんでした。自然放射能による癌はいつの時代にもありました。飛行機のクルーが厳しい規準によって護られなければならないことも言うまでもありません。

けれども私たちは核の時代の話をしているのです。この時代とともにまったく新しい被曝の形態ができあがったのです。低線量被曝の問題はバックグラウンドの放射線とは何の関係もありません。核分裂の生成物を不幸にして体内に摂り入れてしまった人たちの問題です。生成物は体内の特定の臓器に集積します。放射線技師たちを脅かしてきた問題について私たちが知っていることと、私たちが核の時代へと突入した一九四三年に起こったこととの間には、大きな断絶があります。私たちはまったく違った主題の話をしているのです。

裁判長

ありがとうございました、ジェイ・グールド教授

第七部　結論

発言者

ヌアラ・アハーン氏：欧州議会議員（緑）

ロザリー・バーテル博士：チェルノブイリ国際医師会議

裁判長

では、アハーンさん、お話しください。

ヌアラ・アハーン氏

私はアイルランド選出の欧州議会議員です。ランスターからの選出ですが、国の東海岸で一番大きな選挙区です。私は子ども時代をそのあたりで過ごしたのですが、そこはアイルランドの中でも「セラフィールド核燃料再処理工場」に一番近い場所です。

その工場で一九五七年に起こった事故は、チェルノブイリ、スリーマイル島に次ぐ規模のものでした。この事故は隠蔽され、たいへん長い年月の間、否定され続けてきました。アイルランドの医師たちは、事故の時に降下物に曝された、まだ思春期だった女性たちを深く研究しています。畸形の子どもを産んだり、死産に見舞われたりと、苦難を生きた女性たちです。何人かを私は直接、知っています。私は心理学者で、ソーシャルワーカーもしていましたので、色々と関わりがあったのです。

私はアディ・ロシュと同じ国から来ていますが、これは誇りです。アディ・ロシュは当法廷にチェルノブイリの子どもたちの写真を提供してくださいました。壁に展示されているのがそれです（図表13〜20）。アイルランドで「チェルノブイリの子どもたち」というプロジェクトの中心になっているのが彼女です。私たちは、ベラルーシの子どもたちを私たちの家に受け入れています。そういう活動から私たちは、チェルノブイリ大惨事の恐ろしい諸結果を身近に強く意識することにもなっています。私たち自身の家に迎え入れた子どもたちを通じて、私たちはその帰結に直に接することになるからです。

アイルランドは小さな農業国で、原子力発電所は一つもありません。私たちのベラルーシへの親近感はそこからきています。ベラルーシも原子力発電所がありません。それなのに核の犠牲になっています。

ＩＡＥＡの報告会議に参加しました。そしてこの法廷で、たいへんに重大な証言の数々を耳にいたしました。ご一緒に聴かせていただきました。放射能の放出があれば、正常運転中であっても、事故によるものであっても、同じ結果を目にすることになります。癌、免疫系の損傷、死産、白血病、小児の甲状腺癌、脳の障害、精神遅滞、ダウン症、奇胎と畸形などです。けれどもあちらでもこちらでも、こうした帰結は否認されてきました。大惨事の帰結を当局は最小限に見せかけようとします。どこでも一緒です。

小児甲状腺癌の統計的に有意な増加でさえ、一九九一年には認めていませんでした。今日でさえ、免疫障害や血液系の障害、胎児の畸形などは、未だ常に退けられる状態のままです。統計的に有意なほどには増加していないとか、放射能によるものでない、とか言うのです。

ＩＡＥＡの研究を読みますと、帰結のうちもっとも重大なものは心理的な性質のものだ、という考えに導かれます。放射能の危険性に対する絶対に理性的な反応を、専門家たちは放射能恐怖症だと定義付けます。実際には、放射能はたいへん現実的な脅威に他なりません。心理学者の一人として私は、患者たちが合理性を欠いた恐怖に苦しんでいるのだと言う専門家たちは欺瞞を行なっていると判定します。患者たちは理をわきまえた人たちで、たいへんに危険な情況に対して、理にかなった反応を示しているのです。

ＩＡＥＡのごとき組織に対してどういう立場をとるべきか、判事の皆様には慎重にご研究いただきたいと存じます。汚染地域に住む人々に現に害を及ぼしている当のものを、ＩＡＥＡは明らかに否定します。私の考えでは、まったく犯罪的な否定の仕方ですが、このような組織を変えていくということは可能なのでしょうか。

対話についても、私たちは議論をしました。私はＩＡＥＡの報告会議で発言に立ち、「フレッド・」メトラ教授に質問しました。ＩＡＥＡの一九九一年報告を書かれた方です。どうして甲状腺癌の存在を否定したりしたのですかと、聞きました。私の発言の後、会場には大きな反響がありました。色々な人が私の席にやって来ました。この問題を皆で討論できたわけではありませんが、それでも、何人もの方々と個人的な話ができました。こんなお話をしてくださった方もおられます。「一九九一年に私は、公の報告書の主張を信じ込んでいました。妻にこう言いましたよ『何も心配することなんかないんだ』と。今となっては、たいへんバツの悪いことです」。

ですので、反撃できないということではありません。けれども、公の関係の中ではそうもいかないのです。対話は成立しませんでした。それでも、ウクライナ、ロシア、そしてベラルーシの代表団は立ち上がってＩＡＥＡの専門家たちに抗議をしていました。私はウクライナの代表団に声をかけ、数値に関する彼らの考えを尋ねました。少しの間だけ、それについて外交風に言葉を交しました。事故の帰結は甲状腺癌だけではないのだということを認めようとしないＩＡＥＡを前に、彼らが同国人たちの名において、怒っていることを私は理解しました。怒りがひたひたと伝わってくるのでした。彼らは経済の罠に閉じ込められています。でも、ＩＡＥＡの報告会議が合意文書を出せなかったことは、彼らの抗議の成果です。

私はまた、ＩＡＥＡへのきっぱりとした最後通牒を放つよう、判事の皆様にお願いいたします。公衆衛生の諸問題を扱う権限も決定する権限もＩＡＥＡにはいっさいないと言ってください。それは世界保健機構（ＷＨＯ）だけの分限です。世界保険機構は一九九五年一一月に報告会議を開催し、甲状腺癌に関する幾つもの研究を公にしました。もしこれがなければ、ＩＡＥＡは今でもこの癌の存在を否定し続けていることでしょう。これさえも、今後も否定し続けるのでしょう。

常設人民法廷は、世界保健機構がＩＡＥＡに優先し、支配的な役割を果たすよう、その権利を応援し防衛するべきです。

ＩＡＥＡの報告会議の席上、放射線防護と核の保安とでは、責任をもつ機関を別にすべきであるという発言もありました。核の保安は、原子力発電所の防衛が目的で、人々の放射能からの防護が目的ではないのです。核の保安を押し進めるということで、欧州連合が現にしているように莫大な金額をこの分野に注ぎ込むと、現実には、原子力産業の懐の資産が増えるのです。この産業はそうした資金に強欲です。

政治に関わる人間として私は、ＩＡＥＡの廃止を願っています。しかし、それが可能であるとは思いません。可能なのは、この機構の権限を縮小し、人々を放射能の効果から防衛することにはっきり限定するよう、改革することです。各国政府が、この問題を国際連合の前に持ち出してはじめて、こうした改革が可能になります。私はアイルランドの政府にその要求を出す積りです。私たちの国は長年にわたって原子力発電所の問題で苦闘を続けていますので、政府も動いてくれると思います。

そんなふうにＩＡＥＡを原子力産業を推進する組織から、人々を防護する組織へと変えていくことは可能だと考えることもできそうです。国際連合やその関係機関で仕事をしている人々は、平和を維持するという国際連合の役割を信じています。ウィーンには国際連合が変わることを望んでいる人たちがいます。どうすればそれは可能でしょう？　原子力産業を推進することなど不可能なのだということを示していく一方で、人々を防護しなければならないことを示す必要があります。国際連合がしなければならないはずのことと同じです。

私個人といたしまして、もっとも心を痛めていることの一つに、女たちの取り扱われ方があります。チェルノブイリの事故による遺伝的な帰結は、何時の日か女たちを襲う時限爆弾であることを私たちは知っているのです。チェルノブイリは終っていない、まだまだこれからの問題なのだ、結果の全貌が見えてくるのはずっと先のことなのだ、という意見に私は納得いたします。

［ＩＡＥＡの会議の］最終セッションで、新生児にも、将来の子孫にも、遺伝的な帰結など何一つない、と明言するジャナリストの発言を私は公衆の面前で遮らざるをえませんでした。しゃべっていたのは、マガレット・サッチャーの顧問だった人です。この人はこの法廷にいったい何をしに来たのでしょう？　遺伝的帰結のことで、私たちを騙すためでしょうか？　怒りに駆られて、遮ってしまいました。

アングラ・メルケル（ドイツの環境相、ＩＡＥＡ報告会議で議長をしていた）は結語の部分で、「私たちはもっと研究する必要があります。もっと多くのデータが必要です。現行の諸研究からでは結論が引き出せません」と、ロシアやベラルーシやウクライナの何百人という研究者たちの仕事を完璧に無視する発言をしました。世界でもっともすぐれた研究をしている人たちを無視したのです。旧ソヴィエト連邦の研究施設はどれも立派なものでした。データも統計も揃っていて、研究者たちには真実が完璧に分かっています。そういうデータが私たちの手許に届かないのは、公表が妨げられているからです。法廷では、こうしたことについても、判事の皆様のご発言をいただきたいです。

アンゲラ・メルケルのデータなど存在しないという発言は、まったくもって我慢ならないものです。なぜメルケルがＩＡＥＡの会議の議長席に座ったのでしょうか？　この明確な質問を彼女にぶつける方が良いのかも知れません。ボンの緑の議員団にも、同じ質問をぶつけようと思います。実際、データは存在し、それが存在しない、というような発言はスキャンダルであります。真実に反しています。こんはふうであった以上、ＩＡＥＡの報告会議は学術会議ではなく、政治集会、プロパガンダ集会だったのです。

私たちがこのような形で法廷を開くことができまして、私はたいへんに嬉しく思っています。ここで述べられたことを、何としても、世界中に知らしめなければなりません。判事をお務めいただきました皆様方にお礼申し上げます。

裁判長

証言をありがとうございました。たいへん要を得たご助言を色々と頂戴しましたが、一つ一つ、細かく検討させていただきますことはお約束できます。

では、最後になりますが、ロザリー・バーテル博士にお話をお願いいたします。

ロザリー・バーテル博士

チェルノブイリ国際医療委員会の簡単なご紹介をさせていただきます。ボパールを巡る人民法廷の時には、私は判事の一員でした。その後、ボパールまで行って人々と話をしたのですが、そこで人々が置かれている本当の情況が分かりました。人民法廷の係り方の限界にも気付くことになりました。人々が必要としていたのは医療援助でした。人々の側に立って証言を手助けしてくれる医師たちでした。人々の身に起こったことを外側から証言してくれ、助言もしてくれる専門家たちでした。

そこで私たちは最初の医療委員会を作ったのです。「ボパール国際医療委員会」という名称でした。一三カ国、一五人の委員で構成されていました。私たちはボパールに出掛け、一カ月近く滞在しました。研究の検査標準（プロトコル）も作りましたが、これは今でも機能している当のものです。現地に数カ所の救急診療センターも設置したいと思っています。

これが国際医療委員会の始まりです。大惨事の処理に直接かかわっている人々とは別な、物事を外側から見る立場の医療スタッフ、科学スタッフが絶対に必要だと私たちは思っています。犠牲者の手助けをするのですが、また、このような事故が未来に起こらないように妨げる活動もします。

チェルノブイリ国際医療委員会は、今、この場に何人もそのメンバーがいますが、私はロシアやベラルーシやウクライナの医師たちと、協働作業ができたらと思っています。そうした方々のご研究のうちには、私たちが西欧の新聞雑誌への発表のお手伝いができるものもあるのではないでしょうか。私たちは主要な科学雑誌の編集者たちとコンタクトを取らなければと思っています。発表に必要な論文のスタイル上の決りとか色々ありますが、私たちならそれにうまく合わせて手直しを入れた翻訳、あるいは英文の手直しもできることでしょう。これは、こうした方々への援助として私たちにできますことの、一端です。

こうした仕事を継続していかなければなりませんが、それだけでなく、また西欧の医療従事者総体に働きかけなければなりません。ここから戻りましたら私は、カナダ政府に手紙を書き、こう言うつもりです。私はウィーンに参りまして、ＩＡＥＡの報告会議に提出されましたＯＥＣＤの嘘ばかりの報告書にピータ・ウェイト博士が名を連ねていることを知りましたが、これはスキャンダルでございます、と書くのですが、私たちの国の代表は、こんな人でないもっと別の人にして欲しいと言わなければなりません。

私たちは支援する人々の繋りを作っていくつもりです。こうした仕事に興味をもち、こうした新しいタイプのネットワークを発展させていく創造的な取り組みをして下さる方々を求めています。

ここにお出でいただきましたロシア、ベラルーシ、ウクライナの医師、科学者の皆様にお礼申し上げます。人選やコンタクトにご協力いただいた方々にもお礼申し上げます。相互の助け合いのための国境を超えた、たいへん重要な人と人との繋りでございます。またぜひお目に掛り、またご一緒に仕事を続けてまいりたいと思います。本当にありがとうございました。協働作業の、これは単に始まりに過ぎない、そう願っております。

フレダ・マイスナ＝ブラウ判事

今回の法廷を組織されましたバーテル博士にお礼を申し上げる役が私に回ってまいりましたのは、たいへん嬉しいことでございます。この法廷を主導されましたのはバーテル博士でございます。法廷の皆様のお気持を代表させていただきます形で、バーテル博士に改めまして、心からのお礼を申し上げます。

判決

法廷判事

フランソワ・リゴ：常設人民法廷代表。ベルギー、ルヴァン大学教授（国際法）
エルマ・アルトファタ：ドイツ、ベルリン自由大学教授（経済学）
フレダ・マイスナ＝ブラウ：オーストリア、エコロパ社、社長
スレンドラ・ガデカル：インド、ヴェドチ、原子物理学者
コリン・クマル：チュニジア、社会学者、アジア女性の人権委員会
岡本三夫：日本、広島、修道大学教授（平和学）

前文

一　訴訟手続

チェルノブイリ大惨事が環境、健康、人間の諸権利に及ぼした帰結に関する裁判の開廷請求は、一九九五年末に「チェルノブイリ国際医師委員会」（ＩＭＣＣ）によって提出された。チェルノブイリ大惨事の帰結を語る際の、国際的な原子力界によって発話される「健康被害」の異常に狭小

な定義と、「知的傲慢」とを前に、医療の問題、化学的問題、人権に関する増大する不安に対応するものであった。

常設人民法廷（TPP）はその憲章にのっとって、この請求の受諾、ならびに開廷日時、訴訟進行の様態を国際連合（UN）、欧州連合（EU）、世界保健機関（WHO）、国際原子力機関（IAEA）、国際放射線防護委員会（ICRP）に通知した。

国際連合の人道局からは迅速な解答があり、一連の有用な資料を同局から受領した。WHOからは、審理結果の通知を要請する解答が、IAEAからは、「ウィーンで開かれる報告会議（四月八～一二日）の結果が利用可能になる以後に」法廷の聴聞を延期するよう提案する解答が寄せられた。

以下の専門家たち並びに証人たちは常設人民法廷に口頭または書面による証言を提供し、また判事たちによる尋問に答えた。

ジアンニ・トグノーニ博士：常設人民法廷（TPP）書記、イタリア：常設人民法廷の歴史。

産業と技術による大惨事被害者の人間の諸権利の保護。

ロザリー・バーテル博士：チェルノブイリ国際医療委員会（IMCC）代表、カナダ：チェルノブイリ大惨事に関する当法廷への諸問題の提起。

事故と、その他所の原子炉への、また低開発国への影響

セルギイ・ムィルヌィイ博士：物理化学技師、チェルノブイリ国際ポスター&デザイン展、科学&国際関係ディレクター：大惨事の本質と水系、土壌、大気に及ぼした効果。後始末人としての体験。

ヴァシーリ・ネステレンコ教授：ベラルーシ技術研究センター。放射線安全研究所。独立した専門家による「チェルノブイリ惨事の影響に関する三国調査」委員会ベラルーシ国内責任者：食品放射能の追尾。

ロバート・グリーン司令官：イギリス海軍（退役）：西欧の原子力発電所へのチェルノブイリ四号機爆発の影響。

コメントと証言：

ユーリイ・アンドレエフ教授：後始末人の代表的指導者の一人

ヴォルフガング・クロンプ博士：オーストリア連邦首相府原子力顧問

ロス・ヘスケス教授：イギリス中央電力庁（CEGB）バークリー核研究所（退役）

チェルノブイリと犠牲者の諸権利

イリーナ・フルシェヴァヤ博士：チェルノブイリ子ども基金、ミンスク：チェルノブイリの子

どもたちと被害者たちの諸権利。情報の権利、意見表明の権利。

ユーリイ・パンクラツ博士：チェルノブイリ子ども基金、ミンスク：医療と生態環境と社会の諸情況。各国政府と国際機関の反応。

ガリーナ・A・ドロズドヴァ教授：人民友好大学、モスクワ：チェルノブイリ以後の一〇年。情報の欠如と医学的社会的諸問題。

ラリーサ・スクラトフスカヤ教授：ロシア医科学アカデミー、一般病理学、生理病理学研究所：ロシアにおける、人間の諸権利、死刑、核兵器、保健問題。

コメントと証言：
ペーター・ウェルシュ教授：人間環境生態学、ウィーン大学
ハリ・シャルマ教授：核化学、ウォータルー大学核化学研究所、カナダ。チェルノブイリ国際医療委員会（IMCC）

環境と人体の毀損に関する証言
コルネリア・ヘセ＝ホネガー氏：動物学専門・科学イラストレータ：チェルノブイリ、セラフィールドおよびスイスの原子力発電所の周辺で採集された昆虫。
ソランジュ・フェルネクス氏：欧州議会名誉議員：チェルノブイリ大災害に続いて観察された

植物、動物と人間の胎児の畸形に関するビデオ資料の提示

サンガミトラ・ガデカル博士：チェルノブイリ国際医療委員会（ＩＭＣＣ）、インド：ラジャスタニの商用原子炉周辺の疫学的調査

コメントと証言：

ヌアラ・アハーン氏：欧州議会議員、アイルランド

チェルノブイリに起因できる直接的な健康被害

エレーナ・Ｂ・ブルラコーヴァ教授：セメノフ物理化学研究所、モスクワ：低線量放射線。放射線生物学的諸特徴。

イヴェッタ・Ｎ・コガルコ教授：セメノフ物理化学研究所、ロシア科学アカデミー、モスクワ：チェルノブイリ事故後の放射能汚染による、汚染地帯に生活する人々のリンパ球増殖型諸病の経過観察と諸特徴。

イリーナ・Ｉ・ペレーヴィナ教授：セメノフ物理化学研究所、ロシア科学アカデミー、モスクワ：汚染地帯に生活する成人および小児の循環リンパ球に関する実験的研究結果。

リュドムィラ・クルィシャノフスカ教授：社会精神医学＆法精神医学研究所、主任。キエフ：チェルノブイリ生存者の間に見られる精神障害。

レオニード・チトフ教授：ベラルーシ疫学免疫学微生物学研究所、所長、ミンスク：チェルノブイリ後の小児の免疫系。
ニカ・フレス博士：放射線医学研究所、ミンスク、ベラルーシ：汚染地帯で生活する子どもたち。
ジェイ・M・グールド博士：放射線と公衆衛生プロジェクト代表、ニューヨーク：チェルノブイリの北アメリカへの影響。

コメントと証言：
スシマ・アクィラ教授：ヌーカスル大学疫学部、イギリス
インゲ・シュミツ＝フォイアハケ教授：ブレーメン大学医療物理学研究所、ドイツ
アンドレアス・ニデカー博士：放射線学者、核戦争防止国際医師会議、スイス

日本の体験。広島、長崎
振津かつみ博士：内科医、阪南中央病院原爆犠牲者研究委員会、大阪：五〇年後の広島、長崎の原子爆弾犠牲者たちと、一〇年後のチェルノブイリの犠牲者たちとの、放射線被害の比較。
山科和子氏：長崎被爆者。チェルノブイリ・ヒバクシャ救援・関西
サンガミトラ・ガデカル博士：インドの原子力発電所周辺での体験。
定森和枝博士：薬剤師、阪南中央病院原爆犠牲者研究委員会、大阪

国家機関および国際機関の対応

ヴラディーミル・ヤキメッツ博士：ロシア科学アカデミー、システム分析研究所。ネヴァダ＝セミパラチンスク運動運営委員会メンバー：チェルノブイリの一〇年後、基準値緩和に抗して収集した知見。

振津かつみ博士：内科医、阪南中央病院原爆犠牲者研究委員会、大阪：日本人の体験したICRP＝IAEA。

ミシェル・フェルネクス教授：バーゼル大学（スイス）：WHO報告会議「チェルノブイリ事故その他の放射線事故の健康への帰結について」（九五年一一月二〇～二三日）、NGOのミンスクでの第三回報告会議「チェルノブイリ以後の世界」（九六年三月二三～二九日）、ウィーンでのIAEAの報告会議「一〇年後のチェルノブイリ、事故の帰結の集約」の要約。

結論

ヌアラ・アハーン氏：欧州議会議員、アイルランド

常設人民法廷はまた、以下の書面による資料群を検討した。

・欧州の環境と健康に関するヘルシンキ宣言（一九九四年）
・WHO：チェルノブイリ事故の健康への諸帰結に関する国際プログラム。事務総長による報告（一九九五年一月二七日）
・WHO：チェルノブイリ事故の健康への諸帰結。パイロット企画の結果と各国のプログラム（IPHECA）。報告レジュメ集（一九九五年）
・UNSCEAR：放射線の環境への帰結
・OCDE原子力委員会：一〇年後のチェルノブイリ。放射線学的健康的インパクト。放射線防護と公衆衛生への原子力委員会による評価（一九九五年一一月）
・EU-IAEA-WHO：国際報告会議「チェルノブイリ以後の一〇年」のための資料集：事故の結果要約（ウィーン、一九九五年四月八〜一二日）
・IAEA：（一九九六年四月八〜一二日の報告会議）作業ドキュメント「チェルノブイリ後の一〇年」：
「環境へのインパクトと未来への診断」
審理第五部、第七部、第八部の資料文書類
レジュメ集
ベラルーシ共和国大統領とウクライナ首相による諸宣言

最終部会：諸結論、および最終結論と会議の勧告を提示した最終宣言（一九九六年四月一二日金曜日、12.30）

・国際報告会議「チェルノブイリ以後の世界」：主要な学術報告各種（ミンスク、一九九六年三月二三〜二八日）

・V・B・ネステレンコ：チェルノブイリ原子力発電所の大惨事のベラルーシ、ロシア、ウクライナにとっての規模と帰結（ミンスク、一九九六年）

・アディ・ロシュ「チェルノブイリの子どもたち」世界最悪原子力大災害の人的代償。ファウンド社、一九九六年

・E・シュヒャルト&L・コペレフ「チェルノブイリの子どもたちの声」ハーダー社（一九九六年）

・J・M・グールド「内部の敵。原子力発電所近隣の途方もない代償」四つの壁・八つの窓刊（一九九六年）

討論に際して判事たちは、過去の常設人民法廷で出された判決（後段参照）および国際慣習諸法規もまた考慮に入れた。

原子力事故に対する責任性の限度に関する国際慣習法には特別な注意を払った。

二　本裁判と常設人民法廷の過去の諸判決との関係

「各種産業の危険性と人間の諸権利」に関する判決（ロンドン、一九九四年）とは、明らかにもっとも直接的に関係付けられるべきである。この判決は一連の聴聞を結論付けるものであったが、特にボパール大惨事には特別の聴聞が割かれている（ボパール一九九二年）。

諸「事故」の犠牲者の生命、健康、情報、賠償に関する諸権利の侵害は、この判決では、はっきりと社会からくる、より広範で深刻な攻撃の一つの現われと考えられている。人々の基本的な諸権利よりも経済的な法則や利益の方を優先し、もっとも守られていない人々に犠牲を押し付ける、そうした社会からの攻撃なのである。

このような攻撃の数々のメカニズム、数々の手段、そして行為者たちは「国際通貨基金と世界銀行の政策」にあてられた審理（ベルリン、一九八八年、マドリード、一九九四年）で、詳細にわたって分析された。さらに、犠牲者の諸権利を効果的に防衛する上での、現行国際法の仕組みや道具立ての不備は、「人類に対する犯罪の不処罰」に関する一連の聴聞と判決（ボゴタ［コロンビアの首都］、一九九一年）の対象となり、「アメリカ大陸征服と国際法」に関する特別審理（一九九二年、パドヴァ［イタリア北部］、ウィーン）の対象ともなった。

パドヴァの判決で特に強調されたのは、国際関係の現行システムが人間の基本的諸権利の防衛と強化を保障する上での力の無さである。また、そうであるが故に、現行システム内の諸制度を民主化し、その「実効性のある」領導力の基盤を、経済的諸関係の分野にまで、そしてさらにより一般的に、開発に関連した諸関係にまで拡大していかなければならないということである。先にも触れたマドリードの判決（一九九四年）にも見られる通り、こうした諸関係こそは「薄められた」戦争が仕掛けられ、人々の諸権利が否定され、あるいは侵犯されている場なのだ。

こうした展望への深い関与はさらに議論が深められ、「子どもの諸権利の侵犯」にあてられた審判（ナポリ［イタリア中部］、一九九五年四月四日）の途上で表明され、また一九九〇年に実効した国際連合の条約［「子どもの権利条約」］にも特記されている。人類の未来を表象する子どもたちの基本的な諸権利の数々の侵犯が想い起こさせるのもまた、チェルノブイリ大惨事の筋書そのものである。チェルノブイリでは生殖の権利と可能性とが直接的に脅かされている。公式な、国際的な場面では沈黙と偽証の壁が決まりと化したかのようであり、それがようやく突き崩されたのは、子どもたちの深刻な罹患率によってである。

三　事実

⒜チェルノブイリ大惨事の原因

この大惨事の基本的な直接原因は、原子炉のこの型（ＲＢＭＫ九五〇キロワット）の基本設計の誤りにある。操作員たちが原子炉を停止しようとした時に、劇的に出力を上昇させ、核爆発に至った。基本設計の誤りは、大惨事以前から分かっていた。ソヴィエト連邦では、少なくとも二度は公式に警告が出ていた。大惨事の後、ほぼ八〇万人の作業者が緊急動員された。この人たちは核の保安の訓練をまったく受けていなかったし、自分たちの身体を防護する手段も与えられなかった。情報に基づく同意（インフォームドコンセント）の手続は、完全に無視された。作業した人たちは高線量の放射線に曝された。そして、現地に、欧州全域に、さらにその先にまで、莫大な量の〔放射性〕降下物があった。

旧ソヴィエト連邦内で、欧州で、あるいは世界各地で、危険に曝されている人々への、事故の重大性に関する情報には遅れがあった。子どもたち、妊婦たちをはじめ、住民すべてのために用意されているはずの防護手段も、ほとんど存在しなかった。放射性降下物が特別に危険だった時に、住民たちはメーデーの行進に参加するよう屋外に召集されたのだった。

公式には、大惨事の責任は発電所の運転員たちに押し付けられ、設計者たちや、原子炉の欠陥に手当をしなかった管理当局は公的な批判をほとんど受けなかった。本当は核爆発だったことも公的には認められなかった。世界中のすべての原子力発電所に関係してくる部分は、小さく見せかけられたのだった。惨事がなぜここまで大きくなったかについては、原子炉周囲の隔離性が不十分だったという説明が公式にはよくされるが、しかしこの要素が逆に安全弁として働いたのであって、もっと大きな爆発、とくに隣接原子炉の爆発を防ぐことになったのだとも考えられる。

(b)大惨事の帰結

大惨事によって三二人がほどなく死亡し、一三万人が強い放射線を浴び、数十万人が立ち退かされ、移住させられることになった。長期にわたる重大な帰結のうちの幾つかは、土壌や収穫や堆積物や水系の放射能汚染と関係している。放射能は微粒子の形をとって人体の組織や骨、食物連鎖内に蓄積され、大惨事から一〇年を経た今日なお、生命と健康を脅かしている。

WHOの諸研究によって、幼い子どもたちや青年たちの甲状腺癌が少なくとも七〇〇症例あることが、今では分っている。放射性沃素を吸い込んだためであり、死者も一〇人でた。問題はこれだけではなく、子どもたちにはことに、橋本病をはじめとする癌以外の各種の甲状腺病、また血液の異常や貧血、胃腸障害、小児糖尿病、免疫障害やさらに多くの病気があった。

社会的配転、転居、失業と住居の喪失、病気と不安が、大惨事後の適応を困難にする。ウクライナの一人の医師によって「チェルノブイリ後遺、脳無力症候群」と名付けられた新しい症候群が、大惨事を生き延びた多くの人たちを蝕んでいる。症状としては、注意喪失、疲労、直前記憶の喪失、苛立ち易さ、目まい、騒音・強い光・高い温度への過敏がある。広島、長崎の生存者を診てきたある医師は、この症候群と、「原爆ブラブラ病」と呼ばれるものとの類似を指摘している。

ＩＣＲＰは死亡以外にも放射線被曝にはさまざまな帰結が存在することを認めてはいるが、当局者たちはそうした帰結は社会にとって「心配な」ものだとは考えない。一九五二年以来、ＩＣＲＰは放射能による医学的に心配な帰結としてはただ死に至る癌と、生きて誕生した子どもたちの彼らがいう重い遺伝病だけを、認定してきた。また、チェルノブイリ以後、特に子どもの場合の死には至らない甲状腺癌と、子宮内で八週から一五週の間に胎児として被曝した場合の重い精神遅滞だけは、その認定を公式に許可した。しかし、さまざまな変異、細胞破壊、胎内加害などによる損傷の証拠があり、そうした中には例えば精神遅滞、手や足の欠損や変型を含む身体的な畸形、盲目や聾唖なども含まれる。植物や動物、また人間の場合にも、多くの証拠を示せるのである。個々人、その家族、その住む村や街、その自然環境、さらには食物連鎖を襲うこうした数々の苦しみが、犠牲になっている人々にとってたいへんな不安のもとになっていることは明白だ。放射能が現実にもたらしている結果を公式に認定しないでいることは、それ自体が、大惨事の生んだ犠牲者たちに重ねて罪を着せ、再度の犠牲を強いる行為である。

(c)賠償

大惨事の犠牲者たちへの賠償の問題は、原因や責任を負うべき行為者の同定と、また同じく医療要求の正当化と緊密に結び付いている。原因は軍事的または産業的な政策またはプロジェクトに、技術的な選択に、あるいは開発モデルに、内在している。責任は現地の操作員たち、国の監督官庁に、あるいはICRP、IAEAのような国際機関や、国際連合の諸機関に、帰結する。放射線への被曝による医学的加害の認定を厳格に限定したのはICRPによる国際的な勧告であった。犠牲者たちに直に接している現地の医師たちの意見を無視して、こうした勧告が厳格に守られたのであった。

どの病気とどの病気を賠償の対象とするかが、犠牲者の側で仕事をしている人たちと、病気が「仲間入り」できるかどうかを定義する公式機関との間の係争点となり、国際社会が犠牲者の援助に手を着けるまでには時間がかかった。ベラルーシでは、チェルノブイリ後の惨状を修復するのに、国家予算の二五%を当てることになった。

被災地再興ということについては、ベラルーシとウクライナでは近年、土壌の放射能汚染の許容規準を引き上げ、汚染地域に人々を再び住まわせ、食物や飲料水の放射線汚染に適応される規準も甘くすることが提案されている。非占有地帯と呼ばれているのは農地である。汚染された土地を食料生産に使用すれば新たな放射能犠牲者を生み、現に放射能被害を受けている人たちの健康状態と生殖能力を傷つけることに繋る。こうした行為はICRPの文書六〇（一九九〇年）に提案されている新しい政策から派生しているもののようだ。新たな原子力事故の後では、ALARA（合理的に実現可能な限り低く）政策はもはや適用するべきではない。新たな政策は、強制避難や、土地の使用制限や、食品消費の制限や、あるいは放射線防護のためのあらゆる行動を正当化するにあたって、費用／利益の研究の実施を要求している。ＩＡＥＡの勧告はＩＣＲＰのこうした政治的勧告を実地に移したものであるように思える。

この新政策は重大な大惨事の帰結の賠償と被災地再興の問題に影響を与えている。経済効率の名のもとに除染の政策を縮小し、人々が不健康な生活や汚染された食品や水の消費を受け入れるよう強制しているのである。除染の正当性を示さなければならないという重圧が、被害者にのしかかる。汚染した側にではないのだ。可能な限り被災地を再興するとしても、その重い責任は犯罪者の側が背負うことを明確にする必要がある。犯罪者たちによって重大な異変を受けた犠牲者の健康や、環境の総体の費用についても同じである。

四　国際社会側の隠蔽

核の時代は秘密のただ中で生れた。原子力技術の知識の拡散への恐怖と、第二次世界大戦での日本への原子爆弾の使用に対して報復の恐怖が原因である。物理学者たちは放射能測定の専門家であったために、被爆の帰結の評価も担わされることになった。第二次世界大戦よりも前に、放射線科医師たちはＸ線への被曝の有害な効果を多少理解していた。職業として放射線を使う人たちの安全規準を定めようと、放射線医師たちは国際団体を創設した。

マンハッタン計画（原子爆弾製造計画）の物理学者たちと、合衆国とイギリスとカナダの科学者たちは一九四五年と一九五二年に会合して、この新しい技術を前に、また一九四五年に太平洋で始まった核実験と、ウラニウム鉱山や核兵器に関連したその他の産業の発展を前にして、放射線防護のための勧告を練り上げようとした。

一九五二年にこの物理学者たちと放射線学者たちが合流して、ICRPが作られた。核の機密もあって、この機関のメンバーはメンバーの推薦によってしか交代しないし、終身制でもある。ICRPは放射能利用の危険性と利点との評価を耐えず担ってきたが、その際、彼ら流の合理性によって利益との相関関係で危険性を評価しようとしてきた。

ICRPのメンバーは放射線の使用者たちを代表し、五〇％は放射線生物学者、一五％は放射線学者、医療従事者が二五％、その他各種の部門が一〇％である。ICRPの議論と勧告は「原子力施設の」（および大気圏核実験）労働者たちと一般の人たちとの放射線被曝に関する公衆衛生上の規準が、新たな技術によって作られた諸情況に適合するよう定めている。これらの勧告の数々は各国の監督官庁・機関によって広く受け入れられているし、国際社会で実地に移されている。

ICRPの諸勧告が基礎にしているのは、広島と長崎の原子爆弾犠牲者に関するアメリカの研究結果と、骨髄の病気の治療に際して強い線量の放射線を浴びた患者たちに関するイギリスの研究である。

放射線に関して行なわれている他の研究はすべて、これらの研究と「調和」していなければ、規範にのっとった研究として認知を受けられない。問題にしている例は二つともたいへんに強い線量が短時間に放たれた場合である。研究の対象にされている生物学的指標は数が限定されていて、大部分は死に至る癌である。このデータを（「原子力施設の」労働者たちや一般の人たちの場合のように）長期にわたる低線量被曝にまで、拡張して適用しようとしたのである。あらゆる決定を行なうICRPの運営委員会には、公衆衛生や労働医療の専門家の姿はない。

一九五四年に水素爆弾が爆発し、合衆国が核兵器を兵器庫の中心に据える決定をした後、「平和のための原子力」というプログラムが国際連合に導入され、国際原子力機関（IAEA）が創設された［一九五七年］。IAEAが与えられた任務は原子力技術の「平和」利用の推進と、軍事的な原子力技術がこの時代に既に核を開発していたことが知られている五カ国以外の国々に拡散することの防止であった。こうした推進者の役割においてIAEAが防護規準の典拠にしたのがICRPの勧告である。

国際連合もまた、国際連合放射線効果科学委員会（UNSCEAR）を設立した。委員会はICRPあるいはIAEAから出てくる新しい諸研究や諸政策についての報告書を、総会に定期的に提出している。

こうした下部機関のシステムは緊密に重なりあっている。共通のメンバーもおおぜいいる。化学的汚染物質ほかさまざまな、産業による危険性を扱っている通常の回路、つまり公衆衛生や労働医学などからは効果的に遮断されている。科学教育の専門化は原子力諸機関を一般的、医学的、科学的なチェックから隔離するのにも貢献している。例えば、原子力産業は致死性の癌に勧告の根拠を置いている。化学産業界が呼吸器障害や小児に対する神経毒性効果、また生物学的指標として、子宮内成長の生得的障害といったものを考慮に入れる義務を負わされているのとはたいへんな違いである。

ＩＡＥＡの集会への参加、あるいは何らかの指導的な地位に就任するには、出身国が国際連合のメンバーで、その原子力管轄機関の推薦を受けている必要がある。ＩＣＲＰの新メンバーは既存のメンバーの手で選出され、終身職である。ＵＮＳＣＥＡＲのメンバーは出身国の政府による任命で、構成国の大半は原子力を推進している国だ。この一握りの科学者たちが、彼ら自身の研究結果や決定を疑問に付す危険性のある政策や「外部」で行なわれている諸研究の評価を、全面的に統制しているのである。彼らの勧告や政策に楯突くものはすべて無知、感情的、非科学的などの烙印を押される。科学的な問題点であれ、政策的な決定であれ、係争点を討議する国際的なフォーラムの類は存在しない。

五　科学界の責任

原子力界の内部にいる科学界のメンバーたちは、科学的データの解釈上の不一致点や、政策決定の上での不一致点に関して、自由に討議することがたいへんに困難である。国際組織の会合に二度と参加できなくなるとか、場合によっては職を失なう覚悟も必要になる。例えば、ＷＨＯのような何らかの組織がメンバーを一人、ＩＣＲＰに送り込むことにでもなれば、このメンバーは公衆衛生の政策について、ＩＣＲＰでの地位保全を気にすることなくＷＨＯの政策に従って話すことは可能である。しかし現実には、ＩＣＲＰのメンバーはＩＣＲＰ執行委員会を通じて互選されるのである。

原子力界の外部にいる科学者たちは研究の財源を見つけ出すのも難しい。放射能被害者たちの治療にあたる医療界は研究の方向性についても、原子力産業界の紐付きでない研究者への資金の配分についても、何も語らない。研究の目的についても、資金の配分についても統制が行なわれているので、被害者たちは病気と放射線の間に因果関係を証明する可能性のある情報をしばしばまったく知らないままに置いておかれるのである。研究結果は発表前に検閲を受けなければならないのだ。研究は核の専門家たちのもとに検閲の為送られ、君臨している側の「理論」と合わなければ、この専門家たちが出版を拒否するのだ。

核問題の複雑さと、提起されている諸問題の大半に必要とされる学際的アプローチが、この分野の研究を経費のかかるものにしている。学際的研究への公の援助は欠かせない。結果の公表は、資源保全を確かなものにするためにも、もっと幅広くおこなわれるべきだろう。

原子力のサークルの内側であるいは外側で、一般的利益を守るために口を開こうと試みた科学者たち、そして医師たちを当法廷は鑽仰（さんぎょう）する。しかしまた当法廷は民主的な意見交換の不在、支配側の言う「真実」に合致しない科学者・医師に対して加えられている重い制裁の数々、この分野の諸政策に関係した情報群の極端な統制、さらに制度化された妨害の数々が、職業人相互の交換を異様に貧弱なものにしていることを特に指摘するものである。四月にウィーンで開かれたIAEAの報告会議の席上、一週間前のミンスクでの報告会議では研究結果を提出していた科学者たちが、そちらではデータの提出を見合わせるということが起きた。こうした科学者への恫喝は、惨禍の規模に併せた対応を取ることを妨げ、被害者たちの人間としての諸権利を侵害している。

六　核兵器と原子力発電所

広島と長崎から半世紀、チェルノブイリ原子力発電所の大惨事から一〇年が経過し、生き残った人たち、特に原子爆弾と原子力発電所の事故により被害を受けた女たちや子どもたちが、ほとんど同じ種類の数々の病気や生得性の畸形に、かつて知られていない高い頻度で苦しんでいることは、たいへん多くの科学的医学的データが充分に証明している。

ウラニウム鉱山でも、運転中の原子力発電所でも、除染作業でも、核兵器製造過程でも、廃棄物の処理でも、核兵器の製造工場でも、核実験場でも、犠牲者が生まれている。世界は彼らの声を聞くべきである。こうした犠牲者は三二〇〇万人を超える。世界を終末に向かわせるこうした技術の害からの解放を、犠牲者たちは訴えているのである。

チェルノブイリの大惨事が引き起した、そしてこれから先、核戦争やまた別の原子力発電所での事故によって起きるかもしれない、土地と水と空気の汚染の規模の大きさは、今現在地上に住んでいる住民たちの生命と健康に恐るべき脅威を与えているだけではない。［こうした汚染は］生態系を未来永劫にわたって完全に修復不能にし、未来の諸世代からもっとも基本的な諸権利を奪う危険性をも現わしている。

プルトニウムの世界的な拡散とその核兵器への使用の容易さは、情報がさらに秘密にされていく元となり、民主主義的諸規則の廃止も引き起こす。

商用原子力と軍用の核とは、一つのコインの裏表であり、裏と表は互いに支えあっている。商用原子力技術の拡散が核兵器の拡散を導き、核拡散防止条約や包括的核実験禁止条約の、それでなくとも限定的なものであった成果を、無にする。

近年、国際世論に背いて核実験を実施したフランスと中国は、核抑止力理論が冷戦後の時期には信頼性をほぼ失なっている中で、重大な政治的誤ちを冒したことを理解しなければならないだけでなく、幾つかの国々の、核兵器を保持しようとする動機を強化してしまったことも理解しなければならない。

七　責任を問う権利と賠償を受ける権利

二つの問題を分離して検討する必要がある。

・誰が何に対して責任を問われるのか？
・損害を賠償させるのはどのようにすれば可能か？

A　責任を問う権利

民法あるいは慣習法体系（民法と慣習法では違いがあるが、この議論の主題からすれば重要ではない）のある国では、一個人は、別の個人に与えた損害について、責任がある。法の一般原則から派生した同じ原則が、国際法では国の責任に適用される。

この責任というシステムは、因果関係の原則に基いている。自然科学の発展に伴い、観察された二つの自然現象の間に、一方が他方を引き起こしたという関係、あるいは起源となっているという関係を同定できるようになり、判事たちは、別の個人に損害を与える行為を行なった個人を、責任あるものとしてきた。因果関係という司法の原則の適応には、三つの原則が組み合わされている。

(1)　損害が同定されなければならない
(2)　誤ちが犯され
(3)　誤ちと損害に因果関係が存在する

一見、原則は単純である。しかし、適用の段では数多くの困難が持ち上がる。何が実際に起ったのか認定が困難だということと、司法実務からの要求とを、うまく両立させるためにさまざまな理論が考え出されたのである。前例が事実上無限にある領域内で適正なものの選択を目指す理論には基本的に二つのものがある。一つは、近似的因果関係理論（慣習法体系を使う国で一般的である）で、判事たちの間で、適正なものとして保持されるものである。もう一つは、民法のある国のもので、相当因果関係理論である。

原子力による損害の領域には加えてさらに幾つかの困難があるが、その問題に入る前に、付け加えておくべき要素が二つある。近似的因果関係には、予見可能性という要素が含まれる。その行為が、もう一人の個人に危険を及ぼすことになる、という意識が行為者側にないと、責任は問えないことになる。しかし、その危険性の確率は、高いことが証明されていなければならないわけではない。例えば、閑散とした田舎道を車で走っていて、別の車を置い越すとしよう。ちょうどその瞬間に反対側から第三の車が来ているというのは、ほとんど考えられない。それでも、私が実際にこの危険を犯せば、私は誤ちを犯したのである。強調しておくべき第二の点は、責任は、何らかの行為によって生ずるだけでなく、するべきことをしなかったことによっても生ずる、ということである。誰かがもし、何か危険性のある行為をしようという場合、予見できるすべての損害を防止するために必要な、数々の安全策をすべて取る義務がある。こうした諸原則を原子力事故に適用しようとする時に、二つの困難に遭遇する。

(a)低線量の放射線が、二つの事象の間の相関の上に形成されるべき、因果関係の原則から外れてしまう。低線量の放射線による帰結としての損害は、長い年月を経た後でなければ検出されえないし、一人の人がその間に受けた数多い影響や害のせいにされてしまうこともありうる。そうしたことは、既に職業病でも経験済みである。伝統的な因果関係の原則では償えないのだから、職業病の出る可能性のある産業部門ごとに、厳格な司法の基礎を提供できるよう、数々の規則が樹立されてきた。労働者たちには定められた体系に従って損害の賠償を受ける権利がある。

(b)責任性についての伝統的な諸規則は、ボパール大惨事には適用するべきだったと思われるのだが、同様に、チェルノブイリの悲劇にも適用されてもよかったであろう。どうしてそうならなかったのかを、当法廷は今後も探っていかなければならない。原子力事故に関しては、責任性の問題が社会を治めている法の及ばない場所に起かれるように見え、たいへん特徴的かつ病的である。スリーマイル島事故の被害者たちは賠償を受けられなかった。アメリカの法規は、他の産業の事件ならば、被害者たちに対して世界でもっとも寛大なものの一つなのだが。製品の製造者責任を巡る多くの訴訟では、まず考えられない極端な水準の厳格さで、国際原子力機関は被害の証拠を要求する。サリドマイドなどはそのことを雄弁に示す例である。被害者たちの苦しみには別の原因が複合している可能性も確かにあろう。それでもある一部の人たちの間だけでの損害の出現と、それを引き起こした行為との関係が統計的相関によって示されれば、責任の所在は充分に結論できるのである。

チェルノブイリの場合、放射線に曝されている人々の間での病気の発症率が、そうでない人々の間での発症率を統計学的に超えていれば、行為者の責任は充分に問えるはずである。汚染された人々の健康前歴などの追加証拠を要求してはならないはずである。

B　賠償されえない損害の数々

さまざまな損害の規模の大きさが、それらすべてが正当に償われるのは不可能であることの説明になる（正当化できるというわけではない）。過去最大の二つの産業大災害であるチェルノブイリとボパールとがどちらも、人命の値段がアメリカや西欧と同じ規準では評価されない地域で起ったのは、偶然の一致ではない。このような大惨事がドイツや合衆国で起きていたとするなら、保険という仕組みは全面的に崩壊していたことであろう。チェルノブイリ後に用いられた損害の評価方式は、ＩＡＥＡの「専門家」たちによって問題ないとされたが、被害者たちに対する正当なあるいは公正な賠償を提供する目的で練り上げられたものではなかった。人々の苦しみは否定され、あるいは矮小化されて、支払いが可能な、あるいは予定できる範囲内に収まる賠償額にとどまるようにされたのである。被害者たちは賠償されなかっただけではない。受けた損害や苦しみの実際の有様を否認されたのだ。原子力の自称合理性の図式に、賠償は含まれていないからということのようだ。原子力を巡る複合体の不名誉に関わる恐れのあることは何であれすべて、無視される必要があるということである。この複合体は法より一段上に身を置き、原子力発電所の内部と周囲に一つの「無法地帯」を形成している。

八　原子力エネルギー生産の経済的諸要素

⑴担保されえない数々の危険性

「平和のための原子力」が人類のエネルギー問題を解決するに違いないという幻想の時代は、遅くともスリーマイル島事故やチェルノブイリ大惨事以来、過去のものである。それにもかかわらず、原子力の生産は続いている。強大な経済的利害が、原子力の側に立って政治的決定権者たちや世論に圧力をかけるなどして、攻撃的な振舞いをしているからだ。全世界に数百基ある原子炉のどれかで大きな事故が起こる危険性は、原子力の推進者たちの言い分を信じるとすれば、ありえないことなのだ。

けれども、世界中の人たちを不安に陥れているのは、こうした危険性だけなのではない。ウラニウムの採掘から核のゴミの管理に至るまで、原子力生産のサイクル全体がそうなのである。原子力の時代の幕開け以来、数知れない鉱夫たちが汚染を受けた。ウラニウム精製工場で鉱石を扱う労働者たちもそうであった。核のゴミの再処理工場でもそうであった。

核のサイクルのどの段階も、小さなものも大きなものも含めたさまざまな事故に関して、あるいは、どこにでもある低線量の放射線に関しても、安全ではない。危険性は計算することさえもできない。核のゴミに関してはとりわけそうである。現状の市場に何一つ口が挟めない将来の世代が結果を受けとるのである。市場という仕組みの明らかな欠陥の好例である。

原子力の代表者たちやIAEAが提示する計算では、原子力は他のエネルギーと比較して経済的に有利であるとされるが、まじめに受けとることのできるようなものではない。原子力の途方もない金額に上る「外部コスト」をないがしろにした、無責任な計算だからだ。よく引用されるハンス・ブリグス氏の発言が正確なものだとするなら、いっそうの無責任性がそこには示されている。

「……このエネルギー源の重要さを考えれば、チェルノブイリ規模の事故が年に一回くらいあったところで、世界は我慢できるのではないか」（「ル・モンド」紙一九八六年八月二六日）。

経済的には、一人の人間の、生命の、全体性の、そして健康の「価値」はあからさまにゼロであるということだ。しかしチェルノブイリの後でもなお、原子力エネルギーの生産という戦略を取り続けたいというのならば、こうした非人間的な態度もまた必然ということのようではある。犠牲者たちは「進歩」の代価ということか。

(2)原子力の原価

結局のところ、IAEAがチェルノブイリの一〇年後になっても死者の数としては三一人か三二人か（飛行機一機落ちたよりも少い）という酷い数字しか認めず、犯罪的な仕方で当たり前のことのように扱っているというのも、論理的ではある。しかし当事者国である独立国家共同体出身の信頼できる科学者たちによれば、大惨事の直後に命を落したか、あるいは爆発の後遺でここ一〇年の間に死んだ人々は、少なくとも二万五〇〇〇人にのぼる。さらに何十万人という人たちが怪我をし、あるいは汚染を受けているのである。地元の住民たちやソヴィエト連邦全土からやってきて、大惨事の現場に結集した「後始末人（リクビダートル）」たちのことだ。

ＩＡＥＡにとっては、原子力の生産に信頼を取り戻すことの方が、遺伝子変異を起す可能性のある放射線が長期間にわたって将来の世代へ及ぼす効果よりも、ずっと重要なことなのであろう。チェルノブイリ大惨事の結果を食い止めるために、ベラルーシのように貧しい国では国家予算の二五％を割かなければならないが、こうした体制的な経費（教育、インフラ、保険等）もまた、忘れ去られている。こうした経費をすべて加算すれば、原子力によるエネルギー生産は現代社会のエネルギー問題の解決にはまったくならない。

(3)原子力は化石エネルギーの代りとして温室効果を避けるものにはならない

化石エネルギーの使用は否定的な効果をたくさん引き起すので、原子力はまだ数十年にわたってその合理的な代替であり続けると言われている。

第一に、次世紀には化石資源はおそらく枯渇する。第二に、これの方が重要だが、枯渇が問題になるより以前に、温室効果のために何かで代替しなければならない。さらに、国際社会はここから先二〇年以内に二酸化炭素の放出量を大幅に減らすことを取り決めた。二酸化炭素放出量の縮小は絶対に必要だが、だからと言って、原子力の使用継続の言い訳にはならないのだ。原子力は化石エネルギーの代替にはならない。一九九六年にウィーンで開かれたＩＡＥＡのチェルノブイリに関する報告会議の結尾の宣言でも、相変らず、そう主張されてはいるが。

原子力は環境や人命の代償があまりに高くつく。それだけでなく、経済的にも、原子力発電所の製造する電気の価格に含めきれない、あまりに高くつくものなのだ。高度に発展している幾つかの国で、新しい原子力発電所の建設をやめたのはこのためである。建設を予定している低開発国は、原価の総額を計算に含めないようにしているのである。

原子力の人類に対する否定的なインパクトは他にもある。それほど知られていないが。原子力は「民主化」不可能である。危険すぎるのだ。危険性の管理という点から言えば、テロリストの攻撃に対して余りに脆弱である。原子力発電所を核兵器の製造所に変換するのも、容易にすぎる。原子力発電所を保有している国が増えれば増えるだけ、世界の平和は危険に曝される。

(4) エネルギーの代替モデルの必要性

原子力が化石エネルギーの代替になりえない以上、また化石エネルギーの使用を漸次抑えてい

かなければならない以上、エネルギーの代替モデルを発展させることは人類にとって絶対的に必要である。それは

第一に、エネルギー効率の画期的な増大と、エネルギー節約の技術的社会的な方途

第二に、化石エネルギーおよび原子力から、再生可能な、枯渇しない、太陽エネエルギーから派生したものへと、変換する戦略を基盤にしなければならない。

技術的、社会的な進歩は現に、この二つの方向に向って発展している。既に世界各地のあらゆる場所で、それぞれに異なった気候、地理、社会に適応した、エネルギー効率改善の技術が存在している。生活のスタイルを変えようという意志も強まっている。もっとも豊かな国々にあってさえそうである。世界でもっとも貧しい国々では、これがエネルギー情況を改善する条件の一つともなる。再生可能なエネルギーは、分散型で多様性のある消費にとって、化石エネルギーや原子力よりもずっと適している。実際、化石エネルギーと原子力は、地域的にも経済的にも、一極集中を強力に推し進めるのだ。

(5)エネルギーの領域で代替モデルを支持するための政治的目標

政治指導者の基本的任務の一つは、支配的なエネルギーモデルに対して代替となる数々のモデルを支持し、推進することである。たとえ大企業の、感覚を麻痺させる個別的な利益に抗し、ま

た経済社会複合体に歯向うものになっても、そうすべきということである。エネルギー諸企業による過去の投資が、今日の代替方向への舵取りに影を落している。投下された資本の力を減じていくには時間が必要だからだ。

今日、決定権者たちに課せられている重要な任務は、こうした悪循環を断つための準拠枠組みを描くことである。これを市場のメカニズムに任せるのは誤りだ。幾つかの大企業の力が極度に集中して巨大な力となり、その誤ちによって、市場の自由な動きは妨げられているからである。

だからこそ、次のようなことが必要になる

第一に、化石エネルギーと原子力の分野の研究に割り当てられてきた財源を、（太陽光起源の）各種代替エネルギーや、エネルギー効率を高める技術的社会的な方策や、そして最後に、エネルギー節約を可能にする理にかなった発展の代替モデルの数多くの可能性の研究に、再分配することである。

第二に、ある一定の期間、再生可能エネルギー資源に補助金を出すことである。社会的利益が見込まれるのであるから、これは正当化される。実際問題として原子力発電には巨額の補助金が出ている。この形態のエネルギーは社会的コストが計算不能なほど高いにもかかわらず。

第三に、ＩＡＥＡを改組して、「代替エネルギーのための国際協会」とする。

(1) 太陽由来の再生可能エネルギー資源と、エネルギー効率化を可能にする各種技術との発展を支援するため

(2) 世界中のすべての原子力発電所をできる限りすみやかに閉鎖するのを助けるため
(3) 今日存在するすべての核のゴミの最終的な管理に向けた確実な解決法を開発するため
第四に、関係するすべての人たち、特に貧乏な国々の人々への賠償のメカニズムを、国際社会のただ中に開発し、そうした国々がそうした規則を活用できるようにしていく。

(6)「協調戦略」の幾つもの限界

こうしたことを踏まえれば、一九九五年のベルリン気候サミットで推奨された「協調戦略」はエネルギー問題の解決策としては過度的なものでしかない。一方ではこの種の戦略は世界中の二酸化炭素放出量を確かに抑えるのであるが、しかし他方、技術革新や技術移出の妨げともなる(なぜなら、もっとも高度な技術は開発されたとしても貧乏な国には導入されない)。さらに重大なのは、化石エネルギーや原子力のモデルから再生可能なエネルギーの代替モデルへの移行を妨げるのである。

九　人間の諸権利の新たなるヴィジョンへ

チェルノブイリ被害者たちの声を聴いていると、支配的言説が使っている、人間の諸権利に関する概念や範疇(カテゴリー)が、私たちの時代の暴力の問題を把握するには、ますます不十分になってきていることが、はっきりと浮き彫りになる。人間の諸権利に関する地平を拡大し、現行の言説を深化させる必要があるが、また同時に、人間の諸権利の新しい解釈も、私たちには必要である。

人間の諸権利を強者たちの諸権利、特権者たちの諸権利へと矮小化するパラダイムを私たちは拒否しなければならない。こうした諸力、こうした諸特権に与することのない人たちの声を聞かなければならない。太平洋の数々の核実験の犠牲者たちの声を、ナミビアのウラニウム鉱夫たちの声を、インドの、セラフィールドの、チェリアビンスクの労働者たちの声を、合衆国やカナダやオーストラリアの先住民たちの声を、ミクロネシアやポリネシアで「ぶどう子(メドゥーサベビー)」たちを産んだ女たちの声を、チェルノブイリの子どもたちの声を、聞かなければならない。

遺伝子的に畸形をもって生まれた子どもたち、これからそうして生まれようとしている何百万人の子どもたちにとって、基本的生存権は何を意味するのだろうか?

人間的正義の言説に、原子力産業は地雷を仕掛けたのである。原子力産業と核実験との犠牲者は今日、世界中に少なくとも三二〇万人いる。この人たちは第三次世界大戦の最初の犠牲者たちである。

国家の安全、平和、エネルギー保障、場合によっては持続的発展といった名のもとに、どんどん増えていく犠牲者数の源に原子力産業がある。民族=国家の内側に核の国家が存在し、国際連合の憲章にも、ほとんどあらゆる国々の憲法にも明記されている基本的な自由の数々を、廃絶する。（平和主義ないし反核の活動家による監視がどんどん厳しくなっていくにつれ、国家の安全の名のもとに、原子力界のために機密を保持する法制を整備するとすれば、これは情報の権利の侵害である）民族＝国家は破壊の権利を保有しているかに見え、人民あるいは自治組織はこうした破壊を押し止める権利を何ももっていないかのようである。

大量殺戮（ジェノサイド）に関する国際条約は原子力技術にどのように適用されるのだろうか？ 事実として、放射能は幾つもの国民ないしは幾つもの世代を丸ごと廃絶するのである。チェルノブイリは一つの国民の破壊である。犯罪的ではないだろうか？ 人類に対する犯罪ではないだろうか？ 原子力発電所、ミサイル基地、軍事基地は住民をまとめて追い出し、惨めで軽蔑を浴びる存在へと追い落し、自国内での難民にする。

人間の諸権利に関する支配的言説は個々の民族＝国家が備えている思考の基本枠組みの内部では遮断を受ける。民族＝国家は社会内に存在するあらゆる階層、あらゆる共同性を消し去っていく。諸権利に関する自由主義的な言説は国家の内部での個々人の諸権利に焦点を当てる。個々人の諸権利と自由とが、民族＝国家によって保障される人間の諸権利の、構成、発展、保護の基本的なベースになっている。

国際連合の人権宣言、ならびに民族＝国家により署名された人間の諸権利に関するすべての諸条約には、一国の国民が保有しているべき諸権利を明確に定義している。それぞれの民族＝国家はこれらの諸権利を保障する責任を、それに従って負っているのである。しかし、その同じ国家が自らの国民に向って、こと内政や秩序、国家安全保障に関わると判断したとなれば、もっとも乱暴な弾圧を（特に、原子力犯罪を隠蔽する際に）加えることも可能なのである。人間の諸権利の守り手たる民族＝国家はしばしば、そのもっとも激しい侵犯者なのである。

チェルノブイリの件では、国民たちは責任ある者たちを相手どって、あるいは受けてきた暴力が償われるようにと、訴えを起すことができるとすれば、どこに訴えればよいのであろうか？修復あるいは賠償は、どこにであれば請求できるのであろうか？

主権者たる一国の民が主権国家を相手どって法的正義を要求することを可能にする国際的なメカニズムはいっさい存在しない。国際司法裁判所では一民族＝国家が別の一民族＝国家を相手どって賠償請求をすることはできる。しかし諸民族＝国家の政策の犠牲者たちには、それが戦争に関するものであれ、開発に関するものであれ、あるいは原子力技術に関するものであれ、国際司法裁判所に訴えを起す権利（ロクス・スタンディ）がいっさいないのである。

緊急に新しいメカニズムを発展させていく必要がある。人民に対する義務の諸原則に基礎を置き、民族＝国家の諸政策によって諸権利を侵害された人民、あるいは共同体が、そうした国家を相手どって権利回復と賠償を請求できるようにする必要がある。

人間の諸権利に関する新たな判例体系も緊急に必要である。それは真に人間的な存在としての各人の諸権利によって構想されたものとなろう。そうして各人は長期にわたる、あるいは将来に起る数々の暴力が危惧される時に代償が得られるよう、核の放射能被害が及ぶ範囲全体に適合した規模で、国境を超えた責任性という新な領域を探求することになろう。

人間の諸権利の将来への見通しを拡張しなければならない。現存する人間的知の指標軸群（パラメータ）の彼岸に、新しい幾本もの道を探っていかなければならない。人間の諸権利の普遍性に関する新たな将来への見通しを見出さなければならない。これらの指標軸群を拡張する可能性を研究しながら、私たちは新しい言説を探求しなければならない。（現実への別の諸文化からのアプローチとの対話によって）成長の、民主主義の、合意（コンセンサス）不在のこれまでとは違う定義を発見しなければならない。平等の、尊厳の、正義のこれまでとは違う定義を発見しなければならない。共同体の諸権利や人民の集合的諸権利を認める、権利のこれまでとは違う定義を発見しなければならない。

人間の諸権利に関する思考の、現行のどれをとってみても、民族＝国家は共同体の諸権利に対して、その必要に応じた満足を与えることができない。個々人および共同体の必要は、個々人の諸権利に限定されてはいないことを理解することを通じて、私たちはおそらく、人間の諸権利に関する言説を変えていくことができるであろう。

それに続いて、民主主義のこれまでとは違うモデルを複数、探し出せることを願う。なぜなら、人間性は、実にさまざまに異った形で自らを肯定するのだから。

そして、私たちの両眼は今、そうした地平を未だ望める場所にいないが、それは、そういう地平が存在しないことを意味してはいないのである。

判決

当法廷は、有罪と判決する

当法廷は国際原子力機関（ＩＡＥＡ）、各国の原子力委員会、および原子力産業の利益の名のもとにそれを支え、資金提供をしている諸政府を有罪とする。

この者らは

・虚偽、恫喝、金の力の非倫理的使用により、原子力の推進をはかり

・その代替となるべき再生可能で持続可能な、あらゆる形態のエネルギー資源を消去しようと試み

・数々の原子力事故の被害者たちのもっとも基本的な諸権利を侵害し、その中には被害者のさらなる再被害者化も含まれ

・一九九六年四月一二日のウィーンでの、ＩＡＥＡの最新の報告会議の終会宣言に至るまで、またその宣言の中において、人々の苦しみを傲慢な態度で否認し続けたと認められる。

また当法廷は国際放射線防護委員会（ＩＣＲＰ）を有罪とする。

この者は、被害者となる可能性のある者たちに防護の手を差し伸べるべきであるにもかかわらず、原子力産業の支援を明らかなる動機とする政策を推し進めてきたと認められる。

当法廷は弾劾する

科学界にあって、原子力族の輩の圧力に対して自己の職業の名誉を賭けて立ち上がろうとせず、至るところに死をもたらす原子力事業の本質が強力な科学的証拠の数々によって検証されているにもかかわらず、完璧な沈黙を続けてきた者たちを、当法廷は弾劾する。

勧告と提案

被害者たちと、その人間としての諸権利に声を与えることが、当法廷の役割である。

一九九六年四月一二日から一五日にウィーンで開かれたＩＡＥＡ報告会議の宣言の、チェルノブイリ大災害は三二人の死者を生んだという文言は、何千という犠牲者たちへの攻撃である。情報を得ている公衆および世界の科学界を驚愕させるものである。チェルノブイリによって引き起された破壊と損害の実態を否認し、隠蔽しようとするＩＡＥＡのこれまでの試みに、さらに試みを重ねるものであり、全世界で原子力発電所の開発と設営を継続しようと目論むものである。

被害者たちの人間としての諸権利に関して、当法廷は以下を勧告する

・汚染された土地と食品に関する放射線防護の規準を緩和して、人々を再び汚染された地帯へ居住させ、汚染された土地を農地に戻そうとする現行の試みを直ちに放棄すること。

・被害者たちの苦しみを全世界に公表し、害を受けた国々や人々に対する医療援助、経済的、社会的援助への呼び掛けを紐付きでない医療専門家チームの手で考課し、解答すること。IAEAの技術スタッフは原子力の推進を任務としているので、この執行に適任とは考えられない。

・現場スタッフならびに住民に関する許容被曝線量規準数値を直ちに引き下げ、放射線の規準が毒物学や、労働医療で化学汚染物質に関してとられている平均的な規準と調和する（せめて、致死性の癌に関してだけでも）ようにすること。

当法廷は、原子力技術の推進ないしは拡散はこれ以上継続されるべきでなく、また核分裂性物質の安全性が不十分である基本的な諸理由の一つは、IAEA、そして各国原子力委員会のすべてがそうだが、推進機関が同時に規制機関であるという矛盾にある、という全員一致の結論に達っした。優先順位が推進に与えられている以上、規制は嫌々、行なわれているのである。核物質あるいは危険な諸施設は現行実施されているよりもずっと厳しい規制を受けなければならない。

であればこそ

・商用軍用を問わず、原子力産業は禁止されなければならない。
・IAEAに国際連合から託されている任務は撤回され、新しい任務が与えられるべきである。それによって保障されなければならないのは：
・現在稼働中の原子炉群の無条件停止の責任をもった実施
・放射性廃棄物の監視
・核分裂性物質の厳格な管理
・原子力産業犠牲者への補償
・環境に放射能が与えた損害の修復

当法廷は、分散型で再生可能なエネルギー資源を推奨する。それは個々人の必要限度を尊重し、不安を起さず、民主的かつ分散型な社会にあって、そうした資源の利用の最終局面までも考えに入れたエネルギー資源である。

以上の理由により、当法廷は下記のごとく勧告する

・IAEAは改組し、再生可能エネルギーを支援する国際代替エネルギー機関となること。
・リオのアジェンダ二一［一九九二年、リオデジャネイロの地球サミットで採択された行動綱領］に掲げられている環境国際法廷の創設を実施に移し、国境を超えた汚染に関する諸問題が扱えるようにすること。
・民族＝国家よりも上位のレベルで機能する民主主義のモデルを、また決定への参加の枠を国

家によって固定されている現行の限界を超えてNGO等へ広げていける民主主義のモデルを、試行すること。
・保健と安全に関する女性的な分析と観点とを含み、自然環境の保全と、遺産としての健康な遺伝子の保全に対する、将来の諸世代の諸権利への配慮を真に内包した、戦略を練り上げること。
・将来の国際環境法廷の憲章には、非政府組織や個々人が、汚染者たちを相手どって、訴えを起す権利の認定を盛り込むこと。

半世紀にわたる核の迷走による、過去、現在、未来の犠牲者たちへ

常設人民法廷は
チェルノブイリの犠牲者たちが
この死の沈黙によって加えられた
大いなる暴力について語るのを聴いた
その沈黙が今、破れ目を見せる

犠牲者たちは苦悩する者たちの言葉を語り

チェルノブイリがさらにもう一度
抑圧された経験となることを拒み
涙が涸れるのを拒む

犠牲者たちは知の言葉を語り
世界が彼らの状態は「普通だ」と
原子力は「安全だ」と言い放つことのないよう
そして再び追放される前の場所に戻れるようにと
祈るのである

チェルノブイリは共同性の破砕であり
国民の破壊である
チェルノブイリに、しかし奇蹟は
何を措いても訪ずれる
チェルノブイリよ、最悪の時の訪ずれは
まだこの先だ

語彙

ベクレル：放射線の測定単位。一秒内に、原子の核分裂が一つあったことを示す。一ベクレルは二七ピコキュリーに相当。

キュリー：一つの物質に含まれる放射線量の測定単位。一秒あたり、三七〇億個の原子の核分裂があったことを示す。三七億ベクレル。

グレイ：吸収された放射線量の単位。一〇〇ラドに相当する。

ラド：吸収された放射線量の単位。放射線を浴びた物質一グラムあたり一〇〇エルグ（一キログラムあたり〇・〇一ジュール）のエネルギーを吸収した時の線量。

レム：線量当量（生物体が吸収した放射線量）の単位。放射線の種別によって、違う計算になるが、X線一ラドで、一ラムと定義されている。

シーベルト：一〇〇レムに相当する実際的な線量単位。

センチ-：一〇〇分の一をあらわす接頭語。ラド、レム、グレイ、シーベルト、キュリーなどの頭につく。

ミリ‥一〇〇〇分の一をあらわす接頭辞。ラド、レム、グレイ、シーベルト、キュリーなどの頭につく。

マイクロ‥一〇〇万分の一をあらわす接頭辞。ラド、レム、グレイ、シーベルト、キュリーなどの頭につく。

ナノ‥一〇億分の一をあらわす接頭辞。ラド、レム、グレイ、シーベルト、キュリーなどの頭につく。

ピコ‥一兆分の一をあらわす接頭辞。ラド、レム、グレイ、シーベルト、キュリーなどの頭につく。

IAEA：国際原子力機関。本部：ウィーン
WHO：世界保健機関。本部：ジュネーブ
ICRP：国際放射線防護委員会
UNSCEAR：放射線の影響に関する国際連合科学委員会

参照文献

Anders, Günther, in Hingst, W. : Zeitbombe Radioaktivität, Orac Verlag, 1887.

Baker A.J., Ronald A., Van Den Busshe R.A.. Wright A.J., Wiggins L.E., Hamilton M.J., Reat E.P., Smith M.H. Lomakin M.D. & Chesser R.K. : High levels of genetic change in rodents of Chernobyl, Nature, 25 avril 1996, Vol. 380, pp. 707-708.

Bandazhevsky Y.L. and Lelevich V.V. : Clinical and experimental aspects of the effect of incorporated radionuclides upon the organism, Gomel, State Medical Institute, Belorussian Engineering Academy. Monography of the Ministery of Health of the Republic of Belarus, pp. 128, 1995.

Burlakova E.B.: Low intensity radiation: radiological aspects. Radiation Protection Dosimetry Vol 62, No 1/2, pp. 13-16, 1995, Nuclear Technology Publishing.

Drobyschewskaja L.M., Kryssenko N.A., Shakov L.G., Steshko W.A. & Okeanow A.E. : Gesundheitszustand der Bevôlkerung. die auf dem durch die Tschernobyl Katastrophe verseuchten Territorium der Republik Belarus lebt. 1996, Minsk. Die wichtigsten Referate, Internat. Congress «The World after Tchernobyl», pp. 91-103, 1996.

Dubrova Y.E., Nesterov V.N., Krouchinsky N.G., Ostapenko V.A., Neumann R., Neil D.L. & Jeffreys A.J. : Human minisatellite mutation rate after the Chernobyl accident, Nature, 25 avril 1996, Vol. 380, pp. 683-686.

Editorial : Children become the frst victims of fallout. Science: vol 272, 19 April 1996, pp. 357 -360.

Fernex M. : Les conférences du 10e anniversaire de la catastrophe de Tchernobyl et le congrès de l'Agence Internationale pour l'Energie Atomique (AlEA). Symposium «Tschernobyl, Projekte 1996», publié par l'Institut für Sozial-und Praventivmedizin der Universitat Bern, Schweiz, P. Bleuer ed., 11. mai 1996, pp. 1-8.

Gadekar S. : Conclusion of the Health Survey of villages near Rawatbhata. CANE 767, 36 Cross, 4th Block Jayanagar Bangalore 560 041. April/May 1993 Anumukti Vol. 6 No 5, pp. 1-32.

Goncharova R.I. & Ryabokon N.I. : Proceedings : Belarus- Japan Symposium «Acute and late Consequences of Nuclear Catastrophes: Hiroshima-Nagasaki and Chernoby'» Oct. 3-5, 1994. Belarus Academy of Sciences, Minsk.

Goncharova R.I. & Ryabokon N.I. : Dynamics of gamma-emitter content level in many generations of wild rodents in contaminated areas of Belarus. 2nd Intern. 25-26 October 1994, Conf. «Radiobiological Consequences of Nuclear Accidents».

Goncharova R.I. & Slukvin A.M.: Study on mutation and modifcation variability in young fshes of Cyprinus carpio from regions contaminated by the Chernobyl radioactive fallout. 27-28 October 1994, Russia-Norvegian Satellite Symposium on Nuclear Accidents, Radio-ecology and Health. Abstract Part 1, Moscow, 1994.

Gorpynchenko I.I. & Boyko N.I. : Sexual disorders and generative function of males who took part in the liquidation of the consequences of the accident at the Chernobyl NPP Book of extended Synopsis, Austria Center Vienna, 8-12 Avril 1996, CN-63/264, pp. 389~390, (Congrès de l'AIEA).

Hillis D.M.: Life in the hot zone around Chernobyl, Nature du 25 avril 1996, Vol. 380, pp. 665 à 666.

Hug G. : Strahleninstitut. Proceedings, International Conference: Chernobyl Aid. June 18, 1994. Mûnchen 1994. Inestène. Paris : Scénarios Détente. 1994. Lajyzhev VA, Palevina I.I., Afanasief G.G., Gordienko S.M Gubryi LB., Klimenko T.I., Lukashova. A.G., Petrova I.V. , Sergeeva TA Radial. Biol. Ecol. 1993, Vol. 33, pp. 105-110.

Lazjuk G.I., Nikofajew D.L. & Nowikowa U.W. : Dynamik der angeborenen und vererbten Pathologien in Folge df Katastrophe von Tschernobyl, ln: «Die wichtigste wissenschaftlichen Referate», 25-29 Mârz 1996, Minsk Internat. Congress «The World after Tchernobyl», pp. 123 -131

Lengfelder E. : Institut de Radiobiologie, Université de Munich, Comm. Personnelle, 1996.

Mangano J.J. : A post-Chernobyl rise in thyroid cancer. Connecticut, USA. European J. of Cancer Prevention, 199 Vol 5 ; pp. 75-81.

Morgan K.Z. and Turner J.E. ed. : Principles of Radiation, N.Y. 1967.

Muller H.J. : Genetics, Medicine and Man. 1947.

Nesterenko V.B. : Ausmass der Folgen der Tschernobyl-Katastrophe in Belarus, Russland und der Ukraine. Minsk 1996 Belorussisches institut für Strahlensicherhelt

«Belrad» ed.: «Recht und Oekonomik», pp. 74, 1996.

Nussbaum R.H. & Kôhnlein W. : Health consequences of exposures to ionizing radiation tram externat and internai sources: Challenges ta radiation protectIon standards and biomedical research. Medicine and Global Survival, Dec. 1995, Vol. 2, No 4, pp. 19B -213.

Titov L.P., Kharitonic G., Gourmanchuk I.E. & Ignatenko S.I. : Effects of radiation on the production ot immunoglobulins in children subsequent ta the Chernobyl disaster. Allergy

Proc. Vol. 16, No 4 July-August 1995, pp.185-193.

Tsyb A.F. & Poverennyi A.M. : Damage of the Thyroid in the period of the Chernobyl catastrophe: possible consequences. ln «Consequences of the Chernobyl Catastrophe: Human Health», éd.: E.B. Burlakova, Center for Russian Environmental Policy, Moscow, 1996, pp. 180-189.

Vassilevna T., Voitevich T., Mirkulova T., Clinique Universitaire de Pédiatrie à Minsk.1996. : Communications personnelles.

Viel J.-F. : Conséquences des essais nucléaires sur la santé: quelles enquêtes épidémiologiques? Médecine et Guerre Nucléaire, janv.-mars 1996, Vol. 11, P 41-44. British Medical Journal. January 1997, Vol. 314, pp.. 101-106.

Wolff Et. : Thèse. Arch. Anat. Hist. Embr. 1936, Vol. 22, pp. 1 -382.

聴聞中に参照された書籍

Bandazhevsky Y.I. and Lelevich V.V. : Clinical and experimental aspects of the effect of incorporated radionuclides upon the organism. Gomel, State Medical Institute. Belorussian Engineering Academy. Monography of the Ministry of Health of the Republic of Belarus, pp. 128. 1995.

Belarus-Japan Symposium «Acute and late consequences of nuclear catastrophes: Hiroshima-Nagasaki and Chernobyl». Proceedings. 3 - 5 octobre 1994, Académie des Sciences Minsk.

Belbéoch B. and Belbéoch R. : Tchernobyl, une catastrophe. Quelques éléments pour un bilan sept ans après. Editiol Allia, 16 rue Charlemagne, Paris IVe, pp. 220. 1993.

Bertell Rosalie : No Immediate Danger: Prognosis for a Radioactive Earth. London : Women's Press, 1986.

Boos, Susan : Beherrschtes Entsetzen. Das Leben in der Ukraine zehn Jahre nach Tschernobyl. WoZ in Rotpunktverlag. Oruck : Fuldaer Verlagsanstalt, Fulda Deutschland. ISBN 3~85869~162·3, 1996.

Burlakova E.B. Editor : Consequences of the Chernobyl Catastrophe : Human Health. Center for Russian Environmental Policy. Scientifc Council on Radiobiologic Russian Academy of Sciences, pp. 250. Moscow 1996.

Busby C. : Wings of Death. Nuclear pollution and Human Health. Green Audit (Wales) Ltd. Aberystwyth, Publication Department, 38 Oueen Street, Aberystwyth, Dyfed, SY23 1PU, United Kingdom. 1995

Ford O.S. : Three Mile Island. Thirty Minutes to Meltdown Penguin Books pp. 271, 1981, 1982.

Gould Jay, & Mangano, J. : The Enemy Within, the high cost of living near nuclear reactors ;, Four Walls Eight Windows Ed. (1996)

Graeub R. : Der Petkau-Effect. Katastrophale Folger niedriger Radioaktivitât. Tatsachen und Befürchtungen Zytglogge Verlag Wien, Strozzigasse 14-16. A-1080 Wien pp. 250. ISBN3 7296 0365 5. 1990.

Gruschewoj G. : Die wichtigsten Referate, International Congress «The World after Tchernobyl», pp. 91-103 Minsk. 25-29 Mârz, 1996.

Konoplya E.F. & Rolevich I.V. ed. : The Chernobyl Catastrophe consequences in the Republic of Belarus. Ministry for Emergencies and Population Protection from the Chernobyl NPP Catastrophe Consequences, Academy of Sciences of Belarus, Minsk 1996.

Makhijani A and Makhijani Annie : Fissile Materials in a Glass, darkly. Technical and Policy Aspects of the Disposition of Plutonium and Highly Enriched Uranium. IEER Press. Institute for Energy and Enviromental Research. 6935 Laurel Avenue Takoma Park, Maryland 20912. 1995.

Nesterenko V.B. : °Ausmass und Folgen der Tschernobyl-Katastrophe in Belarus, Russland und der Ukraine. «Recht und Ökonomik, pp. 73 , 1996.

Roche Adi : Children of Chernobyl. The Human Cost of the World's worst Nuclear Disaster. An Onprint of Harper Collins Publisher, 77-85 Fulham Palace Road, London W6 8JB, 1996..

Schuchardt Erika und Kopelew L. : Die Stimmen der Kinder von Tschernobyl. Geschichte einer stillen Revolution. Herder. Freiburg. Basel. Wien. HerderlSpektrum Band 4476. pp. 189. 1996.

Stscherbak J.: Protokolte einer Katastrophe (Aus dem Russischen von Barbara Conrad) Athenaum Verlag GmbH. Die kleine weisse Reihe. Frankfurt am Main, 1988.

Weizsäcker von E.U., Lovins Amory B. und Lovins L.H : Faktor Vier. Doppelter Wohlstand, halbierter Naturverbrauch. Der neue Bericht an den CLUB OF ROME. Droemer Knaur Verlagsanstalt München, pp. 352, 1995.

Yarochinskaya Alla : Tchernobyl; Vérité interdite (traduit du russe par Michèle Kahn). Publié avec l'aide du Groupe des Verts au Parlement Européen, Ed de l'Aube, pp. 143, 1993.

あとがき

本書は、

Tribunal Permanent des Peuples : Session sur Tchernobyl : conséquences sur l'environnement, la santé et les droits de la personne, 1996, Ecodif

の全訳である。ただし、各国語版それぞれの冒頭についていた序文は外し、日本語版独自の序文を付している。

裁判の成り立ちについては、本文に詳しく述べられているので、ここで改めて解説することは控える。本書はテープ起こしから英・独・仏の三言語版がソランジュ・フェルネクスを中心としたチームによって編集・刊行され、後に、ロシア語版、ウクライナ語版も作られた。

いくつかの訳語について

tribunal du peupleを本書では、「人民法廷」とした。「人民」という語に誤ったイメージを抱いて忌避する方々を最近見掛けるが、この語の初出は記紀である。「悉除人民之課鑑」（「仁徳記」）等とあり、古代から使われている語である。自由民権運動の中で、peopleの訳語に使われるようになった。

droits de la personneは「人間の諸権利」とした。droits de l'Hommeとなっている少数の個所では「人権」としてある場合もある。personneは、hommeが「男」であることを嫌った言い換えであるが、本書では、この問題のこれまでの考え方を変えていく提案がされている。この際、権利が複数になっているのに注意していただきたいと考えた。

チェルノブイリの事態を表現するaccidentという語には、「偶発的で、その場限りのこと」というニュアンスがあり、本書では、catastorophe、désastreなどがより多く使われている。catastropheは破局的な事態を言う語だが、本訳書では「大災害」としてある。また、désastreは「大惨事」とした。accidentとなっている個所は「事故」としておいた。

effetという語に関して、本訳書では「影響」という訳語を基本的に避けている。因果関係の「果」に当たるのがeffetである。刺されて死んだ時に、刃物の「影響」で死んだとは言わない。放射能の「影響」で癌になったというのはおかしな表現である。人々は事故の「結果」、あるいは放射能の「効果」で癌になったのである。

肩書にDrとあるものは「博士」とした。欧米語のDrは博士とは限らず、医師の場合もあり、薬剤師などもDrであるが、確かめようもないので、すべて「博士」にしてある。またProfとなっている人々については、これも細かいことは抜きに、すべて「教授」とした。M, Mmeとなっているのは、男女区別なく「氏」としておいた。

Les Vertsは「緑の党」とはせずに「緑」にしてある。英語ではGreen Partyと言うようだが、フランスやドイツでは既成の政党とは違ったものになろうという願いを籠めて、parti（党）という語を強いて外した経緯がある。

固有名詞はなるべく原音に近い表記になるように努めたつもりだが、さまざまな地区の人たちが証言をしているので、万全というわけにはいかない。

ベラルーシとウクライナという、チェルノブイリ大災害のもっとも重大な諸結果に曝されている二国に関して、これまでロシア語から西欧語に転記されたものを元に表記するのが慣例になってきたようだ。ソヴィエト連邦時代に、国内植民地的な酷い扱いを受け、多くの犠牲者を出してきたこれらの国々の歴史を思う時、これは当然、改めなければならないものと考える。ただし、ほとんど日本語になってしまっている「チェルノブイリ」と「キエフ」だけは、慣用通りにすることにした。

翻訳にあたっては、ミシェル・フェルネクスさん、イブ・ルノワールさん、ミリアム・フォードさん、河田昌東さん、竹内高明さんほかの方々に様々なご協力をいただいた。また、貴重な序文を武藤類子さんから頂戴することになった。お礼申し上げる。

[編者略歴]

ソランジュ・フェルネクス（Solange Fernex）

1934年、ストラスブール（現・フランス）生まれ。ヨーロッパで最初の環境保護政党を立ち上げた女性である。欧州議会議員（1989～94年）、国際平和事務局（ジュネーブ）副代表（1994～98年）。2001年、「核のない未来賞」を受賞。

著書『生命のための生命』（1983）。十数カ国語を理解したと言われ、訳書が多数ある。2006年、逝去。

[訳者略歴]

竹内雅文（たけうち　まさふみ）

1949年東京生まれ

慶應義塾大学法学部政治学科卒

著述業（フランス現代思想・日本神話論）

著書　『蛇屋雑貨店』1997、青弓社

論文　Le taureau savant et la déesse（所収Iris numéro21,2001, Université Grenoble 3）『媒介する神オホアナムチ』（所収『神話・象徴・文化Ⅱ』2006、楽浪書院）ほか

訳書　『終りのない惨劇――チェルノブイリの教訓から』（2012、緑風出版）

チェルノブイリ人民法廷（じんみんほうてい）

2013年2月20日　初版第1刷発行　　定価2800円＋税

編　者　ソランジュ・フェルネクス
訳　者　竹内雅文
発行者　高須次郎 ©
発行所　緑風出版

〒113-0033　東京都文京区本郷2-17-5　ツイン壱岐坂
［電話］03-3812-9420　［FAX］03-3812-7262［郵便振替］00100-9-30776
［E-mail］info@ryokufu.com［URL］http://www.ryokufu.com/

装　幀　斎藤あかね
制　作　R 企 画　　印　刷　シナノ・巣鴨美術印刷
製　本　シナノ　　用　紙　大宝紙業・シナノ　　E1500

Printed in Japan　ISBN978-4-8461-1301-8　C0036